21 世纪全国高职高专计算机系列实用规划教材

2010 年度高职高专计算机类专业优秀教材

C 语言程序设计
（第 2 版）

主　编　刘迎春　王　磊
副主编　陈　静　陈庆惠　马玉凤

北京大学出版社
PEKING UNIVERSITY PRESS

内 容 简 介

本书是 2005 年山东省精品课程建设的成果。全书共分为 11 章，内容包括：C 语言概述，数据类型、运算符与表达式，顺序结构程序设计，选择结构程序设计，循环结构程序设计，数组，函数，指针，结构体，位运算和文件。本书对带参宏、条件编译等很少使用的内容不作讲解，重点强化选择结构、循环结构、数组以及函数等编程中经常使用的知识点。

全书采用任务驱动式教学，创设任务情景，先提出任务，带着任务学习相关知识点，然后解决任务，最后进行任务的深化。在教学内容的组织上，基本语句、基本语法够用即可，重视算法思想的讲解，侧重培养学生的逻辑思维能力和编程解决实际问题的能力。

本书既可作为高等院校计算机及相关专业的教材，也适合作为自学教材以及 C 程序开发人员的参考书，还可以作为全国计算机等级考试的培训教材。

图书在版编目(CIP)数据

C 语言程序设计/刘迎春，王磊主编. —2 版. —北京：北京大学出版社，2009.8
(21 世纪全国高职高专计算机系列实用规划教材)
ISBN 978-7-301-15476-2

Ⅰ. C… Ⅱ. ①刘…②王… Ⅲ. C 语言—程序设计—高等学校：技术学校——教材 Ⅳ. TP312

中国版本图书馆 CIP 数据核字(2009)第 116497 号

书　　　名：	C 语言程序设计(第 2 版)
著作责任者：	刘迎春　王　磊　主编
策 划 编 辑：	李彦红
责 任 编 辑：	魏红梅
标 准 书 号：	ISBN 978-7-301-15476-2/TP·1034
出　版　者：	北京大学出版社
地　　　址：	北京市海淀区成府路 205 号　100871
网　　　址：	http://www.pup.cn　http://www.pup6.com
电　　　话：	邮购部 62752015　发行部 62750672　编辑部 62750667　出版部 62754962
电 子 邮 箱：	pup_6@163.com
印　刷　者：	三河市博文印刷厂
发　行　者：	北京大学出版社
经　销　者：	新华书店
	787 毫米×1092 毫米　16 开本　20.25 印张　472 千字
	2006 年 8 月第 1 版　2009 年 8 月第 2 版　2013 年 1 月第 3 次印刷
定　　　价：	32.00 元

未经许可，不得以任何方式复制或抄袭本书之部分或全部内容。
版权所有　侵权必究　举报电话：010-62752024
电子邮箱：fd@pup.pku.edu.cn

第 2 版前言

第 1 版《C 语言程序设计》教材自 2006 年 8 月出版，已经两年半了，有 3 届学生相继使用，在北京大学出版社"2008 年高职高专规划教材"评选中，获一等奖。为了更好地适应现在教学的需要，编者重新修订了该教材，对部分不重要的内容进行了调整，对引领知识点的任务、情景进行了修改，使其更具有真实工作任务和情景的效果，但原书的基本宗旨和风格没变，采用任务驱动式教学，创设任务情景，将所有必讲内容分为 30 讲。每讲先提出任务，带着任务学习相关知识点，然后解决任务，最后进行任务的深化。

全书分为 11 章，第 1、2 章，主要是 C 语言基础部分，包括 C 语言程序的组成结构、C 语言数据类型、运算符和表达式以及输入和输出等；第 3～5 章，主要是 C 语言的顺序、选择和循环结构；第 6～8 章，是 C 语言最重要的编程技术，即数组、函数和指针，也是学生在学习中感到困难的部分；第 9 章是结构体；第 10 章是位运算；第 11 章是文件。

在修订中，以培养学生编程能力为目标，确定知识点的选择，重点突出循环、数组、函数的使用和编程训练，对不经常使用的内容删节、合并，如：删除了 2.6 节变量赋初值；3.1 节 C 语句概述；3.2 节赋值语句等，将涉及到的个别知识，合并到相关章节。增加了循环编程举例，强化学生的编程能力的培养。

本书学时安排为 90 学时，也可根据学生情况具体调整。

全书修订中，第 1～3 章，由刘迎春老师负责修订；第 4、9 章，由马玉凤老师负责修订；第 5、6 章，由王磊老师负责修订；第 8、11 章，由陈静老师负责修订；第 7、10 章由陈庆惠老师负责修订。全书由刘迎春、王磊老师审核，刘迎春老师最终统稿。

我们在修订中，尽可能征求任课教师意见，力求更适合学生和教师使用，但由于水平有限，不足之处，希望各位老师和同学指正，不胜感激。

主编的联系方式：jnycliu@163.com 或 sdjnw@126.com。

衷心感谢所有关心本书编写的老师和朋友。

本书提供以下教学资源：

(1) 配套课件(http://www.pup6.com)。
(2) Flash 算法动画。
(3) 源代码。
(4) 课程设计选题及设计。
(5) 考试试卷 23 套。
(6) C 语言精品课程论坛(http://www.jnzjxy.com.cn)。
(7) 在线测试(http://www.jnzjxy.com.cn)。

本书荣获教育部高等学院高职高专计算机类专业教学指导委员会组织评审的"2010 年度高职高专计算机类专业优秀教材"。

编 者
2011 年 1 月

目 录

第 1 章　C 语言概述 1
1.1　C 语言出现的历史背景 1
1.2　C 语言的特点 2
1.3　简单的 C 语言程序介绍 4
1.3.1　三个简单的 C 语言程序实例 4
1.3.2　C 语言程序的基本组成 6
1.4　C 语言程序的上机步骤 8
1.5　算法 9
1.5.1　算法的概念 9
1.5.2　简单算法举例 10
1.5.3　算法的特性 12
1.5.4　算法的表示 13
1.5.5　结构化程序设计方法 18
1.6　本章小结 21

第 2 章　数据类型、运算符与表达式 22
2.1　C 语言的数据类型 22
2.2　常量与变量 24
2.2.1　常量与符号常量 24
2.2.2　变量 24
2.3　整型数据 27
2.3.1　整型常量的表示方法 27
2.3.2　整型变量 27
2.4　实型数据 31
2.4.1　实型常量的表示方法 31
2.4.2　实型变量 32
2.5　字符型数据 34
2.5.1　字符常量 34
2.5.2　字符变量 36
2.5.3　字符数据在内存中的存储形式及其使用 36
2.5.4　字符串常量 38
2.6　各类数值型数据之间的混合运算 39
2.6.1　整型、实型、字符型数据之间可以混合运算 39
2.6.2　自动转换 39
2.7　算术运算符和算术表达式 41
2.7.1　C 运算符简介 41
2.7.2　算术运算符和算术表达式 42
2.8　赋值运算符和赋值表达式 47
2.8.1　赋值运算符与赋值表达式 47
2.8.2　复合的赋值运算符 50
2.9　逗号运算符和逗号表达式 51
2.10　本章小结 53

第 3 章　顺序结构程序设计 57
3.1　输入/输出的概念及其 C 语言的实现 57
3.2　字符数据的输入/输出 58
3.2.1　putchar 函数——字符输出函数 58
3.2.2　getchar 函数——字符输入函数 58
3.2.3　putch 函数——字符输出函数 59
3.2.4　getch 函数——字符输入函数 59
3.3　格式输入与输出 61
3.3.1　printf 函数——格式输出函数 61
3.3.2　scanf()函数——格式输入函数 67
3.4　顺序结构程序设计举例 71
3.5　预处理命令 75
3.5.1　宏定义 75
3.5.2　文件包含 78
3.6　本章小结 80

第 4 章　选择结构程序设计 82
4.1　关系运算符和关系表达式 82
4.1.1　关系运算符及其优先级 82

4.1.2　关系表达式 83
4.2　逻辑运算符和逻辑表达式 84
　　4.2.1　逻辑运算符及其优先级 84
　　4.2.2　逻辑表达式 86
4.3　单分支和双分支选择语句 87
　　4.3.1　单分支选择语句 87
　　4.3.2　双分支选择语句 88
4.4　多分支选择语句 93
　　4.4.1　if…else…多分支选择语句 93
　　4.4.2　switch 开关语句 95
4.5　选择语句的嵌套与条件运算符 97
　　4.5.1　选择语句的嵌套 97
　　4.5.2　条件运算符 98
4.6　本章小结 103

第 5 章　循环结构程序设计 106

5.1　概述 106
　　5.1.1　基本概述 106
　　5.1.2　goto 语句 107
5.2　while 语句 107
5.3　do…while 语句 109
5.4　for 语句 116
5.5　几种循环的比较 121
　　5.5.1　循环结构的基本组成部分 121
　　5.5.2　几种循环的比较 121
5.6　循环的嵌套 122
5.7　break 语句和 continue 语句 128
　　5.7.1　break 语句 128
　　5.7.2　continue 语句 129
5.8　循环结构程序设计举例 134
5.9　本章小结 140

第 6 章　数组 143

6.1　一维数组的定义和引用 143
　　6.1.1　一维数组的定义 143
　　6.1.2　一维数组元素的引用 144
　　6.1.3　一维数组的初始化 145
6.2　二维数组的定义和引用 151
　　6.2.1　二维数组的定义 151
　　6.2.2　二维数组的引用 152

　　6.2.3　二维数组的初始化 153
6.3　字符数组 157
　　6.3.1　字符数组的定义 157
　　6.3.2　字符数组的初始化 158
　　6.3.3　字符数组的引用 158
　　6.3.4　字符串和字符串结束标志 159
　　6.3.5　字符数组的输入/输出 160
6.4　字符串处理函数 166
6.5　本章小结 174

第 7 章　函数 177

7.1　函数的定义、函数参数和函数值 177
　　7.1.1　C 语言对函数的规定 177
　　7.1.2　函数的定义 178
7.2　函数的调用 180
7.3　函数的嵌套调用 185
7.4　函数的递归调用 187
7.5　数组作为函数参数 191
　　7.5.1　变量存取的实质 191
　　7.5.2　函数调用的两种方式 192
　　7.5.3　数组元素作为函数实参 192
　　7.5.4　数组名作为函数实参 193
7.6　局部变量和全局变量 199
　　7.6.1　局部变量 199
　　7.6.2　全局变量 201
7.7　动态存储变量和静态存储变量 202
　　7.7.1　变量的存储类别 202
　　7.7.2　局部变量的存储方式 203
　　7.7.3　全局变量的存储方式 205
7.8　内部函数和外部函数 205
　　7.8.1　内部函数 205
　　7.8.2　外部函数 206
7.9　本章小结 210

第 8 章　指针 213

8.1　指针与指针变量 213
　　8.1.1　指针的实质是地址 213
　　8.1.2　指针变量 214
　　8.1.3　指向变量的指针变量 216
　　8.1.4　指针变量的应用 218

8.2 一维数组与指针变量 222
 8.2.1 指向一维数组和数组元素的指针变量 222
 8.2.2 指针变量作为函数参数 225
 8.2.3 数组名作为函数参数 227
8.3 二维数组与指针变量 232
 8.3.1 二维数组名的含义 232
 8.3.2 指向二维数组名的指针变量 234
8.4 字符串与指针变量 237
 8.4.1 字符串的表示形式 237
 8.4.2 指向字符串的指针作为函数参数 240
8.5 指针变量的其他应用形式 245
 8.5.1 指针函数 245
 8.5.2 指针数组 246
 8.5.3 指向指针的指针 246
8.6 本章小结 250

第9章 结构体 253

9.1 定义结构体类型 254
9.2 定义结构体类型变量的方法 255
9.3 结构体变量的引用 256
9.4 结构体变量的初始化 257
9.5 结构体数组 258
9.6 指向结构体类型数据的指针 258
 9.6.1 结构体指针变量 258
 9.6.2 结构体变量作为函数参数 259
9.7 用指针处理链表 263
 9.7.1 链表概述 263
 9.7.2 简单链表的建立 264
 9.7.3 处理动态链表所需的函数 265
 9.7.4 建立动态链表 266
 9.7.5 输出链表 268
 9.7.6 链表的插入操作 268
 9.7.7 链表的删除操作 269
 9.7.8 链表的综合操作 270

9.8 枚举类型 271
9.9 用 typedef 定义类型 273
9.10 本章小结 274

第10章 位运算 277

10.1 位运算符与位运算 277
 10.1.1 按位与(&) 278
 10.1.2 按位或(|) 279
 10.1.3 按位异或(^) 279
 10.1.4 按位取反(~) 280
 10.1.5 左移位(<<) 280
 10.1.6 右移位(>>) 281
10.2 本章小结 285

第11章 文件 287

11.1 C 语言文件概述 287
11.2 文件的打开与关闭 288
 11.2.1 FILE 类型 288
 11.2.2 文件的打开 289
 11.2.3 文件的关闭 290
11.3 文件的读/写 291
 11.3.1 fputc 函数和 fgetc 函数 291
 11.3.2 fread 函数和 fwrite 函数 294
11.4 其他的文件读/写函数 300
11.5 文件的定位 300
 11.5.1 feof 函数 300
 11.5.2 rewind 函数 301
 11.5.3 fseek 函数 301
11.6 本章小结 303

附录 A 常用字符与 ASCII 代码对照表 305
附录 B 关键字及其用途 306
附录 C 运算符的优先级和结合性 307
附录 D Turbo C 2.0 常用库函数 309
参考文献 314

第 1 章　C 语言概述

C 语言是国际上广泛流行的计算机高级程序设计语言，它集高级语言和低级语言的功能于一体，除了可用于操作系统的开发，也适合于工业控制、智能仪表、嵌入式系统和硬件驱动等方向。同时它还具有效率高和可移植性强等特点，因此被称为当代最优秀的程序设计语言。本章详细介绍 C 语言的发展和特点、C 语言程序的结构、C 语言程序的上机执行过程以及程序的灵魂——算法。

本章内容
(1) C 语言出现的历史背景。
(2) C 语言的特点。
(3) C 语言程序的结构。
(4) C 语言程序的上机执行过程。
(5) 算法的概念及特点。
(6) 算法的表示方法。
(7) 结构化程序设计方法。

相关知识点

1.1　C 语言出现的历史背景

1. C 语言的发展历史

C 语言的产生，起源于对系统程序设计的深入研究和探索。1967 年，英国剑桥大学的 M. Richards 在 CPL(Combined Programming Language)语言的基础上，实现并推出了 BCPL(Basic Combined Programming Language)语言。

1970 年，美国贝尔实验室的 K.Thompson 以 BCPL 语言为基础，设计了一种类似于 BCPL 的语言，称为 B 语言。他用 B 语言在 PDP-7 机上实现了第一个实验性的 UNIX 操作系统。

1972 年，贝尔实验室的 Dennis M. Ritchie 为克服 B 语言的诸多不足，在 B 语言的基础上重新设计了一种语言，由于是 B 语言的后继，故称为 C 语言。1973 年，贝尔实验室的 K. Thompson 和 Dennis M. Ritchie 合作，首先用 C 语言重新改写了 UNIX 操作系统，在当时的 PDP-11 计算机上运行。此后，C 语言作为 UNIX 操作系统上标准的系统开发语言，伴随着 UNIX 操作系统的发展，越来越广泛地被人们接受和应用并被移植到其他计算机系统。

1978 年，Brian W. Kernighan 和 Dennis M. Ritchie(K&R)正式出版了著名的 *The C Programming Language* 一书，此书中介绍的 C 语言成为后来广泛使用的 C 语言版本基础，它被称为标准 C 语言。

C 语言的标准化工作是从 20 世纪 80 年代初期开始的。1983 年，美国国家标准化协会(ANSI，American National Standard Institute)根据各种 C 语言版本对 C 语言扩充和发展，颁布了 C 语言的新标准 ANSI C。ANSI C 比标准 C 有了很大的扩充和发展。

由于 C 语言的不断发展，1987 年，美国国家标准化协会在综合各种 C 语言版本的基础上，又颁布新标准，为了与标准 ANSI C 区别，称为 87 ANSI C。1990 年，国际标准化组织 ISO 接受了 87 ANSI C 作为 ISO C 的标准。这是目前功能最完善、性能最优良的 C 语言新版本。目前流行的 C 语言编译系统都是以它为基础的。本书讲述的内容基本上是以 ANSI C 为基础，并参考 87 ANSI C。

2. 目前在我国 PC 系列兼容机上常用的 C 语言版本

(1) Borland 公司：Turbo C(V2.0，V3.0)、Turbo C++、Borland C++和 C++Builder(Windows 版本)。

(2) Microsoft 公司：Microsoft C(V5.0，V6.0，V7.0)和 Visual C++(Windows 版本)。

(3) Computer Innovasions 公司：C 86(V2.3)。

(4) Lattice 公司：Lattice C(V4.0)等。

1.2　C 语言的特点

1. C 语言的特点

C 语言之所以能在全球广泛流行，正是由于自身具备的突出特点，从语言体系和结构上看，是结构化程序设计语言；从计算机语言分类上看，既有高级语言的特点，又有低级语言的功能。

(1) C 语言既有高级语言特点，又有低级语言的功能。

计算机语言的发展经历了机器语言、汇编语言和高级语言三个阶段。

机器语言是最底层的计算机语言，只包含 0、1 组成的二进制代码构成的操作指令。机器语言编写的指令系统，可以被计算机系统直接执行，且效率高。但机器语言难学、难用，不容易移植。

汇编语言是用助记符代替机器语言中的操作码，用十进制或十六进制数表示操作数，对机器语言进行简单的符号化。与机器语言相比，易于记忆、理解，但仍是面向机器的低级语言，通用性差。

高级语言是一种接近于自然语言和数学语言的计算机语言，编程时不需要考虑机器的内部结构和存储单元的分配。一个语句相当于许多条计算机指令，描述方式也与日常处理问题的逻辑思维习惯相接近，因此易于学习和掌握。高级语言具有良好的通用性和可移植性。C、Basic 和 Pascal 都是高级语言。

C语言是面向问题的程序设计语言,独立于计算机的硬件,对具体的算法进行描述,它的特点是独立性、通用性和可移植性好;而且C语言有高级语言的结构和语句,因此,C语言具有高级语言的特点。

C语言还可以像低级语言汇编一样对计算机存储介质中的位、字节和地址进行操作,实现对计算机硬件的控制,尤其是C语言中可以嵌入汇编子程序,使C语言具有强大的底层控制能力,成为21世纪最受欢迎的编程语言。

(2) C语言是结构化程序设计语言。

结构化程序语言的特点是,代码和数据的分割化,即程序的各个部分除了必要的信息交流外彼此独立,这种结构化方式可使程序层次清晰,便于使用、维护和调试。C语言是函数式的语言,编写程序就是编写函数,各个函数除了必要的数据交流(数据、地址传递和返回),功能相对独立。另外,C系统还提供了系统库函数,供用户调用。C语言有完整的选择、循环结构语句,从而使得程序完全结构化。

(3) C语言数据结构丰富,功能强大。

C语言数据类型丰富,支持几乎所有数据的存储、计算和输出;并引入了指针的概念,可使程序效率更高。而且,C语言计算功能、逻辑判断功能也比较强大,可以实现决策目的。另外,C语言具有强大的图形功能,支持多种显示器和驱动器。

(4) C语言应用范围广,适应性强。

C语言还有一个突出的优点就是适合多种操作系统,如DOS、UNIX,也适用于多种机型,能适应从8位微型机到巨型机的所有机种。

除此之外,C语言还具有简洁、灵活,便于学习和应用,程序运行质量、效率高等特点。

2. C语言是当代最优秀的程序设计语言

有人称C语言为"王者",有人称C语言是程序员使用的语言,更有甚者,称C语言为"母语"。

自1978年贝尔实验室正式发布C语言以来,C语言以简洁紧凑的风格,面向过程的编程方式,丰富的数据结构和强大的底层控制能力获得迅速发展。到20世纪80年代,C语言已经成为最受欢迎的编程语言,许多著名的系统软件,如DBASE III PLUS、DBASE IV都是由C语言编写的;用C语言加上一些汇编语言子程序,就更能显示C语言的威力,像PC-DOS、Linux等;到20世纪90年代,C语言已经成为计算机专业学生的首选教学语言,并成为一代程序员的主要编程语言。

进入21世纪,随着个人电子消费产品和开源软件(源代码开放的软件,如Linux)的流行,C语言再次焕发生机。由于C语言在底层控制和性能方面的优势,使之成为芯片级开发(嵌入式)和Linux平台开发的首选语言;在通信、网络协议、破解、3D引擎、操作系统、驱动、单片机、手机、PDA(Personal Digital Assistant,即个人数码助理,如掌上电脑)、多媒体处理、实时控制等领域,C语言正在用一行行代码证明它从应用级开发到系统级开发的强大和高效。

据 TIOBE(The Importance Of Being Earnest 编程语言排行榜)数据显示，2008 年，C 语言稳居第二的位置，有望成为 2008 年年度语言(至截稿时，TIOBE 尚未公布)。

注：TIOBE 公司成立于 2000 年 10 月 1 日，由瑞士公司 Synspace 和一些独立的投资人创建。该公司主要从事软件质量的评估和跟踪。TIOBE 公司推出了 TIOBE 编程语言排行榜，将程序设计语言以排名列表的形式提供出来，并且每个月更新一次，用来表示程序设计语言的流行度。2008 年 12 月发布的编程语言前三名是：Java，C，C++。该排行榜是通过统计该编程语言在主流搜索引擎(如百度、Google、雅虎等)上被搜索的次数来计算的。

1.3 简单的 C 语言程序介绍

1.3.1 三个简单的 C 语言程序实例

用 C 语言语句编写的程序称为 C 语言程序或 C 语言源程序。本节从三个简单的 C 语言程序中分析 C 语言程序的基本组成。

【例 1.1】 在窗体上显示 "Welcome to the C world!" 语句，并且显示一个由 "*" 号组成的大写的 C 字母。

实现此功能的 C 语言程序参考源代码如下：

```
#include <stdio.h>                    /*文件包含*/
main()                                /*定义主函数*/
{
printf("Welcome to the C world!\n");  /*输出欢迎语句*/
printf("****\n");                     /*以下几行输出大写字母C*/
printf("*\n");
printf("*\n");
printf("****\n");
}
```

说明：(1) main 称为"主函数"。每个 C 语言程序都必须有一个 main 函数，它是每一个 C 语言程序的执行起始点(入口点)。

(2) 用{}括起来的是"主函数"main 的函数体。main 函数中的所有操作(语句)都在这一对{}之间。即 main 函数的所有操作都在 main 函数体中。

(3) printf 是 C 语言的输出函数，功能是用于程序的输出(显示在屏幕上)，双引号内的字符串原样输出。"\n"是换行符，即在输出完"Welcome to the C world!"或"*"后回车换行。

(4) 每条语句用";"号结束。

(5) /*……*/括起来的部分是一段注释，注释只是为了改善程序的可读性，在编译、运行时不起作用(事实上编译时会跳过注释，目标代码中不会包含注释)。注释可以放在程序任何位置，并允许占用多行，只是需要注意"/*"和"*/"匹配。

思考：

根据此例编写程序，在屏幕上输出如下内容。

```
********************
How  are   you!
********************
```

【例1.2】 计算两数之乘积,并输出结果。

实现此功能的C语言程序参考源代码如下:

```
 main()                  /*计算两数之积*/
 {
   int a,b,p;            /*这是定义变量*/
   a=12;b=25;            /*以下3行为C语句*/
   p=a*b;
   printf("p=%d\n",p);
 }
```

说明:(1) 本程序包含一个main函数作为程序执行的起点;{ }内为main函数的函数体,main函数的所有操作均在main函数体中。

(2) "int a,b,p;"是变量声明语句;声明了三个具有整数类型的变量a,b,p;C语言的变量必须先声明再使用。

(3) "a=12;b=25;"是两条赋值语句。将整数12赋给整型变量a,将整数25赋给整型变量b。注意这是两条赋值语句,每条语句均用";"结束。

也可以将两条语句写成两行,即

a=12;

b=25;

(4) "p=a*b;"是将a,b两变量内容相乘,然后将结果赋值给整型变量p。

(5) "printf("p=%d\n",p);"是调用库函数printf输出p的结果。"%d"为格式控制字符串,表示p的值以十进制整数形式输出。

程序运行后,输出:

p=300

思考:

根据此例编写程序,计算小明本学期四门功课的平均分。

【例1.3】 输入两个整数,找出二者中较大的数,并输出。

实现此功能的C语言程序参考源代码如下:

```
/*用户自定义函数max(),实现从两个数中找大数    */
int max(int x,int y)       /*计算两数中较大的数*/
{                          /*max函数体开始*/
    int z;                 /*声明部分,定义变量*/
    if(x>y)  z=x;
    else z=y;
    return z;              /*将z值返回,通过max带回调用处*/
}                          /*max函数体结束*/
```

```
/* 主函数*/
main()
{                                    /*main 函数体开始*/
    int a,b,c;                       /*声明部分定义变量*/
    scanf("%d,%d",&a,&b);
    c=max(a,b);                      /*调用 max，将调用结果赋给 c*/
    printf("max=%d\n",c);            /*输出 c 的值*/

}                                    /*main 函数体结束*/
```

说明：(1) 本程序包括两个函数。其中主函数 main 仍然是整个程序执行的起点。函数 max 是用户自己定义的函数，该函数功能是找出两数中较大的数。

(2) scanf 是 C 语言的输入函数。它的作用是从键盘上输入 a，b 的值。"%d"为格式控制字符串，表示 a，b 的值以十进制整数形式输入，&a 和&b 中的 "&" 的含义是"取地址"，此 scanf 函数的作用是将键盘输入的两个数值分别输入到变量 a 和 b 的地址所标志的单元中，即输入给变量 a，b。

(3) 主函数 main 调用用户自定义函数 max 获得两个数字中较大的值，并赋给变量 c。最后输出变量 c 的值(结果)。

(4) 函数 max 同样也用{ }将函数体括起来。

(5) max 函数的定义和功能，在第 7 章函数还会详细讲解，读者只要了解：一个 C 语言程序除了 main 函数外，还可以有用户自定义的函数。

1.3.2 C 语言程序的基本组成

1. C 语言程序由函数构成

(1) 一个 C 语言程序至少包含一个 main()函数，也可以包含一个 main()函数和若干个其他函数。函数是 C 语言程序的基本单位。

(2) 被调用的函数可以是系统提供的库函数，如上面例子中涉及的输出函数 printf 和输入函数 scanf；也可以是用户根据需要自己编写设计的函数，如 max。C 程序设计语言是函数式的语言，程序的全部工作都是由各个函数完成。编写 C 语言程序就是编写一个个函数。

2. main 函数是每个程序执行的起始点

一个 C 语言程序总是从 main 函数开始执行，而不管 main()函数在程序中的位置。可以将 main 函数放在整个程序的最前面，也可以放在整个程序的最后，或者放在其他函数之间。

3. 一个函数由函数首部和函数体两部分组成

(1) 函数首部是一个函数的第一行。
例如：例 1.3 中的

```
int max (int x, int y)
```

就是函数首部。

(2) 函数体是函数首部下用一对{}括起来的部分。

例如：例 1.3 中的

```
/*函数 max 的函数体*/
{
  int z;
  if(x>y)  z=x;
  else z=y;
  return z;
}
```

其中 `int z;` 为声明部分，`if(x>y) z=x; else z=y; return z;` 为执行部分。

如果函数体内有多个{}，最外层是函数体的范围。函数体一般包括声明部分、执行部分两部分。

声明部分：在这部分定义本函数所使用的变量。

执行部分：由若干条语句组成的命令序列(可以在其中调用其他函数)。

4. C 语言程序书写格式自由

(1) 一行可以写几个语句，一个语句也可以写在多行上。

(2) 程序没有行号。

(3) 每条语句的最后必须有一个分号 ";" 表示语句的结束。

5. 可以使用/*……*/对 C 语言程序中的任何部分作注释

注释可以提高程序可读性，使用注释是编程人员的良好习惯。

(1) 实践中，写好的程序往往需要修改、完善，事实上没有一个应用系统是不需要修改、完善的。很多人会发现自己编写的程序在经历了一些时间以后，由于缺乏必要的文档、必要的注释，最后连自己都很难再读懂。需要花费大量时间重新思考、理解原来的程序。如果一开始编程就对程序进行注释，虽然刚开始麻烦一些，但日后可以节省大量的时间。

(2) 一个实际的系统往往是多人合作开发，程序文档、注释是其中重要的交流工具。

6. C 语言本身不提供输入/输出语句

输入/输出的操作是通过调用库函数(scanf，printf 等)完成的。

7. C 程序的一般组成形式

```
main()              /*主函数首部*/
{ 变量定义          /*主函数体*/
  执行语句组
}
子函数名 1(参数)    /*子函数首部*/
{ 变量定义          /*子函数体*/
  执行语句组
}
子函数名 2(参数)    /*子函数首部*/
{ 变量定义          /*子函数体*/
  执行语句组
}
……
```

```
子函数名 N(参数)        /*子函数首部*/
{  变量定义             /*子函数体*/
   执行语句组
}
```

其中，子函数名 1 至子函数名 N 是用户自定义的函数。

1.4　C 语言程序的上机步骤

编写出 C 语言程序仅仅是程序设计工作中的第一步，写出来的 C 语言程序需要在 C 语言的编译系统中调试运行，才能得到正确的运行结果。

目前在微机上常用的 C 语言编译系统中，Borland International 公司的 Turbo C2.0 和 Microsoft 公司的 Microsoft VC++6.0、Quick C 等都被广泛使用。

本书在配套的《C 语言程序设计上机指导与同步训练》中，对 Turbo C 2.0 和 Microsoft VC++6.0 编译环境给出介绍和使用指导。

本书所有的实例，未加特殊声明，均在 Turbo C 2.0 中编译通过。

C 语言程序的上机执行过程一般要经过编辑、编译、连接、运行 4 个步骤，如图 1.1 所示。

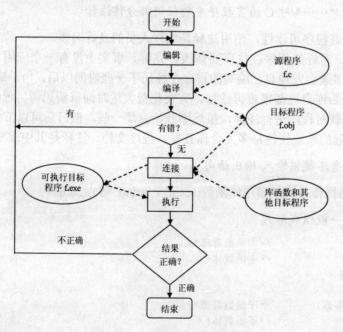

图 1.1　C 语言程序的上机步骤

1. 编辑 C 语言源程序

编辑是用户把编写好的 C 语言源程序输入计算机，并以文件的形式存放在磁盘上。其标识为"文件名.c"。其中文件名是由用户指定的符合 C 语言标识符规定的任意字符组成，扩展名要求为".c"，表示是 C 语言源程序。例如 file1.c、t.c 等。

2. 编译C语言源程序

编译是把C语言源程序翻译成用二进制指令表示的目标文件。编译过程由C语言编译系统提供的编译程序完成。编译程序自动对源程序进行句法和语法检查，当发现错误时，就将错误的类型和所在的位置显示出来提供给用户，以帮助用户修改源程序中的错误。如果未发现句法和语法错误，就自动形成目标代码并对目标代码进行优化后生成目标文件。目标程序的文件标识为"文件名.obj"。

3. 程序连接

目标程序计算机还是不能执行的。程序连接过程是用系统提供的连接程序(也称链接程序或装配程序)将目标程序、库函数或其他目标程序连接装配成可执行的程序。可执行程序的文件名为"文件名.exe"。

4. 运行程序

运行程序是指将可执行的目标程序投入运行，以获取程序处理的结果。如果程序运行结果不正确，可重新回到第一步，对程序进行编辑修改、编译和运行。与编译、连接不同的是，运行程序可以脱离语言处理环境。因为它是对一个可执行程序进行操作，与C语言本身已经没有联系，所以可以在语言开发环境下运行，也可直接在操作系统下运行。

注意： 对不同型号计算机上的C语言版本，上机环境各不相同，编译系统支持性能各异，上述步骤有些可再分解，有些也可集成进行批处理，但逻辑上是基本相同的。

问题1. 如果想将A瓶中的红墨水和B瓶中的蓝墨水对调一下，即A瓶中装蓝墨水，B瓶中装红墨水，如何实现？

问题2. 如果用计算机来计算 1+2+3+4+5+…+100 的值，应怎样设计？

问题3. 我国数学家秦九韶在《算书九章》一书中曾记载了求两个正整数 m 和 n(m≥n)最大公约数的方法，即采用辗转相除法(也称欧几里德算法)。计算机中这种思想如何实现？

1.5 算　法

1.5.1 算法的概念

读者都听说过数学家高斯小时候的一则故事：老师让大家计算 1+2+3+4+…+100 的值，

当大部分小朋友还在纸上 1+2,然后再加 3,再加 4,……计算时,高斯已经得出了答案 5050,他采用了(1+100)+(2+99)+…+(49+52)+(50+51)=101×50=5050 方法,快速得出了正确答案,获得了老师的表扬。对于这个问题,高斯和小朋友们采用了不同的解决问题的方法,这种解决问题的方法,在程序设计中被称为算法。

一个程序应包括以下两方面的内容。

(1) 对数据的描述。在程序中要指定数据的类型和数据的组织形式,即数据结构。

(2) 对操作的描述。即操作步骤,也就是算法。

著名计算机科学家沃思提出一个公式:数据结构+算法=程序。

实际上,一个程序除以上两个主要要素之外,还应采用结构化程序设计方法进行程序设计,并且用某一种计算机语言表示,因此,可以这样表示:

程序 = 算法 + 数据结构 + 程序设计方法 + 语言工具和环境

也就是说,以上 4 个方面是一个程序设计人员所应具备的知识。在设计一个应用程序时要综合运用这几个方面的知识。在这 4 个方面中算法是灵魂,数据结构是加工对象,语言是工具,编程需要采用合适的方法。

算法——就是为解决一个问题而采取的方法和步骤,是程序的灵魂。程序设计就是设计合理的数据结构和设计对数据结构进行操作的算法,回答"做什么"和"怎么做"的两个问题。

解决同一问题可能有多种算法,"好"的算法可以提高处理问题的效率,减少对系统资源的占用。相反,"不好"的算法会降低处理的效率,占用大量的系统资源,而错误的算法则会导致错误的处理结果。

不是只有计算问题才有算法。例如,加工一张写字台,其加工顺序是:桌腿→桌面→抽屉→组装,这就是加工这张写字台的算法。当然,如果是按"抽屉→桌面→桌腿→组装"这样的顺序加工,那就是加工这张写字台有另一种算法,这其中没有计算问题。

计算机算法分为两大类别:数值运算算法和非数值运算算法。数值运算的目的是求数值解,例如求方程的根和求一个函数的定积分等,都属于数值运算范围。非数值运算包括的面十分广泛,最常见的是用于事务管理领域,例如图书检索、人事管理等。

解决问题

1.5.2 简单算法举例

下面通过三个简单的问题设计算法的思维方法。

【例 1.4】(问题 1) 如果想将 A 瓶中的红墨水和 B 瓶中的蓝墨水对调一下,即 A 瓶中装蓝墨水,B 瓶中装红墨水,如何实现?

算法思想:这是一个非数值运算问题。因为两个墨水瓶中的墨水不能直接交换,所以解决这一问题的关键是引入第三个瓶子。

其交换步骤如下：

A 瓶装红墨水；B 瓶装蓝墨水；临时周转的瓶子为 T。

(1) 将 A 瓶中的红墨水倒入第三个瓶子中，暂时保存，即 A→T。

(2) 将 B 瓶中的蓝墨水倒入 A 瓶中，即 B→A。

(3) 将第三个瓶子 T 中的暂时保存的红墨水，倒入 B 瓶中，即 T→B。

(4) 交换结束。

此算法在今后进行程序设计时可用来解决两个变量中数的互换问题。

【例 1.5】 (问题 2) 如果用计算机来计算 1+2+3+4+5+⋯+100 的值，应怎样进行设计？

先来看一下人们普遍采用的解决这个问题的算法。

算法 1：高斯算法。

(1) 首项 1 加上尾项 100 求得结果 101；

(2) 用步骤(1)求得的结果乘以 50，求得结果 5050；

(3) 显示步骤(2)求得的结果。

算法 2：累加算法。

(1) 用第一项 1 加上第二项 2 求得结果 3；

(2) 用步骤(1)求得的结果 3 再加上第三项 3 求得结果 6；

(3) 用步骤(2)求得的结果 6 再加上第四项 4 求得结果 10。

……

显示最后求得的结果。

以上两种算法的缺点如下。

算法 1 有乘法运算，而算法 2 没有，算法 1 的复杂程度大于算法 2，因此在计算机中普遍采用算法 2。

算法 2 虽然正确，但是每次都直接使用上一步骤的数值结果，太烦琐也不方便，应找到一种通用的表示方法。

可以设两个变量，一个变量代表累加和 S，一个变量代表加数 T，用循环算法来求结果，可将算法改写如下：

(1) 使 S=0，即累加和清 0；

(2) 使 T=1，生成第一个加数；

(3) 使 S+T，累加和仍放在变量 S 中，可表示为 S+T→S；

(4) 使 T 的值加 1，生成下一个加数，即 T+1→T；

(5) 如果 T 不大于 100，即 T≤100，返回重新执行步骤(3)～步骤(5)，否则，算法结束，最后得到 S 的值就是 1+2+3+⋯+100 的值。

显然此算法比前面列出的算法简练。

可以看出，用这种方法表示的算法具有通用性、灵活性。由于计算机是高速进行运算的自动机器，实现重复计算，轻而易举，因此，上述算法不仅是正确的，而且是计算机能实现的较好的算法。

思考：

(1) 分析循环结束的条件，即第(5)步，若将第(5)步改写成：若 T<100，返回第(3)步，

这样会有什么问题？会得到什么结果？

(2) 写出求 1×2×3×4×5×⋯×10 的值的算法。

【例1.6】 (问题 3) 我国数学家秦九韶在《算书九章》一书中曾记载了求两个正整数 m 和 n(m≥n)最大公约数的方法，即采用辗转相除法(也称欧几里德算法)。计算机中这种思想如何实现？

算法思想：这也是一个数值运算问题。

例如：设 m 为 35，n 为 15，余数用 r 表示。采用辗转相除法求它们的最大公约数的方法如下。

35 除以 15，商为 2，余数为 5，以 n 作 m，以 r 作 n，继续相除；

15 除以 5，商为 3，余数为 0。当余数为零时，所得 n 即为两数的最大公约数。

所以 35 和 15 两数的最大公约数为 5。

计算机中用这种方法求两数的最大公约数，其算法可以描述如下。

(1) 将两个正整数存放到变量 m 和 n 中。

(2) 求余数：计算 m 除以 n，将所得余数存放到变量 r 中。

(3) 判断余数是否为 0：若余数为 0 则执行第(5)步，否则执行第(4)步。

(4) 更新被除数和除数：将 n 的值存放到 m 中，将 r 的值存放到 n 中，并转向第(2)步继续循环执行。

(5) 输出 n 的当前值，算法结束。

如此循环，直到得到结果。

由上述三个简单的例子可以看出，一个算法由若干操作步骤构成，并且这些操作是按一定的控制结构所规定的次序执行。如例 1.4 中的四个操作步骤是顺序执行的，称之为顺序结构。而在例 1.6 中，不是按操作步骤顺序执行，也不是所有步骤都执行。它需要根据条件判断决定执行哪个操作，这种结构称之为分支结构。在例 1.6 中不仅包含了判断，而且需要重复执行。如第(2)步到第(4)步之间的步骤就需要根据条件判断是否重复执行，并且一直延续到条件"余数为 0"为止，这种具有重复执行功能的结构称之为循环结构。

1.5.3 算法的特性

算法是一个有穷(结束不了的算法是没有意义的)规则的集合，这些规则确定了解决某类问题的一个运算序列。对于该类问题的任何初始输入值，它都能机械地一步一步执行计算，经过有限步骤后终止计算并产生输出结果。归纳起来，算法具有以下基本特征。

1. 有穷性

一个算法必须在执行有限个操作步骤后终止，而不是无限的。事实上，"有穷性"往往指"在合理的范围之内"。如果让计算机执行一个历时 1000 年才结束的算法，这虽然是有穷的，但超过了合理的限度，也不能视为有效算法。由此可知，在设计算法时，要对算法的执行效率作一定的分析。

2. 确定性

算法中每一步的含义必须是确切的，不可出现任何二义性。如例 1.6 中的第(2)步如果写成"m 被一个整数除，将所得余数存放到变量 r 中"，这是"不确定"的，它没有 m 被哪一个整数除,因此无法执行。也就是说,算法中的每一个步骤都应是确定的,而不应是含糊、模棱两可的。

3. 有效性

算法中的每一步操作都应该能有效执行,一个不可执行的操作是无效的。例如,一个数被 0 除的操作就是无效的,应当避免这种操作。

4. 有零个或多个输入

这里的输入是指在算法开始之前所需要的初始数据。这些输入的多少取决于特定的问题。例如,例 1.6 的算法中有 2 个输入,即需要输入 m 和 n 两个初始数据。有些特殊算法也可以没有输入。

5. 有一个或多个输出

所谓输出是指与输入有某种特定关系的量,在一个完整的算法中至少会有一个输出。如上述关于算法的三个例子中,每个都有输出。试想,如果例 1.6 中没有"输出 n 的当前值"这一步,这个算法将毫无意义。

1.5.4 算法的表示

原则上说,算法可以用任何形式的语言和符号来描述,通常有自然语言、程序语言、流程图、N-S 图、PAD 图、伪代码等。前面的例子就是用自然语言来表示算法,流程图、N-S 图和 PAD 图是表示算法的图形工具,其中,流程图是最早提出的用图形表示算法的工具,所以也称为传统流程图。它具有直观性强、便于阅读等特点,具有程序无法取代的作用。N-S 图和 PAD 图符合结构化程序设计要求,是软件工程中强调使用的图形工具。

1. 用流程图表示算法

所谓流程图,是用规定的一系列图形、流程线及文字来表示算法中的基本操作和控制流程,其优点是形象直观、简单易懂、便于修改和交流,特别适合于初学者使用,对于一个程序设计工作者来说,会看会用传统流程图是必要的。美国国家标准化协会 ANSI 规定了一些常用的流程图符号,这些符号已被世界各国的广大程序设计工作者普遍接受和采用,具体见表 1-1。

表 1-1 标准流程图符号

符 号 名 称	符 号	功 能
起止框		表示算法的开始和结束
输入/输出框		表示算法的输入/输出操作,框内填写需输入/输出的各项
处理框		表示算法中的各种处理操作,框内填写各种处理

续表

符号名称	符号	功能
判断框	◇	表示算法中的条件判断操作，框内填写判断条件
注释框	┤	表示算法中某操作的信息
流程线	↓↑ ← →	表示算法的执行方向
连接点	○	表示流程图的延续

(1) 处理框：算法中各种计算和赋值的操作均以处理框加以表示。处理框内填写处理或具体的算式。也可在一个处理框内描述多个相关的处理。但是一个处理框只能有一个入口，一个出口。

(2) 判断框：表示算法中的条件判断操作。判断框算法中产生了分支，需要根据某个关系或条件的成立与否来确定下一步的执行路线。判断框内应当填写判断条件，一般用关系比较运算或逻辑运算来表示。判断框一般均有两个出口，但只能有一个入口。

(3) 注释框：表示对算法中的某一操作或某一部分操作所做的必要的备注。这种不是给计算机的，而是给作者或读者的。因为它不反映流程和操作，所以不是流程图中必要的部分。注释框没有入口和出口，框内一般是用简明扼要的文字填写。

(4) 流程线：表示算法的走向，流程线箭头的方向就是算法执行的方向。事实上，这条简单的流程线是很灵活的，它可以到达流程的任意处，可见灵活的另一面是很随意。程序设计的随意性是软件工程方法中要杜绝的，因为它容易使软件的可读性、可维护性降低。所以，在结构化的程序设计方法中，常用的 N-S 图、PAD 图等适合于结构化程序设计的图形工具来表示算法，在这些图形工具中都取消了流程线。但是，对于程序设计的初学者来说，传统流程图有其显著的优点，流程线非常明确地表示了算法的执行方向，便于读者对程序控制结构的学习和理解。

(5) 连接点：表示不同地方的流程图的连接。

如图 1.2、图 1.3 和图 1.4 所示分别为用流程图表示的例 1.4、例 1.5 和例 1.6 的算法。

在例 1.4 中，将装有红墨水的 A 瓶、装有蓝墨水的 B 瓶和暂时存放墨水的 T 瓶分别用 a、b、t 三个变量表示，其算法就是用计算机进行任意两数交换的典型算法，流程图如图 1.2 所示。图中有开始框、结束框、输入框、输出框和流程线。其控制流程是顺序结构。

对例 1.5 和例 1.6，使用与原题完全一致的变量名，图中的 Y 表示条件为真，N 表示条件为假。图 1.3 和图 1.4 的控制流程都是循环结构。

通过以上三个实际例子可以看出，算法就是将需要解决的问题用计算机可以接受的方法表示出来。所以算法设计是程序设计中非常重要的一个环节，而流程图是直观地表示算法的图形工具。作为一个程序设计者，在学习具体的程序设计语言之前，必须学会针对问题进行算法设计，并且会用流程图的方法把算法表示出来。

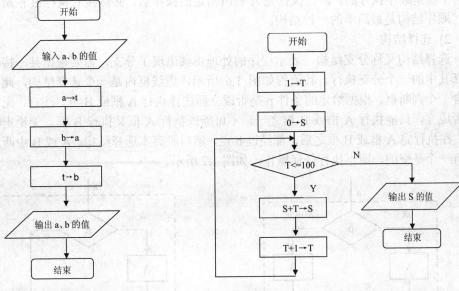

图 1.2 两数交换的流程图　　图 1.3 求 1+2+3+4+5+⋯+100 的值的流程图

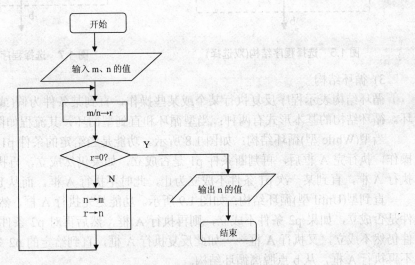

图 1.4 求 m 和 n 的最大公约数的流程图

2. 程序的三种基本结构

从以上例子可以看出,算法的实现过程是由一系列操作组成的,这些操作之间的执行次序就是程序的控制结构。1996 年,计算机科学家 Bohra 和 Jacopini 证明了这样的事实:任何简单或复杂的算法都可以由顺序结构、选择结构和循环结构这三种基本结构组合而成。所以,这三种结构就被称为程序设计的三种基本结构,也是结构化程序设计必须采用的结构。

1) 顺序结构

顺序结构表示程序中的各操作是按照它们出现的先后顺序执行的,其流程如图 1.5 所示,虚线框内是一个顺序结构。其中 A 和

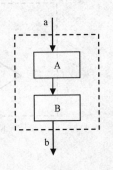

图 1.5 顺序程序结构

B 两个框是顺序执行的。即在执行完 A 框所指定的操作后，必然接着执行 B 框所指定的操作。顺序结构是最简单的一种结构。

2) 选择结构

选择结构又称分支结构，表示程序的处理步骤出现了分支，需要根据某一特定的条件选择其中的一个分支执行。其流程如图 1.6 所示，虚线框内是一个选择结构，此结构中必包含一个判断框。根据给定的条件 p 是否成立而选择执行 A 框或 B 框。注意，无论 p 条件是否成立，只能执行 A 框或 B 框之一，不可能既执行 A 框又执行 B 框。无论走哪一条路径，在执行完 A 框或 B 框之后，都经过 b 点，然后脱离本选择结构。A 或 B 中两个框中可以有一个是空的，即不执行任何操作，如图 1.7 所示。

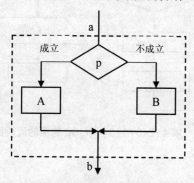

图 1.6　选择程序结构(双选择)　　　　　图 1.7　选择程序结构(单选择)

3) 循环结构

循环结构表示程序反复执行某个或某些操作，直到某条件为假(或为真)时才可终止循环。循环结构的基本形式有两种：当型循环和直到型循环，其流程如图 1.8、图 1.9 所示。

当型(While 型)循环结构：如图 1.8 所示。功能是当给定的条件 p1 成立时，执行 A 框操作，执行完 A 框后，再判断条件 p1 是否成立，如果仍然成立，再执行 A 框，如此反复执行 A 框，直到某一次 p1 条件不成立为止，此时不执行 A 框，而从 b 点脱离循环结构。

直到型(Until 型)循环结构：如图 1.9 所示。功能是先执行 A 框，然后判断给定的 p2 条件是否成立，如果 p2 条件不成立，则再执行 A 框，然后再对 p2 条件作判断，如果 p2 条件仍然不成立，又执行 A 框……如此反复执行 A 框，直到给定的 p2 条件成立为止，此时不再执行 A 框，从 b 点脱离循环结构。

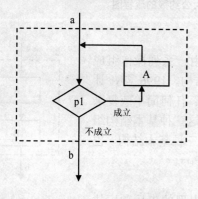
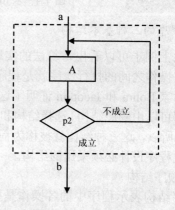

图 1.8　当型循环结构　　　　　　　　图 1.9　直到型循环结构

以上三种基本结构有以下共同特点。

(1) 只有一个入口。如图 1.5 至图 1.9 中所示的 a 点为入口点。

(2) 只有一个出口。如图 1.5 至图 1.9 中所示的 b 点为出口点。

注意：一个菱形判断框有两个出口，而一个选择结构只有一个出口。不要将菱形框的出口和选择结构的出口混淆。

(3) 结构内的每一部分都有机会被执行到。也就是说，对每一个框来说，都应当有一条从入口到出口的路径通过它。

(4) 结构内不存在"死循环"(无终止的循环)。

已经证明，由以上三种基本结构顺序组成的算法结构，可以解决任何复杂的问题。由基本结构所构成的算法属于"结构化"的算法，不存在无规律的转向，只在本基本结构内才允许存在分支和向前或向后的跳转。

3. 用 N-S 流程图表示算法

两位美国学者 Nassi 和 Shneiderman 于 1973 年就提出了一种新的流程图形式，这就是 N-S 流程图，它是以两位创作者姓名的首字母取名，也称为 Nassi Shneiderman 图。

在 N-S 流程图中，完全去掉了带有方向的流程线，程序的三种基本结构分别用三种矩形框表示，将这种矩形框进行组装就可表示全部算法。与顺序、选择和循环这三种基本结构相对应的 N-S 流程图的基本符号如图 1.10 所示。

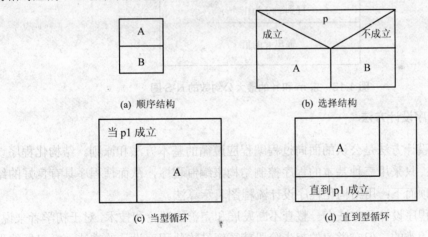

(a) 顺序结构　　　　　　　　(b) 选择结构

(c) 当型循环　　　　　　　　(d) 直到型循环

图 1.10　三种基本结构的 N-S 图

用以上三种 N-S 流程图中的基本框，可以组成复杂的 N-S 流程图，以表示算法。如图 1.11 到图 1.13 所示是用 N-S 流程图表示的算法。

通过以上几个例子，可以看出用 N-S 图表示算法的优点。它比文字描述直观、形象、易于理解；比传统流程图紧凑易画，尤其是废除了流程线，整个算法结构是由各个基本结构按顺序组成的。N-S 图中的上、下顺序就是执行时的顺序，即图中位置在上面的先执行，位置在下面的后执行。写算法和看算法只需从上到下进行就可以了，十分方便。用 N-S 图表示的算法都是结构化的算法(它不可能出现流程无规律的跳转，而只能自上而下顺序执行)。N-S 图如同一个多层的盒子，又称盒图。

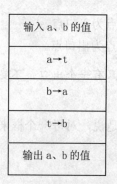 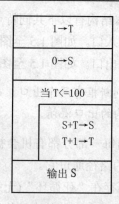

图 1.11　两数互换的 N-S 图　　图 1.12　1+2+3+4+5+…+100 算法的 N-S 图

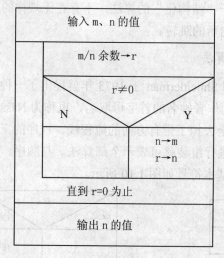

图 1.13　求 m 和 n 的最大公约数的 N-S 图

1.5.5　结构化程序设计方法

结构化程序设计方法是公认的面向过程编程应遵循的基本方法和原则。结构化程序设计方法主要包括：只采用三种基本的程序控制结构来编制程序，从而使程序具有良好的结构；程序设计自顶而下；用结构化程序设计流程图表示算法。

有关结构化程序设计及方法有一整套不断发展和完善的理论和技术，对于初学者来说，完全掌握是比较困难的。但在学习的起步阶段就了解结构化程序设计的方法，学习好的程序设计思想，对今后的实际编程是很有帮助的。

1. 结构化程序设计特征

(1) 以三种基本结构的组合来描述程序；

(2) 整个程序采用模块化结构；

(3) 有限制地使用转移语句，在非用不可的情况下，也要十分谨慎，并且只限于在一个结构内部跳转，不允许从一个结构跳到另一个结构，这样可缩小程序的静态结构与动态执行过程之间的差异，使人们能正确地理解程序的功能；

(4) 以控制结构为单位,每个结构只有一个入口和一个出口,各单位之间接口简单,逻辑清晰;

(5) 采用结构化程序设计语言书写程序,并采用一定的书写格式使程序结构清晰,易于阅读。

2. 自顶而下的设计方法

结构化程序设计的总体思想是采用模块化结构,自上而下,逐步求精。即首先把一个复杂的大问题分解为若干相对独立的小问题。如果小问题仍较复杂,则可以把这些小问题又继续分解成若干子问题,这样不断地分解,使得小问题或子问题简单到能够直接用程序的三种基本结构表达为止。然后,对应每一个小问题或子问题编写出一个功能上相对独立的程序块来,这种像积木一样的程序块被称为模块。每个模块各个击破,最后再统一组装,这样,对一个复杂问题的解决就变成了对若干个简单问题的求解。这就是自上而下,逐步求精的程序设计方法。

设计房屋就是用自顶向下、逐步细化的设计方法。先进行整体规划,然后确定建筑物方案,再进行各部分的设计,最后进行细节的设计(如门窗、楼道等),而决不会在没有整体方案之前先设计楼道和厕所。在完成设计,有了图纸之后,在施工阶段是自下而上地实施,用一砖一瓦先实现一个局部,然后由各部分组成一个建筑物。

确切地说,模块是程序对象的集合,模块化就是把程序划分成若干个模块,每个模块完成一个确定的子功能,把这些模块集中起来组成一个整体,就可以完成对问题的求解。这种用模块组装起来的程序被称为模块化结构程序。在模块化结构程序设计中,采用自上而下,逐步求精的设计方法便于对问题的分解和模块的划分,所以,它是结构化程序设计的基本原则。

【例1.7】 求一元二次方程 $ax^2+bx+c=0$ 的根。

先从最上层考虑,求解问题的算法可以分成三个小问题,即输入问题、求根问题和输出问题。这三个小问题就是求一元二次方程根的三个功能模块:输入模块M1、计算处理模块M2和输出模块M3。其中M1模块完成输入必要的原始数据,M2模块根据求根算法求解,M3模块完成所得结果的显示或打印。这样的划分,使求一元二次方程根的问题变成了三个相对独立的子问题,其模块结构如图1.14所示。

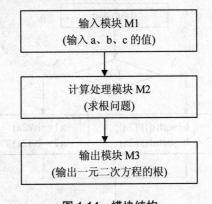

图1.14 模块结构

分解出来的三个模块总体上是顺序结构。其中 M1 和 M3 模块是完成简单的输入和输出，可以直接设计出程序流程，不需要再分解。而 M2 模块是完成求根计算，求根则需要首先判断二次项系数 a 是否为 0。当 a=0 时，方程蜕化成一次方程，求根方法就不同于二次方程。如果 a≠0，则要根据 b^2-4ac 的情况求二次方程的根。可见 M2 模块比较复杂，可以将其再细化成 M21 和 M22 两个子模块，分别对应一次方程和二次方程的求根，其模块结构如图 1.15 所示。

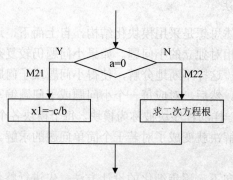

图 1.15　求根子模块的细化

此次分解后，M21 子模块的功能是求一次方程的根，其算法简单，可以直接表示。M22 是求二次方程的根，用流程图表示算法如图 1.16 所示(在这里只考虑 $b^2-4ac\geq 0$ 的情况)，它由简单的顺序结构和一个选择结构组成，这就是 M22 模块最细的流程表示。然后，按照细化 M22 模块的方法，分别将 M1、M2 和 M3 的算法用流程图表示出来，再分别按如图 1.15 和图 1.14 所示的模块结构组装，最终将得到细化后完整的流程图。

可见，编制程序与建大楼一样，首先要考虑大楼的整体结构而忽略一些细节问题，待把整体框架搭起来后，再逐步解决每个房间的细节问题。在程序设计中就是首先考虑问题的顶层设计，然后再逐步细化，完成底层设计。使用自顶向下、逐步细化的设计方法符合人们解决复杂问题的一般规律，是习惯接受的方法，可以显著地提高程序设计的效率。在这种自顶而下、分而治之的方法的指导下，实现了先全局后局部，先整体后细节，先抽象后具体的逐步细化过程。这样编写的程序具有结构清晰的特点，提高了程序的可读性和可维护性。

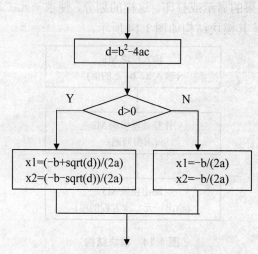

图 1.16　M22 子模块的细化流程图

应当掌握自顶向下、逐步细化的设计方法。这种设计方法的过程是将问题求解由抽象逐步具体化的过程。用这种方法便于验证算法的正确性，在向下一层展开之前应仔细检查本层设计是否正确，只有上一层是正确的才能向下细化。如果每一层设计都没有问题，则整个算法就是正确的。由于每一层向下细化时都不太复杂，因此容易保证整个算法的正确性。检查时也是由上而下逐层检查，思路清楚，有条不紊地一步一步进行，既严谨又方便。

1.6 本章小结

本章主要讲解了五个知识点，分别是 C 语言出现的历史背景、C 语言特点、C 语言程序的基本组成、C 语言程序的上机步骤和算法。

本章重点：C 语言程序的基本组成、C 语言程序的上机步骤和算法。

1. C 语言程序的基本组成

1) C 语言程序由函数构成

一个 C 语言程序至少包含一个 main() 函数，也可以包含一个 main() 函数和若干个其他函数。函数是 C 语言程序的基本单位。

2) main 函数是每个程序执行的起始点

一个 C 语言程序总是从 main() 函数开始执行，而不管 main() 函数在程序中的位置。

3) 一个函数由函数首部和函数体两部分组成

4) C 语言程序书写格式自由

一行可以写几个语句，一个语句也可以写在多行上，每条语句以分号";"表示语句的结束。

2. C 语言程序的上机步骤

编辑 —f1.c→ 编译 —f1.o→ 连接 —f1.exe→ 运行

3. 算法

(1) 算法就是为解决一个问题而采取的方法和步骤。

(2) 算法的特性：有穷性、确定性、有效性、有零个或多个输入、有一个或多个输出。

(3) 常用的算法表示方法有：自然语言、流程图、N-S 图等。重点掌握算法的 N-S 图表示方法。

(4) 结构化程序设计的三种结构：顺序结构、选择结构、循环结构。

(5) 结构化程序设计方法：自顶向下、逐步细化、模块化设计。

第 2 章 数据类型、运算符与表达式

程序处理的对象是数据，编写程序也就是描述对数据的处理过程。在编写程序的过程中必然要涉及数据本身的描述问题。例如，想利用计算机计算以下算式：

$$\frac{2\sin x \cos y}{\sqrt{a^2+b^2+c^2+2bc}}$$

解决这个问题，首先要解决的问题是如何将这个算式输入到计算机中，分数如何表示？在程序设计语言中，上述的算式称为表达式。如何描述表达式中的数据、运算符号和运算过程？这就是本章要解决的主要问题。这一章将首先讨论 C 语言中与数据描述有关的问题，包括数据与数据类型、常量和变量等。然后介绍 C 语言对数据运算的有关规则，包括运算类型、运算符和表达式等。

本章内容
(1) C 语言的数据类型及其常量的表示法。
(2) 变量的定义及初始化方法。
(3) 运算符与表达式的概念。
(4) C 语言的自动类型转换和强制类型转换、赋值的概念。

相关知识点

2.1 C 语言的数据类型

1. 数据和数据类型

数据是程序加工、处理的对象，也是加工的结果，是程序设计中所要涉及和描述的主要内容。

程序所能够处理的基本数据对象被划分成一些集合。属于同一集合的各数据对象称为数据类型。每一数据类型都具有同样的性质，例如对它们能够做同样的操作，它们都采用同样的编码方式等。

计算机硬件把被处理的数据分成一些类型，例如整数、实数等。CPU 对不同的数据类型提供了不同的操作指令，程序语言中把数据划分成不同类型与此有密切关系。在程序语言中，数据类型的意义还不仅于此。所有程序语言都是用数据类型来描述程序中的数据结构、数据表示范围、数据在内存中的存储分配等。实际上，数据类型是计算机领域中一个非常重要的概念，可以说是计算机科学的核心概念之一。

2. C语言中的数据类型

在C语言中，任何数据对用户呈现的形式有两种：常量或变量。无论常量还是变量，都必须属于各种不同的数据类型。在一个具体的C语言系统里，每个数据类型都有固定的表示方式，这个表示方式实际上就确定了可能表示的数据范围和它在内存中的存放形式。例如，一个整数类型就是数学中整数的一个子集合，其中只能包含有限个整数值。超出这个子集合之外的整数在这个类型里是没有办法表示的。

C语言规定的主要数据类型如下。

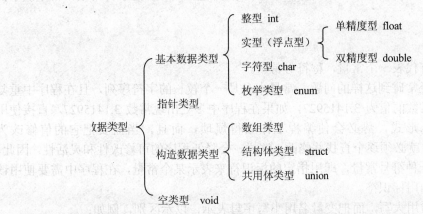

说明：(1) 在C语言中，数据类型可分为基本数据类型、构造数据类型、指针类型和空型四大类。

(2) C语言为每个类型定义了一个标识符，称为类型名。例如，整型用 int 标识、字符型用 char 标识。一个类型名由一个或几个关键字组成，仅用于说明数据属于哪一种类型。

(3) 基本数据类型最主要的特点是，其值不可以再分解为其他类型。

(4) 构造数据类型是根据已定义的一个或多个数据类型用构造的方法来定义的。也就是说，一个构造类型的值可以分解成若干个"成员"或"元素"。每个"成员"都是一个基本数据类型或又是一个构造类型。在C语言中，构造类型有以下几种：数组类型、结构体类型、共用体类型和枚举类型。

(5) 指针类型是C语言中特有的，同时又是具有重要作用的数据类型。专门用来存储变量在存储器中的地址。

(6) 在C语言中，程序中用到的数据必须指定其数据类型。

对于基本数据类型量，按其取值是否可改变又分为常量和变量两种。在程序执行过程中，其值不发生改变的量称为常量，取值可变的量称为变量。它们可与数据类型结合起来分类。例如，可分为整型常量、整型变量、浮点常量、浮点变量、字符常量、字符变量、枚举常量、枚举变量。在程序中，常量是可以不经说明而直接引用的，而变量则必须先说明后使用。

2.2 常量与变量

2.2.1 常量与符号常量

1. 常量

在程序运行中,其值不变的量,称为常量。

如 12、0、-3 为整型常量,4.6、-1.23 为实型常量,'a'、'd' 为字符常量。常量从字面形式即可判断。

2. 符号常量

用一个标识符代表一个常量,称符号常量。

引入原因:经常碰到这样的问题,常量本身是一个较长的字符序列,且在程序中重复出现,例如,取常数的值为 3.1415927,如果在程序中多处出现常数 3.1415927,直接使用 3.1415927 的表示形式,势必会使编程工作显得烦琐,而且,当需要把它的值修改为 3.1415926536 时,就必须逐个查找并修改,这样,会降低程序的可修改性和灵活性。因此,C 语言中提供了一种符号常量,即用指定的标识符来表示某个常量,在程序中需要使用该常量时就可直接引用标识符。

符号常量名常用大写,而把变量名用小写字母表示,以示区别,例如:

```
#define  PI 3.1415926
```

【例 2.1】 符号常量的使用。其中 PI 为定义的符号常量,程序编译时,用 3.1416 替换所有的 PI。

已知圆半径 r,求圆周长 c 和圆面积 s 的值。

```
#define PI 3.1416
main()
{ float r,c,s;
  scanf("%d",&r);
  c=2*PI*r;        /*编译时用 3.1416 替换 PI*/
  s=PI*r*r;        /*编译时用 3.1416 替换 PI*/
  printf("c=%6.2f,s=%6.2f\n",c,s);
}
```

使用符号常量的好处:一是含义清楚、见名知义,如在上面的例子中,从 PI 就知道它代表圆周率;二是修改方便、一改全改,如 "#define PI   3.1415927",在程序中所有出现 PI 的地方一律会改为 3.1415927。

2.2.2 变量

1. 变量

在程序运行时值可以改变的量,称为变量。

2. 变量的三要素

变量的三要素是变量名、变量值和存储单元。

一个变量应该有一个名字,在内存中占据一定的存储单元。在该存储单元中存放变量的值。变量名实际上是一个符号地址,在对程序编译连接时由系统给每一个变量名分配一个内存地址。在程序中从变量中取值,实际上是通过变量名找到相应的内存地址,从其存储单元中读取数据,如图 2.1 所示。

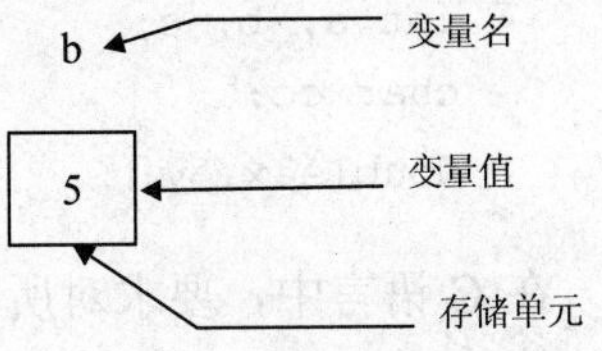

3. 变量名的命名规则

变量名用标识符表示。所谓标识符是用来标识变量名、函数名、数组名、类型名和文件名的有效字符序列。

C 语言规定标识符只能使用字母、数字、下划线三种字符组成,且第一个字符必须为字母或下划线。

图 2.1 变量的三要素

下面列出的是合法的标识符,也是合法的变量名:

a,x,x3,BOOK1,sum5,f1,total,name_1_sum,ave1,r123,stu_12_1,stu_name,x1,year

以下标识符是非法的:

3s	以数字开头
s*T	出现非法字符*
-3x	以减号开头
bowy-1	出现非法字符-(减号)
#33	以#开头
a>b	出现非法字符>

在使用标识符时还必须注意以下几点。

(1) 标准 C 不限制标识符的长度,但它受各种版本的 C 语言编译系统限制,同时也受到具体机器的限制。例如在某版本 C 中规定标识符前八位有效,当两个标识符前八位相同时,则被认为是同一个标识符。如 student_name 和 student_number,由于二者的前 8 个字符相同,系统认为这两个变量是一回事。因此,建议变量名的长度不要超过 8 个字符。

(2) 在标识符中,大小写是有区别的。例如 STUDENT 和 student 是两个不同的标识符。

(3) 标识符虽然可由程序员随意定义,但标识符是用于标识某个量的符号。因此,命名应尽量有相应的意义,以便阅读理解,做到"见名知义"。

4. 变量的定义

C 语言要求程序里使用的每个变量都必须首先定义,也就是说,首先需要声明一个变量的存在,才能够使用它。要定义一个变量需要提供两方面的信息:变量的名字和类型,其目的是由变量的类型决定变量的存储结构,以便使 C 语言的编译程序为所定义的变量分配存储空间。

定义格式：

类型说明符　　变量1，变量2,…;

其中，类型说明符是C语言中的一个有效的数据类型，如整型类型说明符 int、字符型类型说明符 char 等。

例如：

```
int a, b, c;        /*说明 a, b, c 为整型变量*/
char cc;            /*说明 cc 为字符变量*/
double x, y;        /*说明 x, y 为双精度实型变量*/
```

在 C 语言中，要求对所有用到的变量作强制定义，也就是**"先定义，后使用"**。这样做的目的如下。

(1) 只有声明过的变量才可以在程序中使用，这使得变量名的拼写错误容易发现。

例如，如果在定义部分写了"int student；"，而在执行语句中错写成 statent。如"statent=50；"在编译时检查出 statent 未经定义，不作为变量名。因此输出"变量 statent 未经声明"的信息，便于用户发现错误，避免变量名使用时出错。

(2) 声明的变量属于确定的类型，编译系统可方便地检查变量所进行运算的合法性。

例如，整型变量 a 和 b，可以进行求余运算，得到 a 除以 b 的余数。如果将 a、b 指定为实型变量，则不允许进行"求余"运算，在编译时会给出有关"出错信息"。

(3) 在编译时根据变量类型可以为变量确定存储空间。如指定 a、b 为 int 型，Turbo C 编译系统为 a 和 b 各分配两个字节，并按整数方式存储数据。

5. 变量的赋值

C 语言规定，变量定义后，要赋值。如果变量不赋值就使用，系统会自动给其一个不可预测的值。因此，要求变量要**"先定义，赋值后，再使用"**。

C 语言允许在定义变量的同时对变量赋初值，称为变量的初始化。例如：

```
int a=3;            /*指定 a 为整型变量，初值为 3*/
float f=3.56;       /*指定 f 为实型变量，初值为 3.56*/
char c='a';         /*指定 c 为字符型变量，初值为 'a' */
```

另一种是先说明后赋值。例如：

```
int  a , b ;
float f ;
a=b=3 ;
f=3.56 ;
```

【例 2.2】变量的赋值。

```
#include <stdio.h>
main()
{
  int a,b;
```

```
        a=234;
        printf("\n%d , %d \n",a,b);
}
```

运行结果：

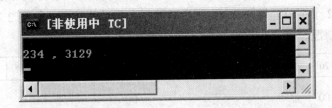

程序分析：

a 变量先定义，赋值后使用，获得正确结果；而 b 变量定义后，没有赋值，系统给其一个不可预测的值 3129，其值显示是没有意义的。

2.3 整型数据

整型数据包括整型常量、整型变量。整型常量就是整型常数。

2.3.1 整型常量的表示方法

(1) 十进制整常数。十进制整常数没有前缀，其数码为 0~9。

以下各数是合法的十进制整常数：

237，-568，65535，1627。

以下各数不是合法的十进制整常数：

023 (不能有前导 0)，23D (含有非十进制数码)。

(2) 八进制整常数。以 0 作为前缀。

以下各数是合法的八进制整常数：

015(十进制为 13)，0101(十进制为 65)，0177777(十进制为 65535)。

以下各数不是合法的八进制整常数：

256(无前缀 0)，03A2(包含了非八进制数码)。

(3) 十六进制整常数。十六进制整常数的前缀为 0X 或 0x。其数码取值为 0~9，A~F 或 a~f。

以下各数是合法的十六进制整常数：

0X2A(十进制为 42)，0XA0 (十进制为 160)，0XFFFF (十进制为 65535)。

以下各数不是合法的十六进制整常数：

5A (无前缀 0X)，0X3H (含有非十六进制数码)。

2.3.2 整型变量

1. 整型数据在内存中的存放形式

整型数据在内存中以二进制补码形式存放。

例如，定义一个整型变量 i。

```
int i;        /*定义 i 为整型变量*/
i=20;         /*给 i 赋以整数 20*/
```

十进制数 20 的二进制形式为 10100，在微机上使用的 C 语言编译系统，每一个整型变量在内存中占 2 个字节。如图 2.2(a)所示是数据存放的示意图。如图 2.2(b)所示是数据在内存中实际存放情况。

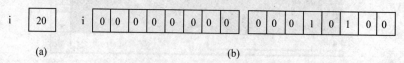

图 2.2　数据在内存中的存放

2. 整型变量的分类

整型变量以关键字 int 作为基本类型说明符，另外配合 4 个类型修饰符，用来改变和扩充基本类型的含义，以适应更灵活的应用。可用于基本型 int 上的 4 个类型修饰符有：

long　　　　　长
short　　　　 短
signed　　　　有符号
unsigned　　　无符号

这些修饰符与 int 可以组合成 6 种不同整数类型，这是 ANSI C 标准允许的整数类型。

有符号基本整型：[signed] int。
有符号短整型：[signed] short [int]。
有符号长整型：[signed] long [int]。
无符号基本整型：unsigned [int]。
无符号短整型：unsigned short [int]。
无符号长整型：unsigned long [int]。

注意：(1) 在书写时，如果既不指定为 signed，也不指定为 unsigned，则隐含为有符号(signed)。由此可见有些修饰符是多余的，例如修饰符 signed 就是不必要的，因为 signed int、short int、signed short int 与 int 类型都是等价的。提出这些修饰符只是为了提高程序的可读性。因为 signed 与 unsigned 对应，short 与 long 对应，使用它会使程序看起来更加明了。

(2) 有符号整型数的存储单元的最高位是符号位(0 正、1 负)，其余为数值位。无符号整型数的存储单元的全部二进制位用于存放数值本身而不包含符号。

表 2-1 列出了 Turbo C 中各类整型量所分配的内存字节数及数的表示范围。

可以用 sizeof 运算符测试所使用的编译系统中的数据类型所分配的内存字节数。

例如 "printf("%d,%d",sizeof(short),sizeof(int));" 将显示输出 short 型和 int 型在一特定编译系统下实际占用的字节数。

表 2-1   Turbo C 中各类整型量所分配的内存字节数及数的取值范围

类型说明符	数的取值范围	分配字节数
Int	−32768～32767	2
short int	−32768～32767	2
signed int	−32768～32767	2
unsigned int	0～65535	2
long int	−2147483648～2147483647	4
unsigned long	0～4294967295	4

【例 2.3】 保存整数 15 的各种整型数据类型，如图 2.3 所示。

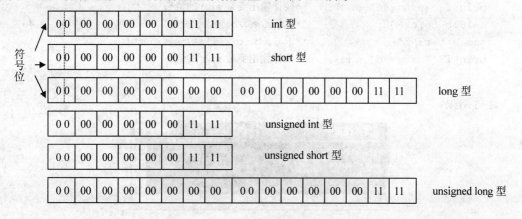

图 2.3   保存整数 15 的各种整型变量

3. 整型变量的定义

格式：

数据类型名 变量名；

【例 2.4】 整型变量的定义与使用。

```
main()
{
  int a,b,c,d;              /*定义整型变量 a、b、c、d*/
  unsigned u;               /*定义无符号整型变量 u*/
  a=12; b=-24; u=10;        /*a、b、u 分别赋初值*/
  c=a+u;  d=b+u;            /*把 a+u 的值赋给变量 c,把 b+u 的值赋给变量 d*/
  printf("%d,%d\n",c,d);    /*输出变量 c 和 d 的值*/
}
```

运行结果：

说明：(1) 变量定义时，可以说明多个相同类型的变量。各个变量用"，"分隔。类型说明与变量名之间至少有一个空格间隔。

(2) 最后一个变量名之后必须用"；"结尾。

(3) 变量说明必须在变量使用之前，即先定义后使用。

(4) 可以在定义变量的同时，对变量进行初始化。

【例2.5】 变量初始化。

```
main()
{
    int a=3,b=-4,c=9,sum;    /*定义整型变量a、b、c、sum，并对a、b、c初始化*/
    sum=a+b+c;               /*求a、b、c的和赋给变量sum*/
    printf("\nsum=%d",sum);  /*换行输出变量sum的值*/
    a=16;b=56;c=-98;         /*重新给a、b、c赋值*/
    sum=a+b+c;               /*求a、b、c之和赋给变量sum*/
    printf("\nsum=%d",sum);  /*换行输出变量sum的值*/
}
```

运行结果：

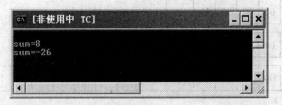

4. 整型数据的溢出

一个int型变量的最大允许值为32767，如果再加1，其结果不是32768，而是-32768。即"溢出"。同样一个int型变量的最小允许值为-32768，如果再减1，其结果不是-32769，而是32767，也会发生"溢出"。在C语言中，32767+1=-32768；-32768-1=32767。

【例2.6】 整型数据的溢出。

```
main()
{
    int a,b;
    a=32767;
    b=a+1;
    printf("\na=%d,a+1=%d\n",a,b);
    a=-32768;
    b=a-1;
    printf("\na=%d,a-1=%d\n",a,b);
}
```

运行结果：

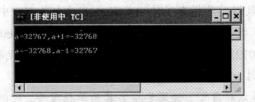

说明：(1) 一个整型变量只能容纳 −32768～32767 范围内的数，无法表示大于 32767 或小于 −32768 的数，遇此情况就发生"溢出"，但运行时不报错。它就像钟表一样，钟表的表示范围为 0～11，达到最大值后，又从最小数开始计数，因此最大数 11 加 1 得不到 12，而得到 0。同样最小数 0 减 1 也得不到 −1，而得到 11。

从这个例子可以看出，C 语言的用法比较灵活，往往出现副作用，而系统又不给出"出错信息"，要靠程序员的细心和经验来保证结果的正确。将变量 b 改成 long 型就可以得到预期结果 32768 和 −32769。

(2) 一定要记住 int，unsigned int 所适用的数据范围。

int(或 short)　　−32768～32767
unsigned int　　0～65535

若表示超出以上范围的数，需定义为 long int 或 unsigned long int。

2.4　实　型　数　据

2.4.1　实型常量的表示方法

实数(浮点数)有两种表示形式。

1. 十进制小数形式

由数字 0～9 和小数点组成(必须有小数点)。例如：0.0，.25，5.789，0.13，5.0，300.，−267.8230 等均为合法的实数。

2. 指数形式

由十进制数、加阶码标志"e"或"E"以及阶码(只能为整数，可以带符号)组成。其一般形式为 a E n(a 为十进制数，n 为十进制整数)

如 123e3、123E3 都是实数的合法表示，都表示实数 123000。

以下不是合法的实数表示：

345 (无小数点)，−5 (无阶码标志)，53.−E3 (负号位置不对)，2.7E (无阶码)。

注意：(1) 字母 e 或 E 之前必须有数字，e 后面的指数必须为整数。例如 e3、2.1e3.5、.e3、e 都不是合法的指数形式。

(2) 一个实数可以有多种指数表示形式,但最好采用规范化的指数形式。所谓规范化的指数形式是指在字母 e 或 E 之前的小数部分中,小数点左边应当有且只能有一位非 0 数字。如 123.456 可以表示为 123.456e0, 12.3456e1, 1.23456e2, 0.123456e3, 0.0123456e4 等,只有 1.23456e2 称为规范化的指数形式。

用指数形式输出时,是按规范化的指数形式输出的。

(3) 实型常量都是双精度型,如果要指定其为单精度型,可以加后缀f(实型数据类型参看实型变量部分说明),例如 356f。

2.4.2 实型变量

1. 实型数据在内存中的存放形式

一个实型数据一般在内存中占 4 个字节(32 位)。与整数存储方式不同,实型数据是按照指数形式存储的。系统将实型数据分为小数部分和指数部分,分别存放。

2. 实型变量的分类

实型变量分为:单精度型(float)、双精度型(double)、长双精度型(long double)。有关规定见表 2-2。

表 2-2 实型数据

类 型	分配字节数	有效数字	数值范围
float	4	6~7	$-3.4\times10^{38} \sim 3.4\times10^{38}$
double	8	15~16	$-1.7\times10^{308} \sim 1.7\times10^{308}$
Long double	10	18~19	$-1.2\times10^{4932} \sim 1.2\times10^{4932}$

注意:表中的有效位是指数据在计算机中存储和输出时能够精确表示的数字位数。对于超过有效数字位的数位,系统存储时自动舍去。

实型变量说明的格式和书写规则与整型相同。

例如:

  float x,y; (x,y 为单精度实型量)
  double a,b,c; (a,b,c 为双精度实型量)

【例 2.7】 输出实型数据 a,b。

```
main()
{float a;                          /*说明变量 a 为单精度型*/
 double b;                         /*说明变量 b 为双精度型*/
 a=12345.6789;                     /*为 a 赋值*/
 b=0.123456789123456789e15;         /*为 b 赋值*/
 printf("a=%f,b=%f\n",a,b);        /*输出变量 a、b 的值*/
}
```

运行结果:

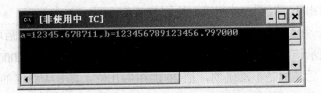

运行结果分析:

程序为单精度变量 a 和双精度变量 b 分别赋值,并不经过任何运算就直接输出变量 a,b 的值。理想结果应该是照原样输出,即

a=12345.6789, b=0.1234567891234567899e15

但运行该程序,实际输出结果是

a=12345.678711, b=123456789123456.797000

由于实型数据的有效位是有限的,程序中变量 a 为单精度型,只有 7 位有效数字,所以输出的前 7 位是准确的,第 8 位以后的数字"711"是无意义的。变量 b 为双精度型,可以有 15～16 位的有效位,所以输出的前 16 位是准确的,第 17 位以后的数字"97000"是无意义的。由此可见,由于机器存储的限制,使用实型数据会产生一些误差,运算次数越多,误差积累就越大,所以要注意实型数据的有效位,合理使用不同的类型,尽可能减少误差。

3. 实型数据的舍入误差(对比整型数据的溢出)

实型变量是用有限的存储单元存储的,因此提供的有效数字是有限的,在有效位以外的数字将被舍去,由此可能会产生一些误差。

【例 2.8】 实型数据的舍入误差(实型变量只能保证 7 位有效数字,后面的数字无意义)。

```
#include <stdio.h>
main()
{
    float a,b;
    a=123456.789e5;                    /*给实型变量 a 赋值*/
    b=a+20;                            /*将实型变量 a 的值加上 20 后赋给实型变量 b*/
    printf("a=%f,b=%f\n",a,b);         /*以十进制小数形式输出实型变量 a、b 的值*/
}
```

运行结果:

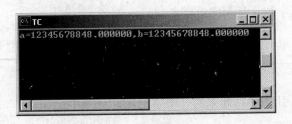

运行结果分析：

程序运行时输出 b 的值与 a 相等。原因是 a 的值比 20 大很多，a+20 的理论值应是 12345678920，而一个实型变量只能保证的有效数字是 7 位有效数字。后面的数字是无意义的，并不准确地表示该数。运行程序得到 a 和 b 的值是 12345678848.000000，可以看到，前 8 位是准确的，后几位是不准确的，把 20 加在后几位上，是无意义的。

由于实数存在舍入误差，使用时要注意以下几点。

(1) 不要试图用一个实数精确表示一个大整数，浮点数是不精确的。

(2) 实数一般不判断"相等"，而是判断接近或近似。

(3) 避免直接将一个很大的实数与一个很小的实数相加、相减，否则会"丢失"小的数。

(4) 根据要求选择单精度型和双精度型。

【例 2.9】 显示个人微机上不同类型变量所占的字节数。

```
#include <stdio.h>
main()
{
  printf("the bytes of the variables are:\n"); /*int 型在不同 PC 机,不同的编*/
                                                 /*译器中的字节数不一样*/
  printf("int:%d bytes\n",sizeof(int));         /*int 在tc2.0 编译器中字节数*/
                                                 /*为 2, 在 VC 中为 4*/
  printf("char:%d bytes\n",sizeof(char));       /*char 型的字节数为 1*/
  printf("short:%d bytes\n",sizeof(short));     /*short 型的字节数为 2*/
  printf("long:%d bytes\n",sizeof(long));       /*long 型的字节数为 4*/
  printf("float:%d bytes\n",sizeof(float));     /*float 型的字节数为 4*/
  printf("double:%d bytes\n",sizeof(double));   /*double 型的字节数为 8*/
  printf("long double:%d bytes\n",sizeof(long double)); /*long double 型*/
                                                         /*的字节数为 10*/
}
```

运行结果：

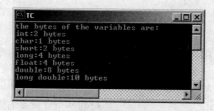

2.5 字符型数据

字符型数据包括字符常量和字符变量。

2.5.1 字符常量

1. 定义

字符常量是用单引号(' ')括起来的一个字符。

例如，'a'、'b'、'='、'+'、'?'都是合法的字符常量。

2. 字符常量特点

(1) 字符常量只能用单引号括起来，不能用双引号或其他括号。
(2) 字符常量只能是单个字符，不能是字符串。

3. 转义字符

(1) 转义字符是一种特殊的字符常量，是以反斜杠开头的字符序列。

转义字符具有特定的含义，不同于字符原有的意义，故称"转义"字符。例如，在前面各例题 printf 函数的格式串中用到的"\n"就是一个转义字符，其意义是"回车换行"。所有字符常量(包括可以显示的、不可显示的)均可以使用字符的转义表示法表示(ASCII 码表示)。转义字符主要用来表示那些用一般字符不便于表示的控制代码。

(2) 常用的转义字符及其含义见表 2-3。

表 2-3 常用的转义字符及其含义

	转义字符	转义字符的意义
第一类	\n	回车换行
	\t	横向跳到下一制表位置
	\b	退格
	\r	回车
	\f	走纸换页
第二类	\\	反斜线符"\"
	\"	双引号
	\'	单引号
第三类	\ddd	1～3 位八进制数，可以表达键盘上的任何字符
	\xhh	1～2 位十六进制数，可以表达键盘上的任何字符

转义字符大致分为三类。

第一类是在单引号内用"\"后跟一字母表示某些控制字符。如"\r"表示"回车"，"\b"表示退格等。

第二类是单引号、双引号和反斜杠这三个字符只能表示成"\'"、"\""、"\\"。

第三类是"\ddd"和"\xhh"这两种表示法，可以表示 C 语言字符集中的任何一个字符。ddd 和 hh 分别为八进制和十六进制的 ASCII 代码。如"\101"表示字符'A'，"\x41"也表示字符'A'，"\102"表示字符'B'，"\134"表示"反斜线"等。

【例 2.10】 转义字符的使用。

```
main()
{
    int a,b,c;
    a=5; b=6; c7;
```

```
    printf("%d\n = \t%d %d\n %d %d\t\b%d\n",a,b,c,a,b,c);
}
```

运行结果：

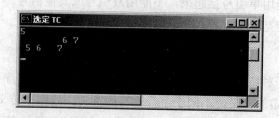

结果分析：

程序在第一列输出 a 值 5 之后就是"\n"，故回车换行；接着又是"\t"，于是跳到下一制表位置(设制表位置间隔为 8)，再输出 b 值 6；空一格再输出 c 值 7 后又是"\n"，因此再回车换行；再空一格之后又输出 a 值 5；再空一格又输出 b 的值 6；再次后"\t"跳到下一制表位置(与上一行的 6 对齐)，但下一转义字符"\b"又使退回一格，故紧挨着 6 再输出 c 值 7。

2.5.2 字符变量

字符型变量用于存放字符常量，即一个字符型变量可存放一个字符，所以一个字符型变量占用 1 个字节的内存容量。说明字符型变量的关键字是 char，使用时只需在说明语句中指明字符型数据类型和相应的变量名即可。

例如：

```
char s1, s2;        /*说明 s1，s2 为字符型变量*/
s1='A';             /*为 s1 赋字符常量'A'*/
s2='a';             /*为 s2 赋字符常量'a'*/
```

2.5.3 字符数据在内存中的存储形式及其使用

字符数据在内存中的存储形式：以字符的 ASCII 码的二进制形式存放，占用 1 个字节，如图 2.4 所示。

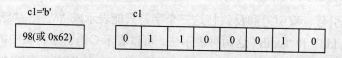

图 2.4 数据在内存中的存储形式

从图 2.4 可以看出字符数据以 ASCII 码存储的形式与整数的存储形式类似，这使得字符型数据和整型数据之间可以通用(0～255 范围内的无符号数或−128～127 范围内的有符号数)。具体表现为如下几点。

(1) 可以将整型量赋值给字符变量，也可以将字符量赋值给整型变量。
(2) 可以对字符数据进行算术运算，相当于对它们的 ASCII 码进行算术运算。

(3) 一个字符数据既可以字符形式输出(ASCII 码对应的字符),也可以整数形式输出(直接输出 ASCII 码)。

注意:尽管字符型数据和整型数据之间可以通用,但是字符型只占 1 个字节,即如果作为整数使用,只能存放 0~255 范围内的无符号数或 −128~127 范围内的有符号数。

【例 2.11】 给字符变量赋以整数(字符型、整型数据通用)。

```
main()                    /*字符'a'的各种表达方法*/
{
    char c1='a';
    char c2='\x61';       /*注意:\x61 为转义字符*/
    char c3='\141';       /*注意:\141 为转义字符*/
    char c4=97;
    char c5=0x61;         /*注意:0x61 为十六进制数,相当于十进制数的 97*/
    char c6=0141;         /*注意:0141 为八进制数,相当于十进制数的 97*/
    printf("\nc1=%c,c2=%c,c3=%c,c4=%c,c5=%c,c6=%c\n",c1,c2,c3,c4,c5,c6);
                          /*以字符形式输出*/
    printf("c1=%d,c2=%d,c3=%d,c4=%d,c5=%d,c6=%d\n",c1,c2,c3,c4,c5,c6);
                          /*以十进制整数形式输出*/
}
```

运行结果:

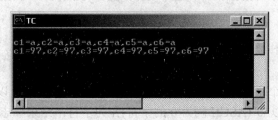

注意:整数在机器内部存储时占 2 个字节(或 4 个字节),而字符变量只占 1 个字节,当把一个整型常量赋值给一个字符变量时,系统只取整型常量的低 8 位赋值给字符变量。

【例 2.12】 大、小写字母的转换。

```
main()
{
    char c1,c2;
    c1='a';
    c2='b';
    printf("\n%c %c \n",c1,c2);
    printf("%d %d \n",c1,c2);
    c1=c1-32;
    c2=c2-32;
    printf("\n%c %c \n",c1,c2);
    printf("%d %d \n",c1,c2);
}
```

运行结果:

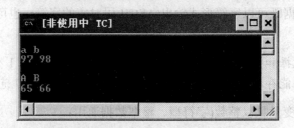

程序分析:

本程序的作用是将两个小写字母 a 和 b 转换成大写字母 A 和 B。从 ASCII 码表中可以看到每一个小写字母比对应的大写字母的 ASCII 码大 32,本例还反映出允许字符数据与整数直接进行算术运算,运算时字符数据用 ASCII 码值参与运算。

2.5.4 字符串常量

1. 定义

字符串常量是用一对双引号(" ")括起来的字符序列。

这里的双引号仅起到字符串常量的边界符的作用,它并不是字符串常量的一部分。例如下面的字符串都是合法的字符串常量:

"I am a student.\n", "ABC", " ", "a", "How dow you do?", "CHINA", "a", "$123.45"。

2. 说明

(1) 区分字符常量与字符串常量。如"a"和'a'是根本不同的数据,前者是字符串常量,后者是字符常量。

C 语言规定在每个字符串的结尾加一个"字符串结束标志",以便系统据此判断字符串是否结束。还规定以'\0' (ASCII 码为 0 的字符)作为字符串结束标志。

如"CHINA"在内存中的存储如下(存储长度=6):

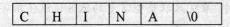

可见,字符常量与字符串常量的区别有两个方面。从形式上看,字符常量是用单引号括起的单个字符,而字符串常量是用双引号括起的一串 sss 字符;从存储方式看,字符常量在内存中占一个字节,而字符串常量除了每个字符各占一个字节外,其字符串结束符'\0'也要占一个字节。例如:字符常量'a'占一个字节,而字符串常量"a"占 2 个字节。

如果字符串常数中出现双引号,则要用反斜线'\"'将其转义,取消原有边界符的功能,使之仅作为双引号字符起作用。例如,要输出字符串:

He says:"How do you do."

应写成如下形式:

printf ("He says:\"How do you do.\"");

(2) 不能将字符串赋给字符变量。如 char c="abcd";是错误的。

(3) C 语言没有专门的字符串变量,如果想将一个字符串存放在变量中,可以使用字符数组。即用一个字符数组来存放一个字符串,数组中每一个元素存放一个字符。这将在第 6 章中介绍。

2.6 各类数值型数据之间的混合运算

2.6.1 整型、实型、字符型数据之间可以混合运算

整型(包括 int,short,long)和实型(包括 float,double)数据可以混合运算,另外字符型数据和整型数据可以通用。因此,整型、实型、字符型数据之间可以混合运算。

例如,表达式 10+'a'+1.5-8765.1234*'b' 是合法的。

运算规则:不同类型的数据先转换成同一类型,然后进行计算。

转换的方法有两种:自动转换(隐式转换)和强制转换。

2.6.2 自动转换

自动转换(隐式转换)发生在不同类型数据混合运算时,由编译系统自动完成。在进行运算时,不同类型的数据要先转换成同一类型,然后进行运算。

转换规则如图 2.5 所示。

简单易记的转换规则口诀是:水平方向,自动发生;垂直方向,向高看齐。

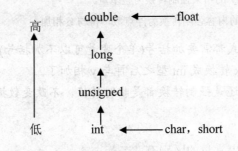

图 2.5 转换规则

1. 图中纵向的箭头表示当运算量为不同类型时转换的方向

可以看到箭头由低级数据类型指向高级数据类型,即数据总是由低级向高级转换。即按数据长度增加的方向进行,保证精度不降低。注意箭头方向只表示数据类型级别的高低,不要理解为 int 型先转换成 unsigned int 型,再转换成 long 型,再转成 double 型。如果一个 int 型数据与一个 double 型数据运算,是直接将 int 型转换成 double 型。

2. 图中横向向左的箭头表示必定的转换

如字符数据参与运算必定转化为整数,float 型数据在运算时一律先转换为双精度型,以提高运算精度(即使是两个 float 型数据相加,也先都转换为 double 型,然后再相加)。

假设已指定 i 为整型变量,f 为 float 变量,d 为 double 型变量,e 为 long 型,有下面式子:

```
10+'a'+i*f-d/e
```

运算次序为：

(1) 进行 10+'a'的运算，先将'a'转换成整数 97，运算结果为 107；
(2) 进行 i*f 的运算。先将 i 与 f 都转换成 double 型，运算结果为 double 型；
(3) 整数 107 与 i*f 的积相加。先将整数 107 转换成双精度数(小数点后加若干个 0)，结果为 double 型；
(4) 将变量 e 化成 double 型，d/e 结果为 double 型；
(5) 将 10+'a'+i*f 的结果与 d/e 的商相减，结果为 double 型。

上述类型转换是由系统自动进行的。

3. 强制转换

强制转换是通过类型转换运算来实现。

一般形式为：

(类型说明符)(表达式)

功能：把表达式的结果强制转换为类型说明符所表示的类型。

例如：

```
(int)a        将 a 的结果强制转换为整型量。
(int)(x+y)    将 x+y 的结果强制转换为整型量。
(float)a+b    将 a 的内容强制转换为浮点数，再与 b 相加。
```

说明：(1) 类型说明和表达式都需要加括号(单个变量可以不加括号)，例如把(int)(x+y)写成 (int)x+y，则成了把 x 转换成 int 型之后再与 y 相加了。

(2) 无论隐式转换，还是强制转换都是临时转换，不改变数据本身的类型和值。

【例 2.13】 强制类型转换。

```
main()
{
    float f=5.75;
    printf("(int)f=%d\n",(int)f);    /*将 f 的结果强制转换为整型，输出*/
    printf("f=%f\n",f);              /*输出 f 的值，f 仍为单精度型数*/
}
```

运行结果：

程序分析：

本例表明，f 虽强制转为 int 型，但只在运算中起作用，是临时的，而 f 本身的类型并不改变。因此，(int)f 的值为 5(删去了小数)，而 f 的值仍为 5.75。

2.7 算术运算符和算术表达式

2.7.1 C 运算符简介

运算符：表示各种运算的符号。

表达式：使用运算符将常量、变量、函数连接起来的式子。

1．C 运算符的分类

(1) 按一个运算符所需要的运算量的个数，将运算符可分为以下三类。

单目运算符：运算符只需要一个运算量。如取负运算符，−3。

双目运算符：运算符需要两个运算量。如+ − * /都是双目运算符，3+5。

三目运算符：一个运算符需要三个运算量。在 C 语言中，只有条件运算符是三目的，如 a？b：c。

(2) 按运算符在表达式中所起的作用又可以分为以下几种。

算术运算符： + − * / %

自增、自减运算符： ++ −−

赋值运算符： = += −= *= /= %= <<= >>= |= &= ^=

关系运算符： < <= > >= == !=

逻辑运算符： && || !

位运算符： | ^ & << >> ~

条件运算符： ? :

逗号运算符： ,

其他： * & () [] . -> sizeof

在后续内容中，会陆续学习。

2．运算符的优先级和结合性

优先级：指同一个表达式中不同运算符进行计算时的先后次序。例如数学中的先乘除，后加减，就是乘除的优先级高于加减。

结合性：是指同一个运算量的两侧有两个相同级别的运算符时，运算的次序。

左结合性：运算量先与左面的运算符结合。

右结合性：运算量先与右面的运算符结合。

如：加、减之间是同级运算，其结合性均为左结合性。

例如 a−b+c，到底是(a−b)+c 还是 a−(b+c)？(b 先与 a 参与运算还是先于 c 参与运算)由于+、−运算优先级别相同，结合性为"自左向右"，即就是说 b 先与左边的 a 结合。所以 a−b+c 等价于(a−b)+c。

C 语言编译系统首先按照优先级进行运算，当一个运算量两侧有相同级别的运算符时，按照结合性进行运算。

本节主要介绍算术运算符(包括自增自减运算符)、赋值运算符、逗号运算符，其他运算符在以后相关章节中结合有关内容陆续进行介绍。关于 C 语言运算符的种类、优先级、结合性等问题参见教材附录。

2.7.2 算术运算符和算术表达式

1. 基本的算术运算符

算术运算符及其结合性见表 2-4。

表 2-4　算术运算符及其结合性

优先级	运算符	含义	要求运算量的个数	结合方向
高	−	取负运算符	1(单目运算符)	自右至左
中	* / %	乘法运算符 除法运算符 求余运算符	2(双目运算符)	自左至右
低	+ −	加法运算符 减法运算符	2(双目运算符)	自左至右

说明：(1) 在 C 语言中，两个整数相除的结果为整数，如 5/3 的结果为 1，舍去小数部分。但是如果除数或被除数中有一个为负值，则舍入的方向是不固定的，多数机器采用"向 0 取整"的方法即 5/3 的值是 1，−5/3 的值是−1，取整后向零靠拢(实际上就是舍去小数部分，注意不是四舍五入)。

(2) 如果参加+，−，*，/运算的两个数有一个为实数，则结果为实数，即结果中包含小数部分。如：5/2.0 的值是 2.5。

(3) 求余运算符%，要求两个操作数均为整型，结果为两数相除所得的余数。求余也称为求模。一般情况，余数的符号与被除数符号相同。例如−8%5 的值是−3，8%−5 的值是 3。

2. 算术表达式

用算术运算符和括号将运算量(也称操作数)连接起来的、符合 C 语法规则的式子，称为算术表达式。运算量可以是常量、变量、函数等。

下面是一个合法的 C 算术表达式。

```
a*b/c-1.5+'a'
```

注意：C 语言算术表达式的书写形式与数学表达式的书写形式有一定的区别。

(1) C语言算术表达式的乘号(*)不能省略。例如数学式 b^2-4ac，相应的 C 表达式应该写成 b*b-4*a*c。
(2) C语言表达式中只能出现字符集允许的字符。例如，数学 πr^2 相应的 C 表达式应该写成 PI*r*r。(其中 PI 是已经定义的符号常量)
(3) C语言算术表达式不允许有分子分母的形式。例如(a+b)/(c+d)。
(4) C语言算术表达式只使用圆括号改变运算的优先顺序(不要用{}[])。可以使用多层圆括号，此时左右括号必须配对，运算时从内层括号开始，由内向外依次计算表达式的值。

【例2.14】 在 C 语言中如何将下列数学表达式 $\dfrac{2\sin x \cos y}{\sqrt{a^2+b^2+c^2}+2bc}$ 写成符合 C 语言规则的表达式。

正确的 C 语言表达式为：

2*sin(x)*cos(y)/(sqrt(a*a+b*b+c*c)+2*b*c)

其中，sqrt()和 sin(x)、cos(y)都是数学函数的引用，表达式中用了两层括号，以保证表达式的运算顺序。

表 2-5 给出了 C 语言中常用的数学函数，更多数学函数见附录。

表2-5 C 语言中常用数学函数

函数名	函数原型说明	功 能	返回值	说 明
cos	double cos (double x);	计算 cos (x)的值	计算结果	x的单位为弧度
exp	double exp (double x);	计算 e^x 的值	计算结果	
fabs	double fabs(double x);	求 x 的绝对值	计算结果	
log	double log (double x);	求 ln x	计算结果	
log10	double log10 (double x);	求 $\log_{10} x$	计算结果	
pow	double pow(double x, double y);	计算 x^y 的值	计算结果	
rand	int rand(void)	产生-90~32767 之间的随即数	随即整数	
sin	double sin (double x);	计算 sin (x)的值	计算结果	x的单位为弧度
sqrt	double sqrt (double x);	计算 x 的平方根	计算结果	
tan	double tan (double x);	计算 tan (x)	计算结果	

【例2.15】 假设今天是星期三，20 天之后是星期几？

算法思想：

设用 0，1，2，3，4，5，6 分别表示星期日，星期一，星期二，星期三，星期四，星期五，星期六。因为一个星期有 7 天，即 7 天为一周期，所以，

n/7 等于 n 天里过了多少个整周；

n%7 就是 n 天里除去整周后的零头——不满一周的天数；

(n%7+3)%7 就是过 n 天之后的星期几。

源程序：

```
main()
{
    int  day, n;
    scanf("%d",&n);          /*输入过多少天后*/
    day=(n%7+3)%7;           /*计算过 n 天后是星期几*/
    printf("%d\n",day);      /*输出计算结果*/
}
```

运行结果：

思考：

(1) 假设今天是星期五，计算过 20 天后是星期几，怎么办？

把语句 day=(n%7+3)%7 改为 day=(n%7+5)%7。

(2) 如果需要从键盘上随机输入今天是星期几，怎么办？

增加一个表示今天是星期几的变量 today，并将程序改写为以下内容。

```
main()
{
    int  day, n,today;
    scanf("%d",&n);             /*输入过多少天后*/
    scanf("%d",&today);         /*输入今天是星期几，以 0 表示星期天，1 表示星期一，……*/
    day=(n%7+today)%7;          /*计算过 n 天后是星期几*/
    printf("%d\n",day);         /*输出计算结果*/
}
```

运行结果：

同类问题的求解：已知 x 是整数，且 $100 \leqslant x \leqslant 999$，求 x 的各位数并分别赋给 ones、ten、hunds。

算法思想：十进制数转换成任意 R 进制数的方法是除以 R 取余数法。R 是任意数，当然也包括 10。因此，可采用辗转除以 10 取余数的办法分别求出个位数、十位数和百位数。

```
ones=x%10;      /*x 除以 10 取余数，得个位数*/
x=x/10;         /*求 x 除以 10 的商，以便用商再除以 10 求十位数*/
tens=x%10;      /*x 除以 10 取余数，得十位数*/
x=x/10;         /*求 x 除以 10 的商，以便用商再除以 10 求百位数*/
hunds=x%10;     /*x 除以 10 取余数，得百位数*/
```

3. 自增、自减运算符

自增运算符++和自减运算符--均是单目运算符，功能是使变量的值增 1 或减 1。其优先级高于所有双目运算符，结合性为右结合。

例如：

++i 或 i++   等价于 i=i+1;
--i 或 i--   等价于 i=i-1;

其中 ++i；--i；运算符在变量前面，称为前缀形式，表示变量在使用前自动加 1 或减 1；
　　　i++；i--；运算符在变量后面，称为后缀形式，表示变量在使用后自动加 1 或减 1。

说明：(1) ++ /--是 C 语言特有的运算符，它实际上是一个复合的运算符，它包含两个运算，即 +/-和=的复合(加/减 和 赋值的复合)。

由于++ /--包含赋值运算，所有自增、自减运算符只用于变量，而不能用于常量或表达式。自增、自减运算是对变量进行加 1 或减 1 操作后再对变量赋新的值，对表达式或常量都不能进行赋值操作。

例如：x++；i++；都是正确的。

但　6++；(a+b)++；(-i)++；都是错误的。

(2) ++，--的结合方向为"自右向左"(与一般算术运算符不同)。

例如-i++等价于-(i++)，是合法的。

(3) ++，--运算的前缀形式和后缀形式的意义不同。

前缀形式是在使用变量之前先将其值增 1 或减 1(即先增值，后使用)；

后缀形式是先使用变量原来的值，使用完后再使其值增 1 或减 1(即先使用,后增值)。

例如：设 x=5,

y=++x；等价于先计算 x=x+1(结果 x=6)，再执行 y=x，结果 y=6。

y=x++；等价于先执行 y=x，再计算 x=x+1，结果 y=5，x=6。

y=x++*x++；结果 y=25，x=7。x++为后缀形式，先取 x 的值进行 "*" 运算，再进行两次 x++。

y=++x*++x；结果 y=49，x=7。++x 为前缀形式，先进行两次 x 自增 1，使 x 的值为 7，再进行相乘运算。

(4) 用于++，--运算的变量只能是整型、字符型和指针型变量。常用于循环语句中，使循环变量自动加 1，也用于指针变量，使指针指向下一个地址。

【例2.16】 自增1，自减1运算符的使用。
```
main()
{
  int i=8;
  printf("%d\n",++i);    /*i 加 1 后输出 9,i=9*/
  printf("%d\n",--i);    /*i 减 1 后输出 8,i=8*/
  printf("%d\n",i++);    /*输出 i 为 8 之后再加 1(i 为 9)*/
  printf("%d\n",i--);    /*输出 i 为 9 之后再减 1(i 为 8)*/
  printf("%d\n",-i++);   /*输出-8 之后再加 1(i 为 9)*/
  printf("%d\n",-i--);   /*输出-9 之后再减 1(i 为 8)*/
}
```

运行结果：

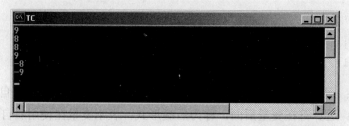

【例2.17】 分析下列程序的执行结果。
```
main()
{
  int i=5,j=5,p,q;
  p=(i++)+(i++)+(i++);
  q=(++j)+(++j)+(++j);
  printf("%d,%d,%d,%d",p,q,i,j);
}
```

运行结果：

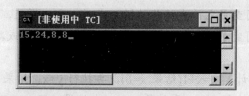

程序分析：

这个程序中，对 p=(i++)+(i++)+(i++)，由于 i 为后增 1，后缀形式的使用特点是先使用，后增值，因此在这里应理解为三个 i 相加，故 p 值为 15。然后 i 再自增 1 三次相当于加 3，故 i 的最后值为 8。

而对于 q 的值则不然，对 q=(++j)+(++j)+(++j)，由于 j 为前增 1，前缀形式的使用特点是先增值，后使用，应理解为 j 先自增 1，再参与运算，由于 j 自增 1 三次后值为 8，三个 8 相加的和为 24，j 的最后值仍为 8。

需要说明的是,以上运行结果是在 Turbo C 中运行得到的。有的 C 语言系统则按照自左而右的顺序求解括弧内的运算,求完第 1 个括弧再求解第 2 个括弧,结果为 5+6+7,即 18。

为避免出现这种歧义性。如果编程者的意图是想得到 18,可以写成下列语句:

```
i=5;
a=i++;
b=i++;
c=i++;
d=a+b+c;
```

执行完上述语句后,d 的值为 18,i 的值为 8。

虽然语句多了,但不会引起歧义。无论程序移植到哪一种 C 语言编译系统运行,结果都一样。

不提倡使用以下的写法。

```
p=(i++)+(i++)+(i++);
q=(++j)+(++j)+(++j);
```

不仅不同的系统结果不同,而且读程序的人也不容易读懂,容易理解错误,出现二义性。

总之,不要写出别人看不懂的,容易出现二义性的语句。

2.8 赋值运算符和赋值表达式

2.8.1 赋值运算符与赋值表达式

1. 概述

赋值运算符:"="为双目运算符,右结合性。
赋值表达式:由赋值运算符组成的表达式称为赋值表达式。
赋值表达式一般形式:

变量 = 表达式   如   a=5

赋值表达式的求解过程如下。
(1) 先计算赋值运算符右侧的"表达式"的值。
(2) 将赋值运算符右侧"表达式"的值赋值给左侧的变量。
(3) 整个赋值表达式的值就是被赋值变量的值。
赋值的含义:将赋值运算符右边的表达式的值存放到左边变量名标识的存储单元中。
例如:

① x=10+y;

执行赋值运算(操作),将 10+y 的值赋给变量 x,同时整个表达式的值就是刚才所赋的值。赋值运算符的功能:一是计算,二是赋值。

例如：

② x=(a+b+c)/12.4*8.5；

此时赋值运算符的功能先是计算算术表达式(a+b+c)/12.4*8.5的值，然后把该值赋值给变量x。

例如：

③ printf("i=%d,s=%f\n",i=12.5,s=3.14*12.5*12.5);

该语句直接输出赋值表达式 i=12.5 和 s=3.14*12.5*12.5 的值，也就是输出变量 i 和 s 的值。

例如：

④ a=b=c=5;

按照赋值运算符的右结合性，因此实际上等效于：

c=5;
b=c;
a=b;

注意：在变量说明中，不允许连续给多个变量赋初值。

int a=b=c=5 是错误的；必须写为 int a=5,b=5,c=5;
而赋值语句允许连续赋值。即

  int a, b, c;
  a=b=c=5;

是正确的。

2. 说明

(1) 赋值运算符左边必须是变量，右边可以是常量、变量、函数调用或常量、变量、函数调用组成的表达式等。

例如：x=10　y=x+10　y=func()都是合法的赋值表达式。

(2) 赋值符号"="不同于数学的等号，它没有相等的含义。（"=="相等)

例如：C语言中x=x+1是合法的(数学上不合法)，它的含义是取出变量x的值加1，再存放到变量x中。

3. 类型转换

赋值运算时，当赋值运算符左边变量和右边表达式数据类型不同时，将由系统自动进行类型转换。

转换原则：先将赋值号右边表达式类型转换为左边变量的类型，然后赋值。

(1) 将实型数据(单、双精度)赋给整型变量，舍弃实数的小数部分。

(2) 将整型数据赋给单、双精度实型变量，数值不变，但以浮点数形式存储到变量中。

(3) 将 double 型数据赋给 float 型变量时，截取其前面7位有效数字，存放到 float 变量的存储单元中(32bits)。但应注意数值范围不能溢出。将 float 型数据赋给 double 型变量时，数值不变，有效位数扩展到 16 位(64bits)。

(4) 字符型数据赋给整型变量时，由于字符只占一个字节，而整型变量为 2 个字节，因此将字符数据(8bits)放到整型变量低 8 位中。有以下两种情况。

情况 1：如果所使用的编译系统将字符处理为无符号的量或对 unsigned char 型变量赋值，则将字符的 8 位放到整型变量的低 8 位，高 8 位补 0。

情况 2：如果所使用的编译系统将字符处理为带符号的量(signed char)(如 Turbo C)，若字符最高位为 0，则整型变量高 8 位补 0；若字符最高位为 1，则整型变量高 8 位全补 1。这称为符号扩展，这样做的目的是使数值保持不变。

(5) 将一个 int，short，long 型数据赋给一个 char 型变量时，只是将其低 8 位原封不动地送到 char 型变量(即截断)。

(6) 将带符号的整型数据(int 型)赋给 long 型变量时，要进行符号扩展。即，将整型数的 16 位送到 long 型低 16 位中，如果 int 型数值为正，则 long 型变量的高 16 位补 0，如果 int 型数值为负，则 long 型变量的高 16 位补 1，以保证数值不变。反之，若将一个 long 型数据赋给一个 int 型变量，只将 long 型数据中低 16 位原封不动地送到整型变量(即截断)。

(7) 将 unsigned int 型数据赋给 long int 型变量时，不存在符号扩展问题，只要将高位补 0 即可。将一个 unsigned 类型数据赋给一个占字节相同的整型变量，将 unsigned 型变量的内容原样送到非 unsigned 型变量中，但如果数据范围超过相应整数的范围，则会出现数据错误。

(8) 将非 unsigned 型数据赋给长度相同的 unsigned 型变量，也是原样照赋。

总之，不同类型的整型数据间的赋值归根到底就是按照存储单元的存储形式直接传送。由长型整数赋值给短型整数，截断直接传送；由短型整数赋值给长型整数，低位直接传送，高位根据低位整数的符号进行符号扩展。

【例 2.18】赋值运算中类型转换的规则。

```
main()
{
  int i=5;                              /*说明整型变量 i 并初始化为 5*/
  float a=3.5,a1;                       /*说明实型变量 a 和 a1 并初始化 a*/
  double b=123456789.123456789;         /*说明双精度型变量 b 并初始化*/
  char c='A';                           /*说明字符变量 c 并初始化为'A'*/
  printf("i=%d,a=%f,b=%f,c=%c\n",i,a,b,c);   /*输出 i, a, b, c 的初始值*/
  a1=i;i=a;a=b;c=i;                     /*整型变量 i 的值赋值给实型变量 a1，实型变*/
                                        /*量 a 的值赋给整型变量 i，双精度型变量 b 的值*/
                                        /*赋值给实型变量 a，整型变量 i 的值赋值给字符*/
                                        /*变量 c*/
  printf("i=%d,a=%f,a1=%f,c=%c\n",i,a,a1,c); /*输出 i, a, a1, c 赋值以后的值*/
}
```

运行结果：

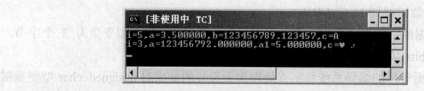

程序分析：

本例表明了上述赋值运算中类型转换的规则。

(1) 将 float 型数据赋值给 int 型变量时，先将 float 型数据舍去其小数部分，然后再赋值给 int 型变量。例如"i=a;"的结果是 int 型变量 i 只取实型数据 3.5 的整数 3。

(2) int 型数据赋值给 float 型变量时，先将 int 型数据转换为 float 型数据，并以浮点数的形式存储到变量中，其值不变。例如"a1=i;"的结果是整型数 5 先转换为 5.000000 再赋值给实型变量 a1。如果赋值的是双精度实数，则按其规则取有效数位。

(3) double 型实数赋值给 float 型变量时，先截取 double 型实数的前 7 位有效数字，然后再赋值给 float 型变量。例如"a=b;"的结果是截取 double 型实数 123456789.123457 的前 7 位有效数字 1234567 赋值给 float 型变量。上述输出结果中 a=123456792.000000 的第 8 位以后就是不可信的数据了。所以，一般不使用这种把有效数字多的数据赋值给有效数字少的变量。

(4) int 型数据赋值给 char 型变量时，由于 int 型数据用两个字节表示，而 char 型数据只用一个字节表示，所以先截取 int 型数据的低 8 位，然后赋值给 char 型变量。例如上述程序中执行"i=a;"后 int 型变量 i 的结果是 3，而"c=i;"的结果是截取 i 的低 8 位(二进制数 00000011)赋值给 char 型变量，将其 ASCII 码对应的字符输出为♥。

2.8.2 复合的赋值运算符

在赋值符"="之前加上某些运算符，可以构成复合赋值运算符，C 语言中许多双目运算符可以与赋值运算符一起构成复合运算符，即

+=，-=，*=，/=，%=，<<=，>>=，&=，|=，^=(共 10 种)

复合赋值运算符均为双目运算符，右结合性。

复合赋值运算符构成赋值表达式的一般格式：

变量名 复合赋值运算符 表达式

功能：对"变量名"和"表达式"进行复合赋值运算符所规定的运算，并将运算结果赋值给复合赋值运算符左边的"变量名"。

复合赋值运算的作用等价于：

变量名=变量名 运算符 表达式

即先将变量和表达式进行指定的复合运算，然后将运算的结果值赋给变量。

例如：

a*=3 等价于 a=a*3

a*=b+5 等价于 a=a*(b+5) 注意：赋值运算符、复合赋值运算符的优先级比算术运算

符低

a-=1 等价于 a=a-1

注意："a*=b+5" 与 "a=a*b+5" 是不等价的，它实际上等价于 "a*(b+5)"，这里括号是必需的。

赋值表达式也可以包含复合的赋值运算符。如：

a+=a-=a*a

也是一个赋值表达式，如果 a 的初值为 12，此赋值表达式的求解步骤如下。
(1) 先进行 "a-=a*a" 的运算，它相当于 a=a-a*a=12-144=-132。
(2) 再进行 "a+=-132" 的运算，相当于 a=a+(-132)= -132-132=-264。

【例2.19】复合赋值运算符的使用。

```
main()
{
  int a=3,b=2,c=4,d=8,x;
  a+=b*c;    /*a=11*/
  b-=c/b;    /*b=0*/
  printf("%d,%d,%d,%d\n",a,b,c*=2*(a-c),d%=a);
  printf("x=%d\n",x=a+b+c+d);
}
```

运行结果：

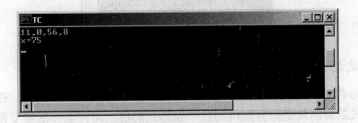

2.9 逗号运算符和逗号表达式

1. 逗号运算符

C 语言提供一种特殊的运算符——逗号运算符(又称顺序求值运算符)。用它将两个或多个表达式连接起来，表示顺序求值(顺序处理)。

2. 逗号表达式

用逗号连接起来的表达式，称为逗号表达式。例如：3+5，6+8。
(1) 逗号表达式的一般形式：

表达式1，表达式2，……，表达式n

(2) 逗号表达式的求解过程是自左向右，求解表达式 1，求解表达式 2，……，求解表达式 n。整个逗号表达式的值是表达式 n 的值。

例如逗号表达式 3+5，6+8 的值为 14。

例题：a=3*5，a*4。

查运算符优先级表可知，"="运算符优先级高于","运算符(事实上,逗号运算符级别最低)。所以上面的表达式等价于：

(a=3*5),(a*4)

所以整个表达式计算后值为 60(其中 a=15)。

【例 2.20】 逗号表达式的值。

```
main()
{
  int x,a;
  x=(a=3,6*3);           /*把逗号表达式的值赋给变量x，a=3,x=18*/
  printf("%d,%d\n",a,x);
  x=a=3,6*a;             /*a=3 , x=3，整个逗号表达式的值为18*/
  printf("%d,%d\n",a,x);
}
```

运行结果：

3. 逗号表达式的作用

主要用于将若干表达式"串联"起来，表示一个顺序的操作(计算)，在许多情况下，使用逗号表达式的目的只是想分别得到各个表达式的值，而并非一定需要得到和使用整个逗号表达式的值。

4. 说明

并不是任何地方出现的逗号都是作为逗号运算符。如在变量说明中，函数参数表中逗号只是用作各变量之间的间隔符。又如：

```
printf("%d,%d,%d",a,b,c);
```

其中"a,b,c"并不是一个逗号表达式，它是 printf 函数的 3 个参数，参数间用逗号间隔。如果改写为：

```
printf("%d,%d,%d",(a,b,c),b,c);
```

则"(a,b,c)"是一个逗号表达式，它的值等于 c 的值。括号内的逗号不是参数间的分隔符，而是逗号运算符。括号中的内容是一个整体，作为 printf 函数的一个参数，C 语言表达

2.10 本章小结

本章主要讲解了 C 语言中数据类型分类、常量与变量、整型、实型、字符型数据的分类以及算术、赋值和逗号运算符。

重点掌握：变量的定义、赋值，整型、实型、字符型数据的分类，自增、自减运算符。

1. C 语言中的数据类型

在 C 语言中，数据类型可分为基本数据类型、构造数据类型、指针类型和空类型四大类。

基本数据类型又分为整型、实型、字符型和枚举型。

2. 常量与变量

(1) 常量是指在程序运行中，其值不变的量。

如 12 为整型常量，4.6 为实型常量，'a'、为字符常量。

用一个标识符代表一个常量，称符号常量。

例如：

```
#define   PI   3.1415926
```

(2) 变量是指在程序运行时值可以改变的量。

标识符的命名规则：C 语言规定标识符只能使用字母、数字、下划线三种字符组成，且第一个字符必须为字母或下划线。

C 语言要求变量要"先定义，赋值后，再使用"。

变量定义格式：类型说明符　变量1, 变量2,……；

例如：

int a, b, c;
char cc;
double x, y;

变量赋值有两种方式：
一是定义同时赋值，初始化。
例如：

int a=3;
float f=3.56;

二是先定义，后赋值。
例如：

```
        int    a ;
        float  f ;
        a =3 ;
```

```
f=3.56 ;
```

3. 整型数据

整型常量,有十进制、八进制、十六进制和二进制四种表示方法。

整型变量的分类见表 2-6。

表 2-6 整型变量的分类

类型说明符	数的取值范围	分配字节数
int	−32768～32767	2
short int	−32768～32767	2
signed int	−32768～32767	2
unsigned int	0～65535	2
long int	−2147483648～2147483647	4
unsigned long	0～4294967295	4

注意:在表中所列的 6 种类型中,编程中常用的是:int,long int,unsigned int 三种。

重点掌握:各种类型所占的字节数和 int 的取值范围(-32768～32767),避免出现数据溢出的错误。

4. 实型数据

实型常量,有小数表示法和指数表示法。

实型变量分为:单精度型(float)、双精度型(double)、长双精度型(long double),见表 2-7。

表 2-7 实型变量的分类

类　　型	分配字节数	有效数字	数值范围
float	4	6～7	-3.4×10^{38}～3.4×10^{38}
double	8	15～16	-1.7×10^{308}～1.7×10^{308}
long double	10	18～19	-1.2×10^{4932}～1.2×10^{4932}

注意:常用的实型数据类型是:float 和 double。

重点掌握:float 和 double 型所占的字节数和有效位数,避免出现舍入误差。

5. 字符型数据

字符常量是用单引号(' ')括起来的一个字符。

转义字符是一种特殊的字符常量,是以反斜杠开头的字符序列。

转义字符分为三类:控制输出格式的:\n、\t、\f 、\b、\r 。

　　　　　　　　　控制输出 C 中的三个专用符号:\'、\"、\\ 。

　　　　　　　　　输出键盘上的任意字符: \ddd 、\xhh

字符变量的定义:char　变量1,变量2,……;

例如:

```
char s1, s2;
```

```
s1='A';
s2='a';
```

字符数据的存储,决定了字符型数据和整型数据之间可以通用(0~255 范围内的无符号数或-128~127 范围内的有符号数)。

字符串常量是用一对双引号(" ")括起来的字符序列。

C 语言规定在每个字符串的结尾加一个"字符串结束标志"——'\0' 。

因此,一个字符串的长度是字符个数+1 。

6. 各类数值型数据之间的混合运算

转换规则口诀是:水平方向,自动发生;垂直方向,向高看齐。

强制类型转换格式:(类型说明符)(表达式)

7. 算术运算符——双目,左结合性

* 、/ 、%

+ 、-

注意:① 两个整数相除,结果仍为整数。
② %运算只对整数有效。

8. 自增、自减运算符——单目,右结合性

++ , --

++i; --i; 运算符在变量前面,称为前缀形式,前缀形式是在使用变量之前先将其值增 1 或减 1(即先增值,后使用);

i++; i--; 运算符在变量后面,称为后缀形式,表示变量在使用后自动加 1 或减 1,后缀形式是先使用变量原来的值,使用完后再使其值增 1 或减 1(即先使用,后增值)。

用于++、--运算的变量只能是整型、字符型和指针型变量。

9. 赋值运算符——双目,右结合性

=

赋值表达式:变量 = 表达式   如 a=5;

注意:赋值号左边,只能是变量,右边可以是常量、变量、表达式、函数调用等。

复合的赋值运算符

+=,-=,*=,/=,%=,<<=,>>=,&=,|=,^=(共 10 种)

复合赋值运算符运算规则:先将变量和表达式进行指定的复合运算,然后将运算的结果值赋给变量。

例如:

a*=3 等价于 a=a*3

10. 逗号运算符——双目，右结合

，

逗号表达式：表达式1，表达式2，……，表达式n；   例如：3+5，6+8；

逗号表达式的求解过程是：自左向右，求解表达式1，求解表达式2，……，求解表达式n。整个逗号表达式的值是表达式n的值。

第 3 章 顺序结构程序设计

在进行程序设计时,通常采用三种不同的程序结构,即顺序结构、选择结构和循环结构。其中顺序结构是最基本、最简单的程序结构。本章将介绍简单程序(顺序程序)设计所必需的一些内容。通过本章的学习,可以编写简单的 C 语言程序。

本章内容
(1) 字符数据的输入与输出。
(2) 格式输入与输出。
(3) 顺序程序设计举例。
(4) 预处理命令。

相关知识点

3.1 输入/输出的概念及其 C 语言的实现

(1) 输入/输出概念。

输入/输出是以计算机主机为主体而言的。从计算机向外部设备(如显示器、打印机、磁盘等)输出数据称为"输出",从外部设备(如键盘、鼠标、扫描仪、光盘、磁盘)向计算机输入数据称为"输入"。

(2) C 语言本身不提供输入/输出语句,输入/输出操作由函数实现。

C 函数库中有一批"标准输入/输出函数",是以标准的输入/输出设备(一般为终端)为输入/输出对象的。其中有 putchar(输出字符), getchar(输入字符), printf(格式输出), scanf(格式输入), puts(输出字符串), gets(输入字符串)。

(3) 在使用 C 库函数时,要用预编译命令"#include"将有关的"头文件"包含到用户源文件中。

头文件包含了与用到的函数有关的信息。如使用标准输入/输出库函数时要用到"stdio.h"文件。文件后缀"h"是 head 的缩写,#include 命令都是放在程序的开头,因此这类文件被称为"头文件"。在调用标准输入/输出库函数时,文件开头应有以下预处理命令:

```
#include <stdio.h>    或   #include "stdio.h"
```

stdio.h 是 standard input & output 的缩写，它包含了与标准 I/O 库有关的变量定义和宏定义。考虑到 printf 和 scanf 函数使用频繁，系统允许在使用这两个函数时可不加#include 命令。

3.2 字符数据的输入/输出

3.2.1 putchar 函数——字符输出函数

格式：

putchar(ch);

其中 ch 为一个字符变量或常量。
putchar()函数的作用等同于 printf("%c", ch)。
功能：向输出设备(如显示器)输出一个字符(可以是可显示的字符，也可以是控制字符或其他转义字符)。

例如：

```
putchar('y');        /*输出字符'y'*/
putchar('\n');       /*输出一个换行符，使输出的当前位置移到下一行的开头*/
putchar('\101');     /*输出字符'A'*/
putchar('\'');       /*输出单引号字符'*/
```

使用本函数前必须在该函数的前面加上"包含命令"，如下所示。

```
#include <stdio.h>
```

3.2.2 getchar 函数——字符输入函数

格式：

getchar();

功能：从键盘读入一个字符，并显示在屏幕上。

注意：getchar 函数按 Enter 键确认输入结束，按键前的所有输入都显示在屏幕上，只有第一字符作为函数的返回值。

【例 3.1】 putchar, getchar 函数的使用。

```
#include <stdio.h>
main()
{
  char c;
  c=getchar();
  putchar(c);
}
```

在运行时，如果从键盘输入字符'b'并按 Enter 键，就会在屏幕上看到输出的字符'b'。

说明：(1) 注意输入字符后，必须按"Enter"键，字符才送到内存。

(2) getchar()只能接收一个字符，输入数字也按字符处理，输入多于一个字符时，只接收第一个字符。

(3) 使用本函数前必须在该函数的前面加上"包含命令"，如下所示。

```
#include <stdio.h>
```

3.2.3 putch 函数——字符输出函数

格式：

```
putch (ch)
```

其中 ch 为字符变量或字符常量。

功能：输出字符到控制台(控制台的默认输出设备就是显示器，当然，还可以定义控制台为其他输出设备)。

【例 3.2】 putch 函数的使用。

```
#include <conio.h>
int main()
{
    char ch = 'a';
    { clrscr();        /*清除屏幕先前显示的内容*/
      putch(ch);
    }
}
```

运行结果：

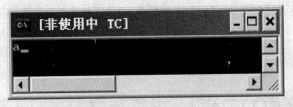

注意：使用本函数前必须在该函数的前面加上"包含命令"，如下所示。

```
#include <conio.h>
```

注：conio.h 是 Console Input/Output(控制台输入/输出)的简写，其中定义了通过控制台进行数据输入和数据输出的函数。

3.2.4 getch 函数——字符输入函数

格式：

```
getch();
```

功能：从键盘读入一个字符，不会显示在屏幕上。

注意：getch 函数输入一个字符就自动结束，不用按 Enter 键，而且输入的这一个字符也不显示在屏幕上。输入的这一字符就是函数的返回值。

使用本函数前必须在该函数的前面加上"包含命令"，如下所示。

```
#include <conio.h>
```

getchar() 和 getch()区别：

(1) getchar 函数以 Enter 键确认输入结束，按键前的所有输入都显示在屏幕上，只有第一字符作为函数的返回值。包含在 stdio.h 头文件中。

(2) getch 函数输入一个字符就自动结束，不用按 Enter 键，而且输入的这一个字符也不显示在屏幕上。输入的这一字符就是函数的返回值，在 conio.h 头文件中。

实际使用中，常常利用 getch()；作为程序显示结果后的暂停。

【例 3.3】 putch,getch 函数的使用，与 getchar 函数的比较。

```
        #include <stdio.h>
        #include <conio.h>
        int main()
        {
          char ch = 'a';
          { clrscr();          /*清屏函数，包含在 conio.h 中*/
            putch(ch);         /*输出 ch 中的 a*/
            putchar('\n');
            ch=getchar();      /*getchar 等待输入字符,在此输入了 China,按 Enter 键结束*/
            putchar(ch);       /*输出 ch 中字符*/
            putchar('\n');
            ch=getch();        /*getch 等待输入字符,在此只输入 j 即结束,不显示在屏幕上*/
            putch(ch);         /*putch 函数将 ch 中字符 j 显示在屏幕上*/
          }
        }
```

运行结果：

程序分析：

clrscr()；清屏函数，包含在 conio.h 中。

putch(ch)；首先输出 ch 中的 a，显示在第一行。putchar('\n')；实现换行。

ch=getchar()；语句中 getchar 等待输入字符，在此输入了 China，显示在屏幕上，按 Enter 键结束，但只有第一字符 C 是函数返回值。putchar(ch)；输出 ch 中字符 C。

ch=getch();语句中,getch 等待输入字符,在此只输入 j 即结束,不显示在屏幕上,输入完成,自动结束,不用按 Enter 键。putch(ch)将 ch 中字符 j 显示在屏幕上。

【例 3.4】 getch 函数的暂停功能。

```
#include <stdio.h>
#include <conio.h>
int main()
{
   char ch = 'a';
   { clrscr();          /*清屏函数,包含在 conio.h 中*/
     putch(ch);         /*输出 ch 中的 a*/
     putchar('\n');
     ch=getchar();      /*getchar 等待输入字符,在此输入了 China,按 Enter 键结束*/
     putchar(ch);       /*输出 ch 中字符*/
     putchar('\n');
     getch();           /*等待,输入任一字符,退出结果显示*/
   }
}
```

运行结果:

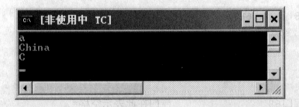

程序分析:

在显示完上面内容后,执行到 getch();语句,等待,输入任一字符,退出结果显示状态。

3.3 格式输入与输出

3.3.1 printf 函数——格式输出函数

printf 函数的作用是向终端(或系统隐含的输出设备)输出若干个任意类型的数据,putchar 只能输出字符,而且只能是一个字符,而 printf 可以输出多个数据,且为任意类型。

1. printf 函数的一般格式

printf(格式控制字符串,输出表列)

例如:

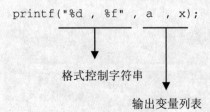

(1) "格式控制"字符串是用双引号括起来的字符串,也称"转换控制字符串",它指定输出数据项的类型和格式。包括以下两项。

格式说明项:由"%"和格式字符组成,如%d,%f等。格式说明总是由"%"字符开始,到格式字符终止。它的作用是将输出的数据项转换为指定的格式输出。输出表列中的每个数据项对应一个格式说明项。

普通字符:即需要原样输出的字符,在显示中起提示作用。如例子中的逗号和空格。

(2) "输出表列"是需要输出的一些数据项,可以是表达式。

要求格式字符串和各输出项在数量和类型上一一对应。

2. 格式字符

(1) d 格式符。用来输出十进制整数。有以下几种用法。

① %d,以十进制整型数据的实际长度输出。

② %md,m 为指定的输出字段的宽度。如果数据的位数小于 m,则左端补以空格,若大于 m,则按实际位数输出。常常用 m 控制整数数据输出时的间距。例如

```
#include <stdio.h>
main()
{
  int  a=12768 , b= 68 ;
  printf("%6d,%6d", a , b) ;
}
```

运行结果:

□12768,□□□□68   /*□在此表示空格*/

③ %-md,m 为指定的输出字段的宽度。当 m 值大于数据宽度时,没有"一"符号,数据输出相右靠齐,左补空格;如②中所示,有"一"符号,数据输出相左靠齐,右补空格。

```
#include <stdio.h>
main()
{
  int  a=12768 , b= 68 ;
  printf("%6d,%6d , %-6d \n",a , b , b ) ;
}
```

运行结果:

12768,□□□□68 , 68□□□□

④ %ld,输出长整型数据 。如

```
#include <stdio.h>
main()
{
  long int  a=127689 ;
  printf("\n%ld",a) ;
```

```
        printf("\n%d",a);
}
```

运行结果：

```
127689
-3383
```

说明：由于定义变量 a 是 long int 型，输出数据也要求%ld 格式，否则，得到错的结果。

(2) O 格式符。用来输出八进制整数。由于是将内存单元中的各位的值(0 或 1)按八进制形式输出，因此输出的数值不带符号，即将符号位也一起作为八进制数的一部分输出。

(3) X 格式符。用来输出十六进制整数。同样，符号位也一起作为十六进制数的一部分输出。

(4) u 格式符。用来输出以十进制形式输出 unsigned 型整数，即无符号整数。

【例 3.5】 整型数据的几种输出格式比较。

```
#include <stdio.h>
main( )
{
  int a=16;
  int  b=-1;
  unsigned c;
  c=65534;
  printf("a=%d, %4d, %-6d\n", a, a, a);
  printf("b=%d, %o, %x, %u \n ", b,b,b,b );
  printf("c=%d ,%o, %x, %u \n", c, c, c, c);
}
```

运行结果：

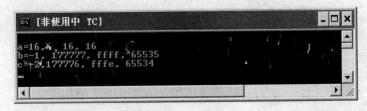

程序分析：

① "a=" 是普通字符，故照原样输出。

用%d 输出 a 的值，按实际位数输出；

用%4d 输出 a 的值，宽度为 4，a 的值为 16，只占 2 位，右对齐输出 16，左边补两个空格；

用%-6d 输出 a 的值，左对齐，宽度为 6，故右补 4 个空格。

② -1

二进制：1111111111111111；

八进制：177777；

十六进制：ffff；

按%d 格式输出 b，输出-1。

(因为%d 是带符号的十进制格式符，输出的是补码形式。高位字节最左边的 1 为符号位，代表负号。那么，它是哪个负数的补码呢？只要对它再求一次补即可。根据"取反加 1"求补方法(除符号位外其他各位取反，即 0 变 1，1 变 0，然后再加 1)，得到对应的原码：

1000000000000001

这正是-1 的原码。所以按%d 格式输出是-1。

%o 格式是按八进制形式输出 b，应是 177777；
%x 格式按十六进制形式输出 b，故输出 ffff；
按%u 格式输出是 65535。
读者自己分析一下 c 的输出结果。

(5) c 格式符，用来输出一个字符。

【例 3.6】 分析下列程序的执行结果。

```
#include <stdio.h>
main()
{
    int a=65,b=97;
    printf("%d %d\n",a,b);
    printf("%C,%C\n",a,b);
    printf("a=%d,b=%d\n",a,b);
    printf("a=%c,a=%c\n",a,b);
}
```

运行结果：

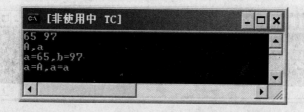

程序分析：

本例中四次输出了 a，b 的值，但由于格式控制串不同，输出的结果也不相同。

(6) s 格式符，用来输出一个字符串。

① %s，控制输出一个字符串。

② %ms，输出的字符串占 m 列，如果字符串本身长度大于 m，则突破 m 的限制，将字符串全部输出。若串长小于 m，则左补空格。

%－ms，如果 m 值大于要输出的字符串长度，有"－"符号，字符串相左靠齐，右侧补空格。

③ %m.ns，输出占 m 列，但只取字符串中左端起 n 个字符。这 n 个字符相右靠齐，左补空格。

%-m.ns，输出占 m 列，但只取字符串中左端起 n 个字符。这 n 个字符相左靠齐，右补空格。例如：

```
#include <stdio.h>
main( )
{
 printf("%s, %7s, %7.3s , %-7.3s \n","China","China" ,"Beijing","Beijing");
}
```

运行结果：
China ,□□China , □□□□Bei , Bei□□□□

(7) f 格式符，以小数形式输出一个实数。

① %f，控制输出一个实数，不指定字段宽度，由系统自动指定，使整数部分全部如数输出，并输出 6 位小数。注意，输出数字，并非全部都是有效数字。单精度实数的有效位数一般为 7 位，双精度实数的有效位数一般为 16 位。

② %m.nf，输出的数据占 m 列，其中有 n 位小数。如果数值长度小于 m，相右靠齐，左补空格；%-m.ns ，相左靠齐，右补空格。

(8) e 格式符，以指数形式，输出一个实数。

① %e，控制输出一个实数，不指定字段宽度，由系统自动指定 5 位小数，指数部分占 5 位(如 e+002)。

② %m.nf，输出的数据占 m 列，其中有 n 位小数。如果数值长度小于 m，相右靠齐，左补空格； % -m.ns ，相左靠齐，右补空格。

(9) g 格式符，输出一个实数，根据数值的大小，自动选择 f 格式或 e 格式(选择输出时占宽度较小的一种)，且不输出无意义的零。

【例 3.7】 分析下列程序的执行结果。

```
#include <stdio.h>
main( )
{
    float d;
    d=123.45;
    printf("%f, %13.2f , %-13.2f \n", d, d, d);
    printf("%e, %13.2e, %13.2e \n", d, d, d);
    printf("%g\n", d);
}
```

运行结果：

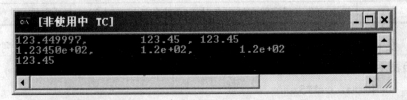

程序分析：

按%f格式输出时，小数位默认为 6 位，所以右补 4 个 0，即 123.450000；但实际输出为 123.449997，这是由于实数在内存中的存储误差引起的。

在 Turbo C 中，%e 格式中小数位为 5 位，指数位不足 3 位时只输出 2 位。

%g 格式实际是选择%f 和%e 格式中宽度较小者且不输出其中无意义 0 的格式。因为用%f 格式输出 d，占 10 位，而用%e 格式输出，一般情况下占 13 位(其中小数部分占 6 位，指数部分占 5 位，如 e+002，小数点占 1 位，小数点前面必须有 1 位非零数字)，所以选择%f 格式，应输出 123.450000，小数最后 4 个 0 是无意义的，不输出。所以用%g 格式输出 d 的值，实际输出：123.45。

格式字符见表 3-1。

表 3-1 printf 格式字符

格式字符	说　　明
d	以十进制形式输出带符号整数(正数不输出符号)
o	以八进制形式输出无符号整数(不输出前缀 0)
x X	以十六进制形式输出无符号整数(不输出前缀 0X)，用 x 则输出十六进制数的 a～f 时以小写形式输出。用 X 时，则以大写字母输出 A～F
u	以十进制形式输出无符号整数
f	以小数形式输出单、双精度实数，隐含输出 6 位小数
e E	以标准指数形式输出单、双精度实数。用 e 时指数以"e"表示(如 3.5e+03)，用 E 时指数以"E"表示(如 3.5E+03)
g G	选用%f 或%e 格式中输出宽度较短的一种格式输出单、双精度实数，不输出无意义的 0。用 G 时，若以指数形式输出，则指数以大写表示
c	以字符形式输出单个字符
s	输出字符串

在格式说明中，在"%"和上述格式字符间可以插入以下四种附加符号(又称修饰符)。见表 3-2。

表 3-2 printf 的附加格式说明字符

字　　符	说　　明
字母 l	用于长整型整数，可加在格式符 d、o、x、u 前面。如%ld
m(代表一个正整数)	指定数据的输出宽度，若数据的实际长度超过指定的宽度，则按数据的实际长度输出
n(代表一个正整数)	对实数，表示输出 n 位小数；对字符串，表示截取的字符个数
−	输出的数字或字符在域内左对齐(系统默认为右对齐)，右补空格

【例 3.8】 设 a=3，b=4，c=5，d=1.2，e=3.45，f=−56.78，编写程序，使程序按下列格式输出(其中□表示空格)：

　　a=□□3，b=4□□□，c=**5

d=1.2

e=□□3.45

f=-56.7800□□**

参考源代码：

```
#include <stdio.h>
main( )
{
int a=3,b=4,c=5;                    /*定义整型变量a、b、c并初始化*/
float  d=1.2,e=3.45,f=-56.78;       /*定义实型变量d、e、f并初始化*/
printf("a=%3d, b=%-4d, c=**%d\n", a, b, c);  /*a按宽度3列输出,b按宽度4列左*/
                                             /*对齐输出,c按实际长度输出*/
printf("d=%3.1f\n", d);             /*d输出共占3列，其中有1位小数*/
printf("e=%6.2f\n", e);             /*e输出共占6列，其中有2位小数，默认右对齐*/
printf("f=%-10.4f**\n",f);          /*f输出共占10列，其中有4位小数，左对齐、右补空格*/
}
```

运行结果：

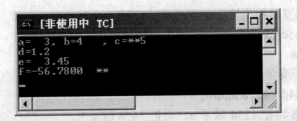

提出问题

问题1. 数学课上，老师在讲授完圆柱、圆球的相关知识后，给同学们留了一道家庭作业题：设圆半径r=1.5，圆柱高h=3，让同学们求一下圆周长、圆面积、圆球表面积、圆球体积、圆柱体积，要求小数点后面保留两位小数。请利用计算机快速地解决此问题。

问题2. 输入两个整数a和b(设a=1500，b=350)，求a除以b的商和余数，编写完整程序并按如下形式输出结果(在本书中，□均表示空格)。

a=□1500，b=□350

a/b=□□4，the□a□mod□b=□100

相关识点

3.3.2 scanf()函数——格式输入函数

1. 格式

scanf(格式控制，地址表列);

例如：

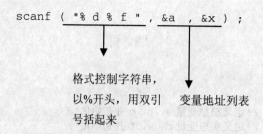

2. 说明

(1) 格式控制字符串中的格式符，与 printf()函数中的相一致。

(2) 要求格式控制字符串中的格式符，要与所控制的变量类型匹配。

(3) 地址表列中给出各变量的地址。 地址是由地址运算符"&"后跟变量名组成的。&称为取地址运算符。

(4) 可用十进制整数指定输入的宽度(即字符数)。

例如　scanf("%5d",&a);

输入　12345678

只把 12345 赋予变量 a，其余部分被截去。

又如　scanf("%4d%4d",&a,&b);

输入　12345678 将把 1234 赋予 a，而把 5678 赋予 b。

(5) 在输入多个数值数据时，可用空格、TAB 或 Enter 键作间隔。

例如　scanf("%d%d%d",&a,&b,&c);

要让 a、b、c 的值分别为 3、4、5，在输入数据时，下面输入均为合法(□表示空格)。

方法 1：　　3□□4□□□□5✓

方法 2：　　3✓

　　　　　　4□5✓

方法 3：　　3(按 Tab 键)4✓

　　　　　　5✓

用"%d%d%d"格式输入数据时，不能用逗号作两个数据间的分隔符，如下面输入不合法：

3，4，5(回车)

(6) 如果在"格式控制"字符串中除了格式说明外还有其他字符，则在输入数据时应输入与这些字符相同的字符。

例如　scanf("%d,%d,%d",&a,&b,&c);

正确的输入方式应为：　3，4，5✓

即格式符之间的符号，在输入数据时，要原样输入。

(7) 输入数据时不能规定精度。

例如　scanf("%7.2f",&a);

是不合法的。不能使用这种形式通过输入 1234567 获得 a=12345.67。

(8) 在用"%c"格式输入字符时，空格字符和"转义字符"都作为有效字符输入。见例 3.7。

(9) 在输入数据时，遇以下情况时该数据认为结束。

情况 1：从第一非空字符开始，遇空格、跳格(TAB 键)或回车。

情况 2：遇宽度结束。

情况 3：遇非法输入。

例如

```
int a, b, d ; char c ;
    scanf("%d%d%c%3d", &a, &b, &c, &d);
```

输入序列为：10□11A12345↙

则 a=10，b=11，c='A'，d=123。

10 后的空格(□表示空格)表示数据 10 的结束；11 后遇字符'A'，对数值变量 b 而言是非法的，故数字 11 到此结束；而'A'对应 c；最后一个数据对应的宽度为 3，故截取 12345 前三位 123。注意，输入 b 数据 11 后不能用空格结束，这是因为下一个数据为字符，而空格也是字符，将被变量 c 接受，那么 c 的值就不是'A'而是空格了。

【例 3.9】 输入 3 个值。

```
main()
{ char a,b,c;
  scanf("%c%c%c",&a,&b,&c);
  printf("%c%c%c\n",a,b,c);
}
```

运行程序：

第一次运行时，从键盘上输入 e□f□g↙。第二次运行时，从键盘上输入 efg↙。

运行结果：

思考：

同一程序，输入相同的值，但格式不同，输出结果却不同，原因何在？

两次运行，输入值分别如下。

	a	b	c
第一次	e	□	f
第二次	e	f	g

【例3.10】 输入/输出3个数据。

```
main()
{ int a,b,c;
  scanf("%d%d%d",&a,&b,&c);
  printf("%d%d%d\n",a,b,c);
}
```

问：若想让变量a，b，c分别为5，6，7，应在键盘上如何输入数据？
答：正确的输入形式为 5□6□7↙
问：若将scanf语句改为scanf("%d,%d,%d",&a,&b,&c)；又如何输入？
答：正确的输入形式为5，6，7↙
问：若将scanf语句改为scanf("a=%d,b=%d,c=%d",&a,&b,&c)；又如何输入？
答：从键盘上输入a=5，b=6，c=7↙

注意：如输入的数据与输出的类型不一致时，虽然编译能够通过，但结果将不正确。见例3.8。

【例3.11】 分析程序运行结果。

```
main()
{
int a;
printf("input a number\n");
scanf("%d",&a);
printf("%ld",a);
}
```

运行结果：

程序分析：
由于输入数据类型为整型，而输出语句的格式串中说明为长整型，因此输出结果和输入数据不符。
解决方案：
当输入数据改为长整型后，输入/输出数据相等。改动程序如下。

```
main()
{
long a;
```

```
printf("input a long integer\n");
scanf("%ld",&a);
printf("%ld",a);
}
```
运行结果：

3.4 顺序结构程序设计举例

1. 程序设计的主要步骤

(1) 根据问题和要求，找出要处理的数据及其相互关系；
(2) 设计解决问题的算法；
(3) 按算法画出 N-S 图；
(4) 根据 N-S 图，写出源代码；
(5) 调试和测试程序。

2. 顺序结构程序的特点

结构中的语句按其先后顺序执行。

【例 3.12】 (问题 1) 数学课上，老师在讲授完圆柱、圆球的相关知识后，给同学们留了一道家庭作业题：设圆半径 r=1.5，圆柱高 h=3，让同学们求一下圆周长、圆面积、圆球表面积、圆球体积、圆柱体积，要求小数点后面保留两位小数。请利用计算机快速地解决此问题。

算法思想：
输入部分输入单精度型变量 r、h 的值，可利用格式输入 scanf 完成；
计算处理部分利用相关的计算公式来完成问题的求解；
其中：圆周长 l=2*PI*r
圆面积 s=PI*r*r
圆球表面积 sq=4*PI*r*r
圆球体积 vq=4.0/3.0*PI*r*r*r
圆柱体积 vz= PI*r*r*h
PI 为第 2 章介绍过的符号常量，代表 3.1415926；

输出部分利用格式输出 printf 完成各个数据的输出，可采用%m.nf 格式，N-S 图如图 3.1 所示。

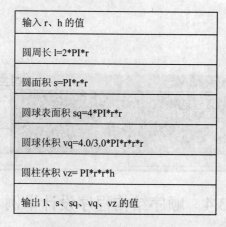

图 3.1   N-S 图(问题 1)

参考源代码：

```
#include  <stdio.h>
#define   PI  3.1415926
main( )
{ float r,h,l,s,sq,vq,vz;               /*变量定义*/
  printf("please input r,h:\n");        /*输入提示信息*/
  scanf ("%f,%f", &r, &f);              /*从键盘输入圆半径 r、圆柱高 h 的值*/
  l=2*PI*r;                             /*计算圆周长*/
  s=PI*r*r;                             /*计算圆面积*/
  sq=4*PI*r*r;                          /*计算圆球表面积*/
  vq=4.0/3.0*PI*r*r*r;                  /*计算圆球体积*/
  vz= PI*r*r*h;                         /*计算圆柱体积*/
  printf("%6.2f\n",l);                  /*输出各计算结果,小数点后面保留两位小数*/
  printf("%6.2f\n",s);
  printf("%6.2f\n",sq);
  printf("%6.2f\n",vq);
  printf("%6.2f\n",vz);
}
```

运行结果：

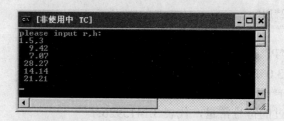

【例 3.13】 (问题 2) 输入两个整数 a 和 b(设 a=1500，b=350)，求 a 除以 b 的商和余数，编写完整程序并按如下形式输出结果(□表示空格)。

a=□1500，b=□350

a/b=□□4，the□a□mod□b=□100

算法思想：

输入部分输入整型变量 a、b 的值，可利用格式输入 scanf 完成；

计算处理部分求 a/b 的商和余数，利用赋值语句完成；

输出部分利用格式输出 printf 完成格式输出，可采用%md 格式。

N-S 图如图 3.2 所示。

图 3.2 N-S 图(问题 2)

参考源代码：

```
#include <stdio.h>
main( )
{ int a, b, c, d;
  scanf ("%d, %d", &a, &b);              /*格式输入 a、b 的值*/
  c=a/b;                                  /*求 a/b 的商*/
  d=a%b;                                  /*求 a/b 的余数*/
  printf ("a=%5d, b=%4d\n", a, b);        /*格式输出 a、b 的值*/
  printf ("a/b=%3d, the a mod b=%4d\n",c,d); /*格式输出 a、b 的商和余数*/
}
```

运行结果：

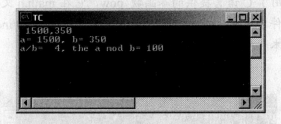

问题的深化

【例3.14】 编程计算存款利息。设某银行存款利率为每月 0.0027，如果按利滚利算，那么向该银行存入 m 万元,两个月后,利息是多少?计算公式为本息=本金$(1+利率)^n$, n 为月数。

算法思想:

输入部分利用格式输入 scanf 完成从键盘输入本金 m (实型数)、月数 n (整型数)、利率 v (实型数)的值。

计算处理部分利用公式:本息=本金$(1+利率)^n$,计算本息 $s=m(1+v)^n$ 和利息 t=本息−本金。

注意:程序中可使用 C 语言提供的幂函数 pow(1+v,n) 求 $(1+v)n$ 的值。

输出部分:利用 printf 格式输出利息 t 的值,可采用%m.nf 格式,N-S 图如图 3.3 所示。

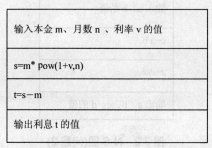

图 3.3 例 3.10 N-S 图

参考源代码:

```
#include <stdio.h>
#include <math.h>   main()
{
  float m,v,t,s;
  int n;
  printf("please input m,n,v:\n");
  scanf("%f,%d,%f",&m,&n,&v);
  s=m*pow(1+v,n);
  t=s-m;
  printf("t=%6.2f\n",t);
}
```

说明:因为程序中使用了 C 语言提供的幂函数 pow,它在 math.h 文件中定义(其他数学类函数也在该文件中定义)。所以在程序开头应用预处理命令#include <math.h>把文件 math.h 包含到本程序中。

运行结果:

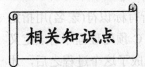

3.5 预处理命令

在第 2 章讲述符号常量的定义时曾认识了#define PI 3.1415926,在本章又接触到了#include <stdio.h>,这些都是 C 语言提供的预处理命令。

预处理是指在系统对源程序进行编译之前,对程序中某些特殊的命令行的处理。预处理是 C 语言的一个重要功能,由预处理程序负责完成。当对一个源文件进行编译时,系统将自动引用预处理程序对源程序中的预处理部分作处理,经过预处理后程序不再包括预处理命令,再由编译程序对预处理后的源程序进行通常的编译处理,得到可供执行的目标代码。使用预处理功能,可以提高程序的通用性、可读性、可修改性、可移植性和方便性,易于模块化。其处理过程如图 3.4 所示。

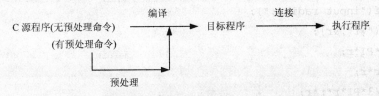

图 3.4 C 语言预处理的执行过程

说明:预处理命令是一种特殊的命令,为了区别于一般的语句,预处理命令必须以#开头,结尾不加分号。

C 语言中的预处理命令有宏定义、文件包含和条件编译三类。在这里只介绍宏定义和文件包含,至于条件编译会在后续课程 C++中学习到。

3.5.1 宏定义

在 C 语言源程序中允许用一个标识符来表示一个字符串,称为"宏"。被定义为"宏"的标识符称为"宏名"。在编译预处理时,对程序中所有出现的"宏名",都用宏定义中的字符串去代换,称为"宏代换"或"宏展开"。

宏定义是由源程序中的宏定义命令完成的,宏代换是由预处理程序自动完成的。在 C 语言中,"宏"分为有参数和无参数两种。这里只介绍不带参数的宏定义。

不带参数的宏定义格式:

`#define 标识符 字符串`

其中,标识符称为宏名,字符串称为宏替换体。

例如,前面介绍过的符号常量的定义

`#define PI 3.1415926`

就是一种无参宏定义。

功能：编译之前，预处理程序将程序中该宏定义之后出现的所有标识符(宏名)用指定的字符串进行替换。在源程序通过编译之前，C 的编译程序先调用 C 预处理程序对宏定义进行检查，每发现一个标识符，就用相应的字符串替换，只有在完成了这个过程之后，才将源程序交给编译系统。

常对程序中反复使用的表达式进行宏定义。例如定义

```
#define PI 3.1415926
```

在编写源程序时，所有的 3.1415926 都可由 PI 代替，对源程序作编译时，先由预处理程序进行宏代换，即用 3.1415926 去置换所有的宏名 PI，然后再进行编译。

【例3.15】 关于圆的计算。

```
#define  PI   3.1415926
main()
{
  float l,s,r,v;
  printf("input radius:");
  scanf("%f",&r);
  l=2.0*PI*r;
  s=PI*r*r;
  v=4.0/3*PI*r*r*r;
  printf("l=%10.4f\ns=%10.4f\nv=%10.4f\n",l,s,v);
}
```

运行结果：

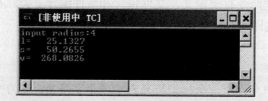

说明：

(1) 宏名常用大写，以便与变量名相区别。也可以用小写字母。

(2) 宏定义是用宏名代替一个字符串，只作简单置换，不作正确性检查。如果写成

```
#define PI 3.14159
```

即把数字 1 写成小写字母 l，预处理时也照样代入，不管含义是否正确。也就是说预编译时不作任何语法检查。只有在编译已被宏展开后的源程序时才会发现错误并报错。

(3) 宏定义不是 C 语句，不必在行末加分号。如果加了分号，则会连分号一起进行置换。

例如

```
#define PI 3.1415926;
```

```
    area=PI*r*r;
```

经过宏展开后,该语句为:

```
area=3.1415926;*r*r;
```

显然出现语法错误。

(4) #define 命令出现在程序中函数的外面,宏名的有效范围为定义命令之后到本源文件结束。通常#define 命令写在文件开头之前,函数之前,作为文件一部分,在此文件有效。

(5) 可以用#undef命令终止宏定义的作用域。例如:

```
# define G 9.8
main()
{



}
#undef G
f1()
{

}
```

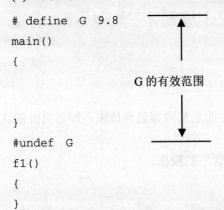

G 的有效范围

由于#undef 的作用,使 G 的作用范围在#undef 行处终止。

(6) 在进行宏定义时,可以引用已定义的宏名,可以层层置换。

(7) 对程序中用双撇号括起来的字符串内的字符,即使与宏名相同,也不进行置换。
例如:

```
    #define PI 3.1415926
    printf ("PI=%f", PI);
```

结果为:PI=3.1415926

即双引号中的 PI 不进行替换。

(8) 宏定义与变量的含义不同,只作字符替换,不分配内存空间。

【例3.16】 计算圆的周长和面积。

```
#define R 3.0
#define PI 3.1415926
#define L 2*PI*R
#define S PI*R*R
main()
{
printf("L=%f\nS=%f\n",L,S);
}
```

运行结果：

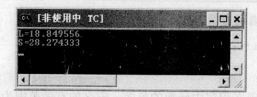

经过宏展开后，printf 函数中的输出项 L 被展开为 2*3.1415926*3.0，S 展开为 3.1415926*3.0*3.0，printf 函数调用语句展开为

```
printf("L=%f\nS=%f\n",2*3.1415926*3.0,3.1415926*3.0*3.0);
```

3.5.2 文件包含

1. 概念

文件包含是指一个源文件可以将另一个源文件的全部内容包含进来，即将另外的文件包含到本文件之中。

C 语言提供了#include 命令用来实现"文件包含"的操作。

2. 格式与功能

格式：

#include <文件名>　或　#include "文件名"

功能：用指定的文件名的内容代替预处理命令。

图 3.5 表示"文件包含"的含义。图 3.5(a)为文件 file1.c，有一个#include <file2.c>命令，还有其他内容(以 A 表示)。图 3.5(b)为另一文件 file2.c，文件内容以 B 表示。在编译预处理时，要对#include 命令进行"文件包含"处理，将 file2.c 的全部内容复制插入到#include <file2.c>命令处，即 file2.c 被包含到 file1.c 中，得到图 3.5(c)所示的结果。在编译中，将"包含"以后 file1.c(图 3.5(c)所示)作为一个源文件单位进行编译。

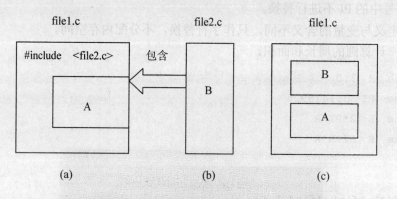

图 3.5　文件包含

"文件包含"命令是很有用的，可以节省程序设计人员的重复劳动。例如，某一单位

的人员往往使用一组固定的符号常量(如 g=9.81,pi=3.1415926,e=2.718,c=…),可以把这些宏定义命令组成一个文件,然后各人都可以用#include 命令将这些符号常量包含到自己所写的源文件中。这样每个人就不必重复定义这些符号常量。相当于工业上的标准零件。

3. 两种格式的区别

包含命令中的文件名可以用双引号括起来,也可以用尖括号括起来。例如,以下写法都是允许的:

```
#include"stdio.h"
#include< stdio.h >
```

但是这两种形式是有区别的。

用尖括号时,系统到存放 C 库函数头文件所在的目录中寻找要包含的文件,这称为标准方式。用双引号时,系统先到用户当前目录(即存放当前程序的目录) 查找要包含的文件,若找不到,再按标准方式查找(即再按尖括号的方式查找)。一般说,如果为调用库函数而用#include 命令来包含相关的头文件,则用尖括号,以节省查找时间。如果要包含的是用户自己编写的文件(这种文件一般都在当前目录中),一般用双引号。

4. 说明

(1) 一个 include 命令只能指定一个被包含文件,若有多个文件要包含,则需用多个include 命令。

(2) 文件包含也可以嵌套,即文件 1(file1.c)中包含文件 2(file2.c),在文件 2(file2.c)中需包含文件 3(file3.c),可以在文件 1 中使用两个#include 命令,分别包含 file2.c 和 file3.c,而且 file3.c 应当写在 file2.c 的前面。即

```
#include "file3.c"
#include "file2.c"
```

这样,file1 和 file2 都可以用 file3 的内容。在 file2 中不必再用#include "file3.c"(以上假设 file2.c 在本程序中只被 file1.c 包含,而不出现在其他场合)。

(3) 文件包含可以用来把多个源文件连接成一个源文件进行编译,结果将生成一个目标文件。

5. 常用包含的 C 库文件

C 语言的语句十分简单,如果要使用 C 语言的语句直接计算 sin 或 cos 函数,就需要编写颇为复杂的程序。因为 C 语言的语句中没有提供直接计算 sin 或 cos 函数的语句。又如为了显示一段文字,我们在 C 语言中也找不到显示语句,只能使用库函数 printf。

C 语言的库函数并不是 C 语言本身的一部分,它是由编译程序根据一般用户的需要编制并提供用户使用的一组程序。C 语言的库函数极大地方便了用户,同时也补充了 C 语言本身的不足。事实上,在编写 C 语言程序时,应当尽可能多地使用库函数,这样既可以提高程序的运行效率,又可以提高编程的质量。

由于 C 语言编译系统应提供的函数库目前尚无国际标准。不同版本的 C 语言具有不同

的库函数,用户使用时应查阅有关版本的 C 的库函数参考手册。本教材的附录中给出了 Turbo C 的部分常用库函数。

在使用数学函数时:需要用到 #include <math.h>。
使用字符串函数时:需要用到 #include <string.h>。
使用输入/输出函数时:需要用到 #include <stdio.h>。

3.6 本章小结

本章共有三个知识点:分别是输入/输出函数、顺序结构程序设计和预处理命令。
本章的重点是:输入/输出函数、预处理命令。

1. 输入/输出函数

C 语言本身不提供输入/输出语句,输入/输出操作由函数实现。

1) 字符数据的输入/输出

putchar 函数——向终端(显示器)输出一个字符。
格式:putchar(ch);
getchar 函数——从终端(键盘)输入一个字符,显示在屏幕,按 Enter 键确认。只有第一字符是函数返回值。
格式:getchar();

注意:使用本函数前必须在该函数的前面加上"包含命令",如下所示。

  #include <stdio.h>

putch 函数——向控制台输出一个字符。
格式:putch (ch)
getch 函数——从键盘输入一个字符,不显示在屏幕,输入完成自动结束,不用按 Enter 键。输入的这一个字符即函数返回值。
格式:getch()

注意:使用本函数前必须在该函数的前面加上"包含命令",如下所示。

  #include <conio.h>

2) 格式输出函数

printf(格式控制字符串,输出表列)
例如:
  printf("% d , % f" , a , x);

格式字符有 { 控制整数输出的:%d ,%o,%x ,%u
控制字符输出的: %c
控制字符串输出的: %s
控制实数输出的: %f,%e,%g

在格式字符串中，还可以使用修饰符：

l——加在格式符 d、o、x、u 前面，如%ld，按长整型格式输出。

m——加在 d，s，f，e 前，如%6d，定数据的输出宽度，若数据的实际长度超过指定的宽度，则按数据的实际长度输出。

n——加在 s，f，e 前，如%13.2f，对实数，表示输出 n 位小数；对字符串，表示截取的字符个数

-——加在 d，f，e，s 前，如%-6d，输出的数字或字符在输出数据范围内左对齐(系统默认为右对齐)，右补空格。

3) 格式输出函数

scanf(格式控制,地址表列);

例如：

scanf ("% d % f " , &a , &x) ;

注意：(1) 格式串后，是变量地址 ：&a。

(2) 在输入多个数值数据时，可用空格、TAB 或 Enter 键作间隔。

(3) 格式符之间的符号，在输入数据时，要原样输入。

(4) 在用 "%c" 格式输入字符时，空格字符和 "转义字符" 都作为有效字符输入。

(5) 输入数据时不能规定精度。

2. 顺序结构程序设计

结构中的语句按其先后顺序执行。

3. 预处理命令

(1) 预处理是指在系统对源程序进行编译之前，对程序中某些特殊的命令行的处理。

预处理命令是一种特殊的命令，为了区别于一般的语句，预处理命令必须以#开头，结尾不加分号。

C 语言中的预处理命令有宏定义、文件包含和条件编译三类。

(2) 不带参数的宏定义格式：

#define 标识符 字符串

其中，标识符称为宏名，字符串称为宏替换体。

功能：编译之前，预处理程序将程序中该宏定义之后出现的所有标识符(宏名)用指定的字符串进行替换。

(3) 文件包含是指一个源文件可以将另一个源文件的全部内容包含进来，即将另外的文件包含到本文件之中。

格式：

#include <文件名>　或　#include "文件名"

注意两种格式的区别。

第 4 章　选择结构程序设计

通常情况下，语句是顺序执行的，而在许多情况下，需要根据某个变量或者表达式的值做出判断，以决定执行哪些语句或者跳过哪些语句，这就需要用到选择结构。在 C 语言程序中，选择结构是用两种语句来实现的：if 语句和 switch 语句。

本章内容
(1) 关系运算符和关系表达式。
(2) 逻辑运算符和逻辑表达式。
(3) 100 单分支和双分支选择语句。
(4) 多分支选择语句。
(5) switch 开关语句。
(6) 选择语句的嵌套及条件表达式。

问题 1. 有两个数，如何用 C 语言程序实现小数在前大数在后？
问题 2. 如果有两个同学参加学生会主席的竞选，现已统计出两个人的总得分，怎么确定谁当选？

4.1　关系运算符和关系表达式

在 C 语言中，要进行选择判断，必须使用关系运算符。例如，要找出 C 语言测试不及格的同学，成绩变量 s 的值应小于 60 分，写成表达式，就是"s<60;" 这里使用的 "<" 就是关系运算符中的一种。

4.1.1　关系运算符及其优先级

C 语言提供 6 种关系运算符及优先级见表 4-1。

第 4 章 选择结构程序设计

表 4-1 关系运算符及优先级

关系运算符	含 义	优 先 级
<	小于	优先级相同，高于==、!=
<=	小于或等于	
>	大于	
>=	大于或等于	
==	等于	优先级相同，较低
!=	不等于	

说明：(1) <、<=、>、>= 和==、!=之间优先级的区别，类似于数学中先乘除，后加减；

(2) 要区分开==(等于，关系运算符)和=(赋值，赋值运算符)；

(3) <=、>=不能写成数学中的≤、≥，!=不能写成数学中的≠符号。

4.1.2 关系表达式

1. 什么是关系表达式

用关系运算符将两个表达式连接起来的式子，称为关系表达式。

例如下面都是合法的关系表达式：

```
x>2
x<6+9
c>='a'
a+b==6*2
year%4==0
```

2. 关系表达式的值

关系表达式只有两个值，真或假，输出时分别用 1 和 0 表示；

关系表达式成立，结果为真，真为1；

关系表达式不成立，结果为假，假为0。

【例 4.1】 关系运算符的使用。

```
#include <stdio.h>
main()
{
    int x;
    char c;
    int a,b;
    int year;
    scanf("%d%c",&x,&c);        /*给变量输入值，以%c输入字符时，不必用空格间隔*/
    printf("%d\t",x>2);
    printf("%d\n",c>='a');
    scanf("%d%d%d",&a,&b,&year);
    printf("%d\t",a*b==6*2);
```

```
printf("%d\n",year%4==0);
}
```

两次运行，输入值分别如下：

	x	c	a	b	year
第一次	5	A	3	4	2005
第二次	1	a	7	2	2008

运行结果：

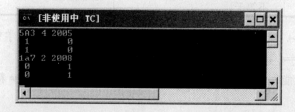

思考：

要求输入数据格式 5A3□ 4□ 2005✓ 为什么？(□代表空格)

4.2 逻辑运算符和逻辑表达式

在 C 语言中，要实现复杂一些的选择判断，常常还需要使用逻辑运算符，例如，要找出本学期，量化分在 110～130 之间(不包括 130)的学生，使其获得二等奖学金；量化分变量 h 的值应小于 130 分，而且大于等于 110 分；写成表达式，就是(h<130) && (h >=110)(注意，这里不能写成数学中的式子 130＞h≥110)；这里使用的"&&"就是逻辑运算符中的一种。

4.2.1 逻辑运算符及其优先级

1. C 语言提供的 3 种逻辑运算符

C 语言逻辑运算符及优先级见表 4-2。

表 4-2　逻辑运算符及优先级

逻辑运算符	含　　义	优　先　级
!	逻辑非	高
&&	逻辑与	中
||	逻辑或	低

2. 逻辑运算符的运算规则

逻辑非——真变假，假变真；

逻辑与——两者都为真，结果才为真；

逻辑或——只要一个为真，结果就为真。

!	真	假
	假	真

!(s<60)
s 值分别为 50 和 85 时，表达式值是多少？
如果 s 值为 50，s<60 成立，为真，
再求逻辑非，结果为假，假为 0，结果为 0。

&&	真	假
真	真	假
假	假	假

(h<130) && (h>=110)
h 值分别为 150 和 120 时，表达式值是多少？
如果 h 值为 150，则(h<130)不成立，为 0；
而 (h>=110) 成立，为 1；二者再求逻辑与，
结果为 0。

||	真	假
真	真	真
假	真	假

(y%4==0 && y%100!=0)
当 y 分别为 2000 年、2008 年时，
表达式值是多少？
如果 y 的值为 2000，y%4==0 成立，为 1；
而 y%100!=0 不成立，为 0，二者再求逻辑或，
结果为 0。

说明：（1）!（逻辑非），只需要一个运算量，例如！(s<60)。
（2）运算优先级别从高到低，大致为算术、关系、逻辑。

目前学过的运算符优先级见表 4-3。

表 4-3　运算符优先级

运　算　符	优 先 级 别
++, --, !	高
*, /, %	
+, -	
>, >=, <, <=	
!=, ==	
&&	
||	
=, +=, -=, *=, /=, %=	
,	低

注意：（1）对于逻辑与表达式，只有当表达式 1 为真时，才需要判别表达式 2 的值；只有当表达式 1 和表达式 2 都为真时，才判别表达式 3 的值，以此类推。
例如：a 的值为 0，求表达式 a++&&(a=a+2)的值及执行完表达式之后 a 的值。
因为++是后缀，所以表达式 1 的值为 0，在这种情况下表达式 2 即 a=a+2 就不再执行了。所以表达式 a++&&a=a+2 的值为 0，而执行完表达式之后 a 的值为 1。
如果把表达式 1 改为++a，则表达式 1 的值为 1，这时才需要判别表达式 2 的值。表

达式 2 的值即 a 的值为 3，所以表达式 a++&&(a=a+2)的值为 1，而执行完表达式之后 a 的值为 3。

(2) 对于逻辑或表达式，只要表达式 1 为真时，就不必判别表达式 2 的值；只要表达式 1 为假表达式 2 为真时，就不必判别表达式 3 的值，以此类推。

例如：a 的值为 0，求表达式 a++||(a=a+2)的值及执行完表达式之后 a 的值。

表达式 1 的值为 0，在这种情况下才判别表达式 2 的值，即执行 a=a+2 操作，所以 a 的值为 3，表达式 a++||(a=a+2)的值 1。同样把表达式 1 改为++a，则表达式 1 的值为 1，这时就不用判别表达式 2 的值了，所以表达式 a++||(a=a+2)的值为 1，执行完表达式之后 a 的值也为 1。

4.2.2 逻辑表达式

1. 什么是逻辑表达式

用逻辑运算符将两个表达式连接起来的式子，称为逻辑表达式。

例如，下面都是合法的逻辑表达式：

```
(x>2)&&(c>='a')
(year%4==0)&&(year%100!=0)
```

2. 逻辑表达式的值

逻辑表达式只有两个值，分别是假(0)和真(1)；
逻辑表达式结果非 0，非 0 为真，真为 1；
逻辑表达式结果为 0，0 为假，假为 0。

【例 4.2】逻辑表达式的使用。

```
#include <stdio.h>
main()
{
 int x , y , z;
 scanf("%d%d%d",&x,&y,&z);
 printf("(1)  %d\n",'x'&&'y');
 printf("(2)  %d\n",!(x<=y));
 printf("(3)  %d\n",x||y+z&&y-z);
 printf("(4)  %d\n",!((x<y)&&!z||1));
}
```

两次运行，输入值分别如下：

	x	y	z
第一次	3	4	5
第二次	4	3	5

运行结果:

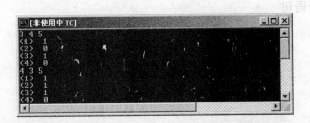

4.3 单分支和双分支选择语句

在学习了关系运算符、逻辑运算符后,要写出 C 语言中的选择判断语句,还必须学习选择语句,在 C 语言中,选择语句包括:单分支、双分支选择语句,以及多分支选择语句。

4.3.1 单分支选择语句

1. 格式

```
if (条件)
{
   语句序列
}
```

例如:

if(x>y)printf("Max is %d",x);

当 x>y 条件为真时,输出 x 的值。

  if(x>y);

当 x>y 条件为真时,什么也不做。

这种只有分号";"组成的语句称为空语句。它表示什么操作也不做。从语法上讲,它的确是一条语句,在程序设计中,若某处从语法上需要一条语句,而实际上不需要执行任何操作时就可以使用。表示这里可以有一个语句,但是目前不需要做任何工作。例如,在设计循环结构时,有时用到空语句。

2. 执行过程

如果条件为真(条件非 0,即为真),执行花括号括起来的语句序列,然后继续执行选择结构下面的语句;如果条件为假(条件为 0,即为假),不执行花括号括起来的语句序列,直接执行选择结构下面的语句,如图 4.1 所示。

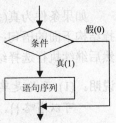

图 4.1 单分支选择语句执行程序

4.3.2 双分支选择语句

1. 格式

```
if (条件)
{
语句序列 1
}
else
{
语句序列 2
}
```

例如

```
if(x>y)
  printf("Max is %d",x) ;
  else
  printf("Max is %d",y) ;
```

2. 执行过程

执行过程如图 4.2 所示。

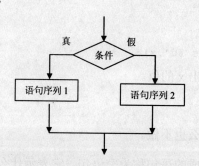

图 4.2 双分支选择语句执行程序

如果条件为真(条件非 0，即为真)，执行花括号括起来的语句序列 1，然后继续执行选择结构下面的语句；如果条件为假(条件为 0，即为假)，执行花括号括起来的语句序列 2，然后继续执行选择结构下面的语句。

说明：(1) 无论是单分支选择语句，还是双分支选择语句，如果语句序列只有一个语句，可以省略{}，否则花括号必须存在，因为在没有花括号的情况下，C 编译系统能够识别的语句序列只有一句。

例如当 int　a=175, b=168; 时，比较以下两个程序段执行后，a，b 的值。

① if (a>b)　　　　　　　　　/*如果 a>b,将 a,b 中值交换*/
   { t=a;

```
      a=b;
       b=t;
     }
```

结果：a=168，b=175

实现了 a，b 值的交换。

② if(a>b)   /*如果 a>b,将 a,b 中值交换*/
```
   t=a;
   a=b;
   b=t;
```

结果：a=168，b=175

实现了 a，b 值的交换。

说明在该程序段中，t=a; a=b; b=t; 三个语句上加不加{}，效果一样。

(2) 当 int a=168, b=175; 时，两个程序段执行后，a，b 的值。

① if (a>b)   /*如果 a>b,将 a,b 中值交换*/
```
 { t=a;
   a=b;
   b=t;
 }
```

结果：a=168，b=175

由于 a 的值小于 b 的值，不执行交换，t=a; a=b; b=t; 三个语句全部不执行。

② if(a>b)   /*如果 a>b,将 a,b 中值交换*/
```
   t=a;
   a=b;
   b=t;
```

结果：a=175，b= 不可预测

由于 a 的值小于 b 的值，t=a; 语句不执行，但 a=b; b=t; 仍然执行，因此，a 获得 b 中的值，为 175，但由于 t 中没有赋值，所以，b 中值也不可预测。

说明在该程序段中，t=a; a=b; b=t; 三个语句上加不加{}，效果不一样。

这种把多个语句用括号{}括起来组成的一个语句称为复合语句。复合语句的一对大括号中无论有多少语句，复合语句只视为一条语句。例如上面的

```
if (a>b)
 { t=a;
   a=b;
   b=t;
 }
```

是一条复合语句。复合语句内的各条语句都必须以分号";"结尾,在括号"}"外不能加分号。

【例4.3】 (问题1) 有两个数,如何用 C 语言程序实现小数在前大数在后?

算法思想:

(1) 假设有两个变量 a 和 b,分别放有两个数据。

(2) if (a>b) (不符合我们由小到大排列的要求) 交换 a 和 b 中放置的数据。交换的方法是找一个变量 t,暂时存放一下 a 中的数据;然后让 b 中数据放到 a 变量中;最后再让存放在 t 中(原来 a 变量中的)的数据,放到 b 变量中。交换的结果是 a 变量中放置小数据,b 变量中放置大数据。

(3) 最后输出 a 变量和 b 变量中的数据,如图 4.3 所示。

N-S 图如图 4.4 所示。

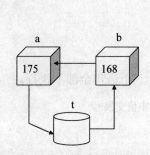

图4.3 交换方法　　　　　　图4.4 例4.3 N-S 图

参考源代码:

```c
# include <stdio.h>
main()
{
    float  a,b;
    float  t ;                   /*定义变量,用于临时存放 a 中的数据*/
    scanf("%f%f",&a,&b);         /*给 a,b 输入值*/
     if(a>b)                     /*如果 a>b,将 a,b 中值交换*/
     { t=a;
       a=b;
       b=t;
     }
       printf("\nshort is %f,high is %f\n", a,b);   /*输出 a,b 值*/
}
```

问题2:也是一个排序问题,是将所得分数由大到小排序。

问题的深化

【例4.4】 如果3个数由小到大排序，如何实现？

算法思想：总体来说是任意两个进行比较。

(1) 假设有三个变量a、b和c，依次放3个数据；

(2) if(a>b)将a,b,c中存放的数值交换；

/*保证a中放的是a,b中的小数；*/

if(a>c) 将a 和c 中存放的数值交换；

/*保证 a 中放的是a, c 中的小数；*/
/*经过以上两步之后，保证了a中放的是a，b，c三个数中的最小数；*/

if(b>c) 将 b和c 中存放的数值交换；

/*保证 b 中放的是b, c 中的小数；*/

(3) 最后输出a,b ,c 三个变量中的数据。

N-S 图如图4.5所示。

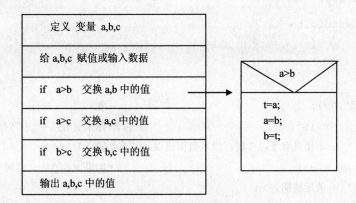

图4.5 例4.4 N-S 图

参考源代码:

```
#include <stdio.h>
main()
{
 float a,b,c;
 float t;
 scanf("%f%f%f",&a,&b,&c);
 if(a>b)
   { t=a;a=b; b=t;}
 if(a>c)
```

```
      { t=a;a=c; c=t;}
   if(b>c)
      { t=b;b=c; c=t;}
   printf("\nshort--->high is %5.2f ,%5.2f ,%5.2f\n", a,b,c);
}
```

读者可能会想，如果一个班 50 个同学按总成绩排序，也要这样两个两个地进行比较吗？如果全校 4000 人呢？

直接两两相比排序，只适合几个数据，若是多个数据，需要学习第 5 章的循环结构和第 6 章的数组。

【例 4.5】 电梯厂商需要一个控制程序，实现的功能是：输入楼层数，如果楼层是 1～5，显示信息是"请走楼梯！"；如果楼层是 6～15，显示信息是"请进电梯！"；如果输入的是 1～15 之外的数据，显示信息是"本楼只有 1～15 层，输入数据错误，请重新输入！"。

算法思想：

(1) 输入楼层数 x；

(2) if(x) 在 1～15 之外，显示提示"本楼只有 1～15 层，输入数据错误，请重新输入！"；

if(x) 在 1～5 之间，显示提示"请走楼梯！"；

if(x) 在 6～15 之间，显示提示"请进电梯！s"。

参考参考源代码：

```
#include <stdio.h>
main()
{
 int x;
 scanf("%d",&x);
 if (x<=0 || x>15 )                          /*如果 x 在 1～15 之外*/
    printf("\n 本楼只有1-15层，输入数据错误，请重新输入！\n");
 if (x>=1 && x<=5)                           /*如果 x 在 1～5 之间*/
    printf("\n 请走楼梯！\n");
 if (x>=6 && x<=15)                          /*如果 x 在 6～15 之间*/
    printf("\n 请进电梯！\n");
}
```

提示：由于 Turbo C 2.0 中不能实现汉字的输入，要想显示汉字，可以使用 VC++，本书中凡是出现汉字输出结果的，均是使用 VC++，以后不再说明。

三次运行结果：

第4章 选择结构程序设计

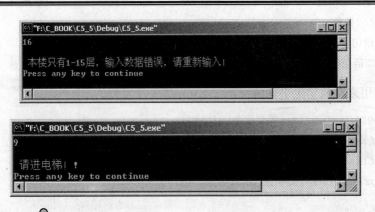

提出问题

问题 1. 学期末，王老师想根据学生的平均成绩来决定奖学金的等级，90 分以上的，得一等奖学金；80～89 分的，得二等奖学金；70～79 分的，得三等奖学金；70 分以下的，没有奖学金。请设计一个程序，帮王老师解决这个问题。

问题 2. 某软件公司现正在开发一款适合学生使用的数学软件，其中包括四则运算。请你设计这一程序，要求从键盘上以 x OP y 的形式输入表达式，其中 x 和 y 为数值，OP 为运算符。

相关知识点

4.4 多分支选择语句

在实际问题中，有时会遇到单分支和双分支都解决不了的问题。例如，上面提出的奖学金判断的问题，也就是说，当对多个区间段进行判断时，就需要使用多分支选择语句。

4.4.1 if…else…多分支选择语句

1. 格式

```
if (条件1)
    { 语句序列1 }
else if (条件2)
    { 语句序列2 }
else if (条件3)
    { 语句序列3 }
    ……
```

```
else if (条件n )
    { 语句序列 n }
else {  语句序列 n+1 }
```

例如：s 用来存放学生平均成绩。

```
if( s>=90) printf("一等奖学金\n! ");
else  if(s>= 80) printf("二等奖学金! \n");
else  if(s>= 70) printf("三等奖学金! \n");
else   printf("没有奖学金,继续努力! \n");
```

2. 执行过程

如果条件 1 为真(条件非 0，即为真)，执行花括号括起来的语句序列 1，然后自动退出多分支语句结构，继续执行选择结构下面的语句。

如果条件 1 为假(条件为 0，即为假)，不执行花括号括起来的语句序列 1，再来判断条件 2 是否为真。

如果条件 2 为真(条件非 0，即为真)，执行花括号括起来的语句序列 2，然后自动退出多分支语句结构，继续执行选择结构下面的语句。

如果条件 2 为假(条件为 0，即为假)，不执行花括号括起来的语句序列 2，再来判断条件 3 是否为真；以此类推。

如果所有的条件都不成立，则执行最后一个 else 下的语句序列 n+1，然后继续执行选择结构下面的语句，如图 4.6 所示。

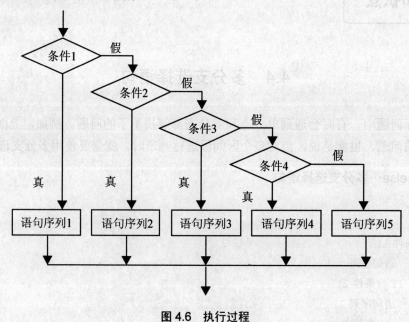

图 4.6 执行过程

4.4.2 switch 开关语句

在 C 语言中,还有一种多分支语句,叫做 switch 语句,因为该语句与多路开关非常相似,又形象地称其为开关语句。

1. 格式

```
switch ( 表达式 )
{
  case    常量表达式 1：语句序列 1；
  case    常量表达式 2：语句序列 2；
  case    常量表达式 3：语句序列 3；
  ……
  case    常量表达式 n：语句序列 n；
  default：语句序列 n+1；
}
```

例如：

```
switch ( grade )
  { case 'A':printf("85~100\n");
    case 'B':printf("70~84\n");
      case 'C':printf("60~69\n");
      case 'D':printf("<60\n");
    default:printf("Error\n");
}
```

2. 执行过程

形象地讲,switch 语句的执行过程类似于拿着电影票(电影票就是 switch 后的表达式),到电影院去找座位(座位就是 case 后的常量表达式),对号入座。

具体执行过程如下。

先拿 switch 后的表达式与第一个 case 后面的常量表达式 1 的值相比；

如果相同,就执行语句序列 1,语句序列 1 后如果有 break 语句,就退出 switch 开关语句,继续执行 switch 开关语句后的语句；语句序列 1 后如果没有 break 语句,继续执行下一个 case 后的语句序列 2；以此类推。

如果不同,再拿 switch 后的表达式与第二个 case 后面的常量表达式 2 的值相比,如果相同,就执行语句序列 2,同上面所述,以此类推。

如果 switch 后的表达式与所有 case 后面的常量表达式均不相同,就执行 default 后的语句序列 n+1；然后继续执行 switch 开关语句后的语句。

如果没有 default 就跳出 switch,执行 switch 语句后面的语句。

说明：(1) switch 后的表达式,原则上允许任何类型,但以 int 和 char 为多；

(2) 每一个 case 后的常量表达式的值,必须互不相同,否则出现矛盾；

(3) 执行完一个 case 后面的语句后，流程控制转移到下一个 case 中的语句继续执行。此时，"case 常量表达式"只是起到语句标号的作用，并不在此处进行条件判断。在执行一个分支后，可以使用 break 语句使流程跳出 switch 结构，即终止 switch 语句的执行；如果没有 break 语句，继续执行下一个 case 后的语句序列，以此类推；

(4) 多个 case 可以共用一组执行语句(注意 break 使用的位置);

(5) 各个 case，default 出现的顺序不影响执行结果。

例如：

```
switch ( grade )
  { case 'A':printf("85~100\n");break;
    case 'B':printf("70~84\n");break;
     case 'C':printf("60~69\n");break;
     case 'D':printf("<60\n");break;
    default:printf("Error\n");
  }
```

【例 4.6】模拟银行 ATM 机业务，编写一程序。

```
#include <stdio.h>
 void main()
{  int j;
   int long password=789123,pass;
   printf("请输入密码\n");
   scanf("%d",&pass);
   if(pass==password)
     {
       printf("请选择业务，输入 0 或 1,2,3:\n");
       printf(" 0:余额查询\n 1:取款\n 2:改密\n 3:电子转账\n");
       scanf("%d",&j);
       switch(j)
           {case 0: printf("余额查询进行中，请稍候......\n"); break;
            case 1: printf("取款进行中，请稍候......\n");break;
            case 2: printf("改密进行中，请稍候......\n");break;
            case 3: printf("电子转账进行中，请稍候......\n");break;
            default: printf("输入有误,请输入 0 或 1,2,3:\n");break;
           }
      }
   else  printf("密码有误\n");

}
```

运行结果:

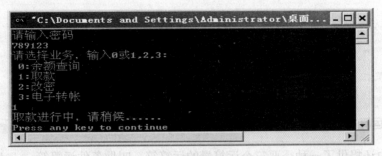

4.5 选择语句的嵌套与条件运算符

在 C 语言中,单、双分支语句、多分支语句,以及 switch 开关语句之间,可以互相嵌套。

4.5.1 选择语句的嵌套

常见的 if 嵌套形式有以下几种。

1. if 嵌套 if…else

```
if ( )
    if ( ) 语句1           /*内层的if…else语句*/
    else  语句2
```

2. if…else 嵌套 if…else

```
if ( )
    if ( ) 语句1           /*内层的if…else语句*/
    else  语句2
else
    if ( ) 语句1           /*内层的if…else语句*/
    else  语句2
```

3. if…else 嵌套 if

```
if ( )
    if ( ) 语句             /*内层的if语句*/
else
    if ( ) 语句             /*内层的if语句*/
```

注意:C 编译系统总是把 else 与它上面最近的 if 配对;如果想让这个 else 与最上面的 if 配对,就需要将内层 if 语句用花括号括起来。

效果如下:

```
if (  )
  {
   if (  ) 语句              /*内层的if 语句*/
  }
else
   if (  ) 语句              /*内层的if 语句*/
```

4.5.2 条件运算符

C语言中还提供了一种需要三个运算量的运算符,叫做条件运算符。

1. 条件运算符

? :

2. 条件表达式

表达式1? 表达式2:表达式3

说明:(1) 条件运算符的执行顺序:先求解表达式1,若为非0(真),则求解表达式2,此时表达式2的值就作为整个条件表达式的值。若表达式1的值为0(假),则求解表达式3,表达式3的值就是整个条件表达式的值。

例如:max=(a>b)? a:b

(2) 条件运算符优先级别低于关系、逻辑和算术运算符。

例如:输入一个字符,判别它是否大写字母,如果是,将它转换成小写字母;如果不是,不转换。然后输出最后得到的字符。

算法非常简单,可以用单分支选择语句来做,代码如下。

```
#include <stdio.h>
main()
{ char  ch;
  scanf("%c",&ch);
  if ( ch >='A' && ch <='Z' )    /*判断是否大写字母*/
      ch = ch + 32 ;             /*将大写字母转换为小写字母*/
  printf("%c",ch);
}
```

此程序还可以用条件运算符来编写,代码如下。

```
#include <stdio.h>
main()
{ char  ch;
  scanf("%c",&ch);
  ch=(ch>='A'&&ch<='Z')?(ch+32):ch;
  printf("%c",ch);
```

}

但注意，条件运算符不能完全代替选择语句，只有在 if 语句中内嵌的语句为赋值语句(且两个分支都给同一个变量赋值)时，才能代替 if 语句。

例如：

```
if (ch>='A'&&ch<='Z')
    ch= ch+32;
else
    ch=ch;
```

或

```
if (ch>='A'&&ch<='Z')
    ch= ch+32;
```

可以用条件表达式 ch=(ch>='A'&&ch<='Z')?(ch+32)：ch 代替；
而下面的 if 语句就无法用一个条件表达式代替。

```
if (a>b)  printf("%d",a);
else  printf("%d",b);
```

解决问题

【例 4.7】 (问题 1) 学期末，王老师想根据学生的平均成绩来决定奖学金的等级，90 分以上的，得一等奖学金；80~89 分的，得二等奖学金；70~79 分的，得三等奖学金；70 分以下的，没有奖学金。请设计一个程序，帮王老师解决这个问题。

算法思想：

(1) 定义变量，输入学生成绩；

(2) 用 if…else 嵌套 if 语句，根据不同的成绩段，输出不同的奖学金等级。

参考源代码：

```c
#include <stdio.h>
main()
{ int s;
  printf("Please input a student score\n");
  scanf("%d",&s);
  if(s>=90) printf("One!\n");
  else if(s>=80) printf("Two!\n");
  else if(s>=70) printf("Three!\n");
  else printf("No ,Study hard!");
}
```

运行结果:

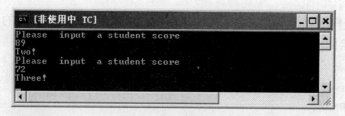

仿写程序:有一个函数:

$$y=\begin{cases} x+1 & (x>0) \\ x & (x=0) \\ x-1 & (x<0) \end{cases}$$

编写一程序,输入一个 x 值,输出 y 值。

【例 4.8】(问题 2) 某软件公司开发一款适合学生用的软件,其中包括四则运算。请你设计这一程序,要求从键盘上以 x OP y 的形式输入表达式,其中 x 和 y 为数值,OP 为运算符。

分析问题:
(1) 要有两个数,即两个运算量;
(2) 要有一个运算符,如+,-等;
(3) 要有一个变量存放运算结果;
(4) 判断运算是否正确,给出判断结果。

算法思想:
(1) 输入两个数;
(2) 输入一个运算符;
(3) 根据输入的运算符,选择运算,可以用 switch 语句;
(4) 输入口算结果;
(5) 判断运算是否正确,给出判断结果。

参考源代码:

```
#include <stdio.h>
main()
{ int x1,x2;                        /*存放两个数*/
  int y;                            /*存放运算结果*/
  char c;                           /*存放运算符*/
  int ret;                          /*存放用户输入的运算结果*/
  printf("\n Please input two integer and +/-/*/ /:\n");  /*提示信息*/
  scanf("%d%c%d",&x1,&c,&x2);       /*输入两个数和运算符*/
  switch(c)                         /*根据运算符,选择运算*/
  { case '+' : y=x1+x2; break;
    case '-' : y=x1-x2; break;
    case '*' : y=x1*x2; break;
```

```
        case '/' : y=x1/x2; break;
    }
    printf("\n Please input the result :\n");
    scanf("%d",&ret);                        /*输入运算结果*/
    if (ret==y)  printf("\n True!");         /*判断运算结果是否正确*/
    else  printf("\n False!");

}
```

运行结果:

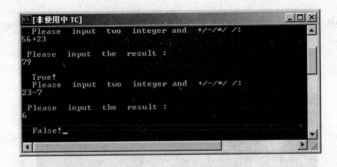

问题的深化

【例 4.9】 (问题 3) 王老师学期末要统计学生总成绩，每个学生的总成绩等于课程设计等级(A,B,C,D)加上期末考试成绩(占 80%)，王老师打算将课程设计等级换算成对应的分数(A—20,B—15,C—10,D—5)，然后加上期末考试成绩的 80%，请你帮助王老师设计一个小程序，计算某个学生的总成绩。

算法思想:
(1) 输入一个学生的课程设计等级和期末成绩；
(2) 如果输入的是小写字母 a, b, c, d, 将其转换成大写字母；
(3) 根据课程设计等级，确定应换算成什么分数；
(4) 计算学生总成绩=课程设计等级的对应分数+期末成绩* 80% ；
(5) 输出学生总成绩。

参考源代码:

```
#include <stdio.h>
main()
{
    char c;
    float score;
    int cscore;
    printf("\n Please input grade--A/B/C/D and score:\n");   /*提示输入*/
```

```
    scanf("%c%f",&c,&score);              /*输入等级 A，B，C，D 和期末成绩*/
    if (c>='a'&&c<='z')                   /*如果输入是小写字母，转化为大写字母*/
       c=c-32;
    switch(c)                             /*根据输入的等级，确定转化的成绩*/
    { case 'A' : cscore=20; break;
      case 'B' : cscore=15; break;
      case 'C' : cscore=10; break;
      case 'D' : cscore= 5; break;
      default : printf("\n Input Error!\n");
    }
    printf("\n The student\'s all score=%5.1f\n",cscore+score*0.8);
}                                         /*计算并输出总成绩*/
```

运行结果：

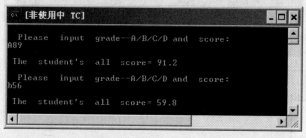

【例 4.10】 (问题 4)财务处急需一个计算教职工所得税的软件，请同学们设计。

国家交纳个人所得税税率如下：(s 代表个人收入，r 代表税率，s*r 代表个人所得税)

s < 1000 元，　　　　r = 0；
1000≤s < 2000，　　r = 5%；
2000≤s < 3000，　　r = 10%；
3000≤s < 4000，　　r = 15%；
4000≤s，　　　　　r = 20%；

要求：从键盘输入个人收入，根据以上税率计算应缴纳的税金，并输出。

算法思想：

(1) 输入教职工的收入；

(2) 根据收入档次，确定税率等级，用 switch 语句解决即可；

(3) 计算教职工应缴纳的税金，并输出。

参考源代码：

```
#include <stdio.h>
main()
{
    float s,r;              /*s 代表个人收入，r 代表税率*/
    int i;
```

```
    printf("input one number:");
    scanf("%f",&s);                    /*输入职工收入到变量 s 中*/
    if(s>=4000)                         /*判断 s 的范围,如果*/
       i=4;                             /*收入超过 4000,等级数字为 4*/
    else
       i=s/1000;                        /*将收入除以 1000,划分收入等级*/
    switch (i)                          /*以收入等级变量值作为表达式*/
    {  case 0: r=0.0; break;            /*不同等级,税率不同*/
       case 1: r= 0.05; break;
       case 2: r= 0.10; break;
       case 3: r=0.15; break;
       case 4: r=0.20; break;
    }
    printf("rate=%f",s*r);              /*个人收入乘以税率,即个人所得税*/
}
```

运行结果:

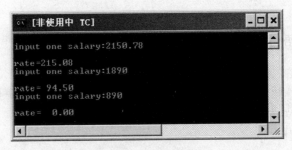

这个程序也可以用 if…else 多分支选择语句来写。

4.6 本 章 小 结

本章主要讲述了关系运算符和关系表达式,逻辑运算符和逻辑表达式,if 语句和 switch 语句。

本章的重点是:if 语句中的单分支选择语句、双分支选择语句、多分支语句和 switch 语句。

本章的难点是:多分支语句,单、双分支语句、多分支语句以及 switch 语句之间的相互嵌套。

1. 关系运算符和关系表达式

(1) 关系运算符:<, <=, >, >=, ==, !=。

(2) 关系表达式的值:

关系表达式成立,结果为真,真为 1;

关系表达式不成立,结果为假,假为 0。

2. 逻辑运算符和逻辑表达式

(1) 逻辑运算符:!,&&,||
逻辑非——真变假,假变真;
逻辑与——两者都为真,结果才为真;
逻辑或——只要一个为真,结果就为真。
(2) 逻辑表达式的值:
逻辑表达式只有两个值,分别是 0 和 1;
逻辑表达式结果非 0,非 0 为真,真为 1;
逻辑表达式结果为 0,0 为假,假为 0。

注意:(1) 对于逻辑与表达式,只有当表达式 1 为真时,才需要判别表达式 2 的值;只有当表达式 1 和表达式 2 都为真时,才判别表达式 3 的值,以此类推。
(2) 对于逻辑或表达式,只要表达式 1 为真时,就不必判别表达式 2 的值;只要表达式 1 为假表达式 2 为真时,就不必判别表达式 3 的值,以此类推。

3. if 语句

(1) 单分支选择语句:
if(条件)
{ 语句序列 }
当条件成立时执行语句序列,否则不执行。
(2) 双分支选择语句:
if(条件)
{ 语句序列 1 }
else
{ 语句序列 2 }
当条件成立时执行语句序列 1,否则执行执行语句序列 2。
(3) if…else…多分支选择语句
if(条件 1)
  { 语句序列 1 }
  else if(条件 2)
    { 语句序列 2 }
    else if(条件 3)
      { 语句序列 3 }
      …
      else if(条件 n)
        { 语句序列 n }

else { 语句序列 n+1 }

当条件 1 成立时执行语句序列 1，并退出多分支语句结构。

当条件 1 不成立而条件 2 成立时执行语句序列 2，并退出多分支语句结构。

当条件 1 条件 2 都不成立，而条件 3 成立时执行语句序列 3，并退出多分支语句结构。以此类推。

注意：当条件 1 到条件 n 这 n 个条件都不成立时，执行语句序列 n+1，并退出多分支语句结构。

4. switch 语句

switch（表达式）
{   case   常量表达式 1:语句序列 1；break；
    case   常量表达式 2:语句序列 2；break；
    case   常量表达式 3:语句序列 3；break；
    ……
    case   常量表达式 n:语句序列 n；break；
    default:语句序列 n+1；
}

switch 后的表达式如果和其中一个 case 后的常量表达式相等，则执行这个 case 后的语句序列，并跳出 switch 语句，否则则执行 default 后面的语句序列 n+1，然后再跳出 switch 语句。

注意：(1) switch 后的表达式，以 int 和 char 为多。

(2) 每一个 case 后的常量表达式的值，必须互不相同。

(3) case 后的语句语句序列后常有 break 语句。

(4) 多个 case 可以共用一组执行语句。

(5) 各个 case，default 出现的顺序不影响执行结果。

5. 单、双分支语句、多分支语句以及 switch 语句之间的相互嵌套

需要根据实际条件来判断它们之间是否需要相互嵌套，及哪两种语句或者多种语句来嵌套，这也是本章的难点。

第 5 章 循环结构程序设计

循环结构是结构化程序三种基本结构之一，它和顺序结构、选择结构共同作为各种复杂程序的基本构造单位。许多问题都可归结为按照一定的规则不停地、重复地做同一件事情，就像时钟一样一圈一圈地转动；其实，重复执行的操作就是循环。但是，重复执行并不是简单的重复，每次只有条件满足才重复，而且操作的数据(状态、条件)都可能发生变化，也就是说，重复的动作是受控制的——循环控制。那么，用 C 语言如何来解决这些类似的受控制的循环问题呢？这正是本章要学习的问题。

本章内容
(1) 程序设计中构成循环的方法。
(2) for、while、do…while 语句的用法。
(3) 三种循环的比较。
(4) 几种循环的嵌套。
(5) break、continue 在循环语句中的使用。
(6) 循环程序应用举例。

问题 1. 大家都有这样的生活常识：从超市购物出来付款的时候，当你把选购的东西递给收银员后，收银员会一一进行商品条形码扫描，扫描一个就得到该商品的价格并自动累加，最后扫描完，收银员一按 Enter 键，总价钱就得到了。超市的收费系统是如何实现的？
问题 2. 学生成绩管理系统中，统计子模块功能要求如下：按学生班级，统计出一门课程的总分和平均分，如何编程实现？

5.1 概　　述

5.1.1 基本概述

在 C 语言中可以用以下语句来实现循环。
(1) goto 语句和 if 语句构成循环；

(2) while 语句；

(3) do…while 语句；

(4) for 语句。

5.1.2 goto 语句

goto 语句为无条件转移(转向)语句。

格式为：

    goto　语句标号；

其中，语句标号可以由一个标识符和一个"："来组合表示，而语句标号的标识符须遵守"标识符"命名规定。

例如：goto loop:；或 goto ERR:。

goto 语句的功能：程序无条件转移到"语句标号"处执行。

结构化程序设计方法主张"限制"(注意不是"禁止")使用 goto 语句。因为其用法不符合结构化原则，goto 语句的无条件转移会使程序结构无规律，跳跃性大，可读性变差。但是，任何事情都是一分为二，如果能大大提高程序的执行效率，也可以使用。

在这里，读者只要了解 goto 语句的基本概念就好，不再做详细的说明。下面主要介绍后三种循环的使用。

5.2　while 语句

1. 定义

1) while 语句的一般形式

    while(表达式)语句；

    或

    while(表达式)
    {
        语句序列;}

其中，表达式称为"循环条件"，语句序列称为"循环体"。 为便于初学者理解，可以读做"当循环条件成立(为真)，循环执行语句序列(循环体)"。

2) 执行过程

(1) 先计算 while 后面的表达式的值，如果其值为"真"则执行循环体；

(2) 在执行完循环体后，再次计算 while 后面的表达式的值，如果其值为"真"，则继续执行循环体；如果表达式的值为"假"，退出此循环结构。

3) 特点

先判断表达式，后执行语句。

2. 流程图

while 语句流程图如图 5.1 所示。

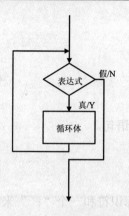

图 5.1　while 语句流程图

【例 5.1】 求 $\sum_{i=1}^{100} i$。

```
#include<stdio.h>
main()
{int i,s=0;          /*定义变量、初始化*/
 i=1;
 while(i<=100)
   {s=s+i;
    i++;
   }
 printf("%d",s);
}
```

算法分析：

(1) 循环条件，i<=100 即当 i 满足从 1 变到 100，每个 i 进入循环执行；

(2) 循环体，同样的操作用 while 循环共执行 100 次，每一次都是两个数相加，加数总是比上一次加数增加 1 后参与本次加法运算，被加数总是上一次加法运算的和。采用一个变量 i 存放加数，一个变量 s 存放上一步的和。写成 s+i，然后让 s+i 的结果存入 s，即每一次都是 s=s+i。也就是说，s 既代表被加数又代表和。最后，s 的值就是 1+2+3+…+100 的值。

(3) 运行功能，利用 while 循环语句，计算 1+2+3+…+100。

运行结果：

说明：编制循环程序要注意下面几个方面。

(1) 遇到数列求和、求积的一类问题，一般可以考虑使用循环解决。

(2) 注意循环初值的设置(如 i)。

(3) 一般对于累加，存放和的变量(如 S)常设置为 0，存放乘积的变量常设置为 1。

(4) 循环体中要做重复的工作，同时要保证循环倾向于结束。循环的结束由 while 中的表达式(条件)控制。例如，在本例中循环结束的条件是"i>100"，因此在循环体中用"i++;"语句使 i 增值来达到此目的。如果无此语句，则 i 的值始终不会改变，循环永不结束。

(5) 当循环体为多个语句组成，必须用{}括起来，形成复合语句。如果不加花括弧，则 while 语句的范围只到 while 语句后面第一个分号基本语句处。

例如，本例中 while 语句中如无花括弧，则 while 语句的范围只到"s=s+i;"。这样，循环体内就没有了使循环倾向于结束的语句"i++"，程序将产生死循环！

(6) 循环体也可以是空语句，只有分号，什么也不做。

例如，while(…);。

(7) 在此例中，我们采用的算法在计算机科学中被称为迭代法。它是一种数值近似求解的方法，在科学计算领域中，许多问题需要用这种方法解决。

迭代法的特点是：把一个复杂问题的求解过程转化为相对简单的迭代算式，然后重复执行这个简单的算式，直到得到最终解。

以例 5-1 求 1+2+3+…+100 的和为例，其迭代方法如下：

首先确定迭代变量 S 的初始值为 0；

其次确定迭代公式 s+i→s；

当 i 分别取值 1，2，3，4，…，100 时，重复计算迭代公式 s+i→s，迭代 100 次后，即可求出 S 的精确值。

其中，i 的取值是一个有序数列，所以可以由计数器产生，即使 i 的初始值为 1，然后每迭代一次就对 i 加 1。

迭代法的应用更主要的是数值的近似求解，它既可以用来求解代数方程，又可以用来求解微分方程。我们在进行循环结构程序设计中，许多求数列累加和、累乘积的问题都是用迭代法来解决的。

思考：

根据此例仿写程序，求 $1 \times 2 \times 3 \times \cdots \times 10$ 的值。

5.3 do…while 语句

1. 定义

1) do…while 语句的一般形式

```
do
{
    语句序列;
} while(表达式);
```

其中，表达式称为"循环条件"，语句称为"循环体"。为便于初学者理解，可以读做："执行语句(循环体)，当条件(循环条件)成立(为真)时，继续循环"或"执行语句(循环体),直到条件(循环条件)不成立(为假)时,循环结束"。

2) 执行过程

(1) 执行 do 后面循环体语句;

(2) 计算 while 后面的表达式的值,如果其值为"真",则继续执行循环体;如果表达式的值为"假",退出此循环结构。

3) 特点

先执行语句,后判断表达式。

2. 流程图

do…while 语句流程图如图 5.2 所示。

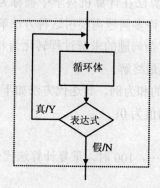

图 5.2 do…while 语句流程图

【例 5.2】 对例 5.1 用 do…while 循环来改进实现。

```
#include<stdio.h>
main()
{ int i,s=0;
  i=1;
  do
    { s=s+i;
      i++;
    }while(i<=100);
  printf("%d",s);
}
```

说明:(1) do…while 循环,总是先执行一次循环体,然后再求表达式的值,因此,无论表达式的值是否为"真",循环体至少执行一次;

(2) do…while 循环与 while 循环十分相似,它们的主要区别是 while 循环先判断循环条件再执行循环体,循环体可能一次也不执行,do…while 循环先执行循环体,再判断循环条件,循环体至少执行一次。

例如,在例 5.1 和例 5.2 中,如果 i 的初值均为 101,那么例 5.1 的 while 循环一次都不会执行,s 的值仍为 0;而例 5.2 的 do…while 循环会执行一次,s 的值会从 0 变为 101。

解决问题

前面提到的两个问题,都是循环问题。问题 1 每次扫描条形码就是输入价格,累加到和,循环操作,最后以 Enter 键结束;问题 2 每次将 1 名学生的语文成绩输入,添加计算到总成绩里,循环操作 30 次,最后就得到该课程的总分,并进一步求得平均分。

【例 5.3】 (问题 1) 大家都有这样的生活常识:从超市购物出来付款的时候,当你把选购的东西递给收银员后,收银员会一一进行商品条形码扫描,扫描一个就得到该商品的价格并自动累加,最后扫描完,收银员一按 Enter 键,总价钱就得到了。超市的收费系统是如何实现的?

算法思想:

(1) 设变量 s、x,分别用来存放所有商品的总价格和每一个商品的价格;

(2) 收银员每扫描一次,也就是把该商品的价格输入给 x,然后把 x 的值累加到 s 中,重复操作,直到收银员按 Enter 键,在这里用"0"代表回车;

(3) 最后输出变量 s 的值,就是我们所要的所有商品的总价格。

N-S 图如图 5.3 所示。

参考源代码:

```
#include<stdio.h>
main()
{
    float x,s=0;          /*定义实型变量x、s,分别存放每种商品的价格和总价格*/
    scanf("%f",&x);       /*输入第一个商品的价格到x中*/
    while(x!=0)           /*不是"回车"就执行循环体*/
    {  s=s+x;             /*把单个商品价格累加到总价格里*/
       scanf("%f",&x);    /*输入下一个商品的价格到x中*/
    }
    printf("s=%f",s);     /*输出总价格*/
}
```

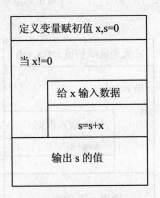

图 5.3 例 5.3 N-S 图

运行结果：

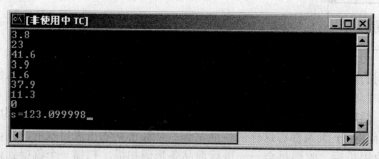

【例 5.4】(问题 2.)学生成绩管理系统中，统计子模块功能要求如下：按学生班级，统计出一门课程的总分和平均分，如何编程实现？

算法思想：

以 30 个学生为例。

(1) 设变量 s 用于存放 C 语言成绩的和，变量 x 用于存放某个学生的 C 语言成绩，整型变量 i 用作循环变量，控制循环次数；

(2) 每次输入一名学生的 C 语言成绩到变量 x 中，然后把变量 x 的值累加到变量 s 中，循环变量 i 增 1，如此循环操作 30 次；

(3) 最后输出变量 s 的值，即总成绩，再除以总人数便得到平均成绩。

N-S 图如图 5.4 所示。

参考源代码：

```c
#include<stdio.h>
main()
{int i=0;                /*定义变量,控制循环次数*/
 float x,s=0;            /*定义变量,存放每名学生的C语言成绩和总成绩,实型数据*/
 while(i<30)
  {scanf("%f",&x);       /*输入每名学生的成绩给x*/
   s=s+x;                /*加到总成绩中*/
   i++;                  /*控制次数*/
  }
 printf("zf=%f,pf=%f",s,s/i);   /*输出总成绩和平均成绩*/
}
```

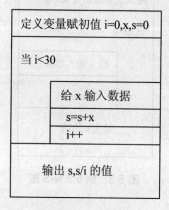

图 5.4　例 5.4 N-S 图

运行结果：

思考：

如果学生人数由用户自己输入，对【例 5.4】应如何修改？

问题的深化

【例 5.5】 (问题 3) 学生成绩管理系统中，统计子模块功能②要求如下：按学生班级，统计出每个学生三门课程的总分和平均分，如何编码实现？

算法思想：

以 8 名学生为例。

(1) 定义四个实型变量 x、y、z 和 s，依次存放每一名学生的三门课程成绩和这三门课程的总成绩；

(2) 每次输入一名学生的三门课程成绩，依次存入变量 x、y、z，将 x、y、z 的值相加放在 s 中，就可得到每位学生的三门课的总分，除以 3 后得到平均分；

(3) 输出求出的该学生的总分和平均分。

(4) 以上步骤重复执行 8 次，即用循环变量控制执行 8 次。

N-S 图如图 5.5 所示。

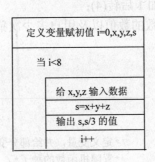

图 5.5　例 5.5 N-S 图

参考源代码：

```
#include<stdio.h>
main()
{int i=0;                          /*定义变量，控制循环次数 8 次*/
 float x,y,z,s;                    /*定义变量，存放每名学生的三门课成绩和总成绩，实型数据*/
 do
  {scanf("%f%f%f",&x,&y,&z);       /*输入每名学生的三门课成绩分别给 x, y, z*/
   s=x+y+z;                        /*三门课程成绩都加到总成绩中*/
```

```
            printf("This zf=%f,pf=%f",s,s/3);     /*输出该生三门课的总分和平均分*/
            i++;                                   /*控制次数*/
        }while(i<8);
    }
```

运行结果：

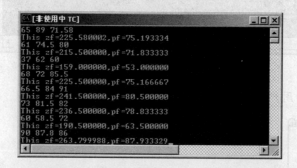

思考：

如果学生人数由用户自己输入，对【例 5.5】应如何修改？

【例 5.6】(问题 4)编写人机猜数游戏。让计算机随机产生一个两位自然数，用户从键盘输入一个数值，看几次能猜中。每猜完一次，游戏会给出提示："猜大了"、"猜小了"。

算法思想：

(1) 定义变量 data、x 分别存放计算机随机产生的一个两位自然数和用户每次猜的数值，定义变量 n 用来存放用户猜数的次数，因为 n 是作为一个计数器使用，因此应使 n=0；

(2) 置随机函数的种子；

(3) 让计算机产生任意一个两位数，并赋给 data；

(4) 用户猜数，并将所猜的数赋给 x；

(5) 如果 x>data，提示"max！"，否则如果 x<data，提示"min！"；

(6) 如果 x<>data，则计数器加 1 后转(4)；

(7) 输出计算机产生的随机数的数值以及用户多少次猜中，结束。

参考源代码：

```
#include<stdio.h>
#include <stdlib.h>
 main()
{
int  data,x,n=0;           /*定义变量，并给部分变量置初值*/
randomize( );              /*置随机函数的种子*/
data=random(100 )%90+10;   /*计算机产生任意一个两位数，并赋给 data*/
do
{
n++;
printf("please  input  number::\n");   /*输出提示信息*/
scanf("%d",&x);            /*从键盘上输入一个用户猜的两位数放入变量 x 中*/
if(x>data)  printf("max \n");   /*如果用户输入的数大于计算机随机产生的数，
                                    /*则输出"猜大了"*/
```

```
        else if(x<data) printf("min \n");  /*如果用户输入的数小于计算机随机产生的数,
                                             /*则输出"猜小了"*/
      } while(x!=data);             /*直到用户从键盘输入的数等于计算机随机产生的两位数,
                                     /*则输出计算机产生的随机数的数值和用户猜的总次数*/
    printf("random  data  is  :  %d\n",data);
    printf("total    is    :  %d\n",n);
  }
```

运行结果：

说明：此例中由于要用到 randomize( )和 random()函数，因此在程序的开头应使用预处理命令#include 把头文件<stdlib.h>包含到本源程序中来。

思考：在【例 5.6】的基础上增加如下功能：若学生 5 次内猜中者为"优秀"；5～10 次猜中者为"良好"；10～15 次猜中者为"合格"；15 次以上未猜中者便不用再猜了，直接输出"再见，多努力！"。请在参考源代码的基础上完成。

提出问题

问题 1. 工厂车间里，有一堆零件(大约在 100～200 个之间)，如果把它们按 4 个零件分成一组，则多 2 个零件；若 7 个零件分成一组，则多 3 个零件；若 9 个零件分成一组，则多 5 个零件；检品员要统计零件的总个数，该如何用 C 语言编程来实现？

问题 2. 在第 4 章中，已经给出了实现一道四则运算的算法和参考源代码。如果设计的数学软件，需要一次进行 20 道四则运算练习，该如何实现？

5.4 for 语句

1. for 语句的一般形式

```
for(表达式 1;表达式 2;表达式 3)
    循环体;
```

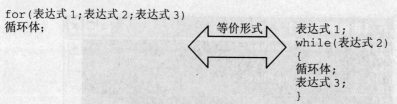

for 是关键词，其后有 3 个表达式，各个表达式用 ";" 分隔。3 个表达式可以是任意的，通常主要用于 for 语句循环控制。

2. for 循环执行过程

(1) 计算表达式 1；

(2) 计算表达式 2，若值为非 0(循环条件成立)，则转到第(3)步——执行循环体；若值为 0(循环条件不成立)，则转到第(5)步——结束循环；

(3) 执行循环体；

(4) 计算表达式 3，然后又转到第(2)步——判断循环条件是否成立；

(5) 结束循环，执行 for 循环之后的语句。

3. for 循环的执行流程

for 循环的执行流程如图 5.6 所示。

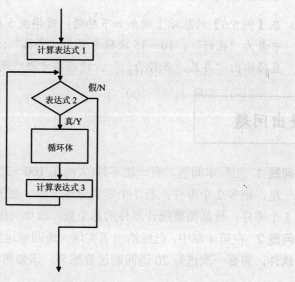

图 5.6 for 循环的执行流程

4. for 语句最容易理解、最常用的形式

for(循环变量赋初值；循环条件；循环变量修正)
　　　循环体；

例如，用 for 语句改进 1+2+3+…+100 的解决过程：

```
int i , s;
for(i=1,s=0; i<=100; i++)
    s=s+i;
```

同样，用 for 语句实现阶乘 1×2×3×…×10 的计算，表示如下：

```
int i;
long int fact;
for(i=1,fact=1; i<=10; i++)
    fact=fact*i;
```

请结合 for 语句抽象的形式定义，再对照以上两个例句，具体体会 for 语句中各部分的功能。

5. 说明：

for 语句中表达式 1，表达式 2，表达式 3 可以省略其中的一两个，甚至三个表达式都同时省略，但是起分隔作用的";"不能省略。具体体现在以下几点。

(1) 如果省略表达式 1，即不在 for 语句中给循环变量赋初值，则应该在 for 语句前给循环变量赋初值。

如：for(i=1，fact=1；i<=100；i++)　　　　　i=1；fact=1；
　　fact=fact*i，　　　　　　⟺　　　for(；i<=100；i++) fact=fact*i；

(2) 如果省略表达式 2，即不在表达式 2 的位置判断循环终止条件，循环无终止地进行，也就是认为表达式 2 始终为"真"。

(3) 如果省略表达式 3，即不在此位置进行循环变量的修改，则应该在其他位置(如循环体)安排使循环趋向于结束的操作。

如：for(i=1，fact=1；i<=100；)
　　{
　　　　fact=fact*i；
　　　　i++；
　　}

(4) 表达式 1 可以是设置循环变量初值的表达式(常用)，也可以是与循环变量无关的其他表达式；表达式 1，表达式 3 可以是简单表达式，也可以是逗号表达式。

如：for(i=0，j=100；i<=j；i++，j--)…

(5) 表达式 2 一般为关系表达式或逻辑表达式，也可以是数值表达式或字符表达式，事实上只要是表达式就可以。

如：for(；(c=getchar())!='\n'；i+=c) printf("%c"，c)；

注意：从上面的说明可以看出，C语言的for语句功能强大，使用灵活，可以把循环体和一些与循环控制无关的操作也都作为表达式，程序短小简洁。但是，如果过分使用这个特点会使for语句显得杂乱，降低程序可读性。建议不要把与循环控制无关的内容放在for语句的三个表达式中，这是程序设计的良好风格。

解决问题

【例5.7】(问题1)工厂车间里，有一堆零件(大约在100～200个之间)，如果把它们按4个零件分成一组，则多2个零件；若7个零件分成一组，则多3个零件；若9个零件分成一组，则多5个零件；检品员要统计零件的总个数，该如何用C语言编程来帮助实现？

算法思想：

(1) 零件个数大约为100～200个，可定义一个整型变量i来表示零件个数，所以i从100递增1到200，采用for循环处理；

(2) 每个零件个数要求满足以下条件，即分4个一组余2个，7个一组余3个，9个一组余5个，分别表示为i%4==2，i%7==3，i%9==5，而且这三个条件必须同时成立，因此可以用if判断和逻辑与(&&)构造条件表达式来进行设计。

N-S图如图5.7所示。

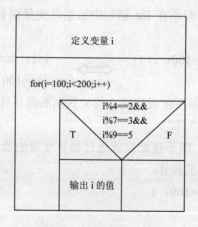

图5.7　例5.7 N-S图

参考源代码：

```
#include<stdio.h>
main()
{int i;                              /*定义变量表示零件个数*/
 for(i=100; i<200; i++)              /*个数为100～200*/
   if(i%4==2&&i%7==3&&i%9==5)        /*3个条件判断*/
     printf("%d",i);
}
```

运行结果：

问题 2. 在第 4 章中，已经给出了实现一道四则运算的算法和参考源代码，如果设计的数学软件，需要一次进行 20 道四则运算练习，该如何实现？

在这里，对该问题只做相应的一点提示：在第 4 章的操作实现(一道题)基础上，再加一层 for 循环来实现 20 道题，即 for(i=1；i<=20；i++)…请读者自己解决！

问题的深化

【例 5.8】 (问题 3)养殖场里，有鸡有兔，鸡兔共有 30 只，脚共有 90 个，饲养员想统计一下鸡兔各有多少只，你能编程解决吗？

算法思想：

(1) 定义两个整型变量 x、y 分别表示鸡、兔的只数；

(2) 鸡从 1 只开始考虑，最多 29 只，即 x 从 1 递增到 29，用 for 循环实现；而鸡兔的总和是 30 只，x 变化的同时 y 为 30−x；

(3) 它们的脚为 90 个时才满足条件，而且每只鸡 2 只脚，每只兔 4 只脚，即条件为 x*2+y*4==90，用 if 语句判断。

参考源代码：

```
#include<stdio.h>
main()
{int x,y;                              /*定义两变量分别表示鸡、兔的只数*/
  for(x=1;x<=29;x++)                   /*鸡的只数从1~29，依次增1*/
    { y=30-x;                          /*兔的只数*/
      if(x*2+y*4==90)                  /*条件判断*/
        printf("%d,%d",x,y);
    }
}
```

运行结果：

【例 5.9】 (问题 4) 计算数列 1，1，1/2，1/3，1/5，1/8，1/13，…的前 20 项之和，并显

示输出计算结果和数列的每一项。

分析：解决这类问题，需要知道数列第 1 项的确切值，并且能够由第 1 项推导出第 2 项，由第 2 项推导出第 3 项，……，由第 i 项推导出第 i+1 项，这一过程即为迭代，见表 5-1。

表 5-1　迭代过程

序　号	分　子	分　母(d)
1	1	1
2	1	1
3	1	1+1=2
4	1	1+2=3
5	1	2+3=5
6	1	3+5=8
7	1	5+8=13
…	…	…
I	1	$d_i=d_{i-1}+d_{i-2}$

可见，以上这一数列的规律：每一项的分子都为 1；而分母为著名的斐波拉契数列，即该项的值为其前两项之和。所以算法只需考虑分母的求解和求和过程。

算法思想：

(1) 定义实型变量 s，初始值为 0，用来存放分数和。

(2) 定义一个整型变量 i 表示项数，初始值为 0。

(3) 定义两个整型变量 d1、d2 分别表示分母的前两项，初始值都为 1。

(4) 从第三项分母开始，各项分母都遵循同一原则(即分母的值等于前两项分母值之和)，可用循环递推来求解。递推公式为 d=d1+d2；其中，变量 d 表示当前项分母，d1、d2 分别表示其前两项。

(5) 求出每一项的分母 d 后，输出 1.0/d 的值，再把 1.0/d 的值累加到 s 中，项数 i 增 1，直至 i>20 循环结束。

(6) 输出 s 的值。

参考源代码：

```
#include<stdio.h>
main()
{ float s=0;              /*定义求和变量s并初始化*/
  int i=0;                /*统计项数*/
    int d1=1,d2=1,d;      /*置第1、2项的初始值都为1*/
      printf("%f,%f",d1,d2);  /*输出第1、2项的值*/
s=d1+d2;                  /*直接把第1、2项的1累加到和s中*/
i=i+2;                    /*数据项同时增加两项*/
for( ;i<=20; i++ )        /*要求到20个数据项*/
  { d=d1+d2;              /*求该项的分母*/
```

```
        printf(",%f",1.0/d);    /*输出该项*/
        s+=1.0/d;               /*把该项的值累加到和 s 中*/
        d1=d2;                  /*为下一步递推做准备,使该次的后项 d2 成为下一次的
                                  前项 d1*/
        d2=d;                   /*该次的结果 d 成为下一次的后项 d2*/
    }
    printf("%f",s);
}
```

思考:

有一分数序列 2/1,3/2,5/3,8/5,13/8,21/13,…编程求求出这个数列的前 20 项之和。

5.5 几种循环的比较

5.5.1 循环结构的基本组成部分

从前面循环结构的语法和例子介绍,可以看出循环结构由四部分组成。
(1) 循环变量、条件(状态)的初始化;
(2) 循环变量、条件(状态)检查,以确认是否进行循环;
(3) 循环变量、条件(状态)的修改,使循环趋于结束;
(4) 循环体处理的其他工作。

5.5.2 几种循环的比较

C 语言中,三种循环结构(不考虑用 if/goto 构成的循环)都可以用来处理同一个问题,但在具体使用时存在一些细微的差别。如果不考虑可读性,一般情况下它们可以相互代替。

(1) 循环变量初始化:while 和 do…while 循环,循环变量初始化应该在 while 和 do…while 语句之前完成;for 循环变量的初始化可以在表达式 1 中完成。

(2) 循环条件:while 和 do…while 循环只在 while 后面指定循环条件;而 for 循环可以在表达式 2 中指定。

(3) 循环变量修改使循环趋向结束:while 和 do…while 循环要在循环体内包含使循环趋于结束的操作;for 循环可以在表达式 3 中完成。

(4) for 循环可以省略循环体,将部分操作放到表达式 2、表达式 3 中,for 语句功能强大。

(5) while 和 for 循环先测试表达式,后执行循环体,而 do…while 是先执行循环体,再判断表达式。所以 while、for 循环是典型的当型循环,而 do…while 循环可以看作是直到型循环。

(6) 三种基本循环结构一般可以相互替代,不能说哪种更加优越。具体使用哪一种结构依赖于程序的可读性和程序设计者个人程序设计的风格。应当尽量选择恰当的循环结构,使程序更加容易理解。(尽管 for 循环功能强大,但是并不是在任何场合都可以不分条件使用)

【例 5.10】 将 50~100 之间的不能被 3 整除的数输出(用三种循环结构实现)。

```
/* 用 while 语句实现 */
#include<stdio.h>
main()
{ int i=50;
  while(i<=100)
  {if(i%3!=0)
    printf("%4d",i);
    i++;}
}
```

```
/* 用 do-while 语句实现 */
#include<stdio.h>
main()
{ int i=50;
  do
  {if(i%3!=0)
    printf("%4d",i);
    i++;
  } while(i<=100);
}
```

```
/* 用 for 语句实现 */
#include<stdio.h>
main()
{
  int i;
  for(i=50; i<=100; i++)
    if(i%3!=0)
      printf("%4d",i);
}
```

运行结果：

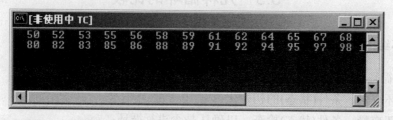

注意：对计数型的循环或确切知道循环次数的循环，用 for 比较合适，对其他不确定循环次数的循环用 while/do…while 循环。

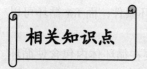

问题 1. 小明拿着 100 元钱，去银行换零钱，他想换成一元、两元、五元的，请问共有多少种兑换方案？请一一列举出来。

5.6 循环的嵌套

一个循环体内又包含另一个完整的循环结构，称为循环的嵌套，与 if 的嵌套相同。内嵌的循环中还可以嵌套循环，这就是多层循环。内层的优先级比外层的高，只有内层的执行完才能进行外层的。循环嵌套的概念对各种语言都是一样的。

三种循环(while 循环、do…while 循环和 for 循环)可以互相嵌套。

常见的循环嵌套形式如下。

1. while 循环嵌套 while 循环

```
while(  )
```

```
    { …
      while( )
        { … }
    }
```

2. Do…while 循环嵌套 do…while 循环

```
do
  { …
    do
      { … }
    while( );
  }
while( );
```

3. for 循环嵌套 for 循环

```
for( ; ; )
  { …
    for( ; ; )
      { … }
  }
```

4. while 循环嵌套 do…while 循环

```
while( )
  { …
    do
      { … }
    while( );
    …
  }
```

5. for 循环嵌套 while 循环

```
for( ; ; )
  { …
    while( )
      { }
    …
  }
```

6. Do…while 循环嵌套 for 循环

```
do
  { …
    for( ; ; )
      { }
    …
  }
while( );
```

解决问题

【例 5.11】 (问题 1)小明拿着 100 元钱,去银行换零钱,他想换成一元、两元、五元的,请问共有多少种兑换方案?请一一列举出来。

算法思想:

(1) 把 100 元钱先换成五元的,可以是 0~20 种,逐次增一循环;
(2) 在(1)的基础上,再换成两元的,可以是 0~50 张,逐次增一循环;
(3) 在(2)的基础上,再选一元的兑换,看是否满足它的有效范围;
(4) 最后三个结合起来,就是一种合理的兑换方案。

N-S 图如图 5.8 所示。

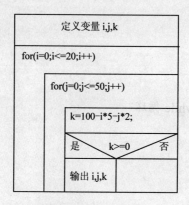

图 5.8 例 5.11 N-S 图

参考源代码:

```
#include<stdio.h>
main()
{int i,j,k;
 for(i=0;i<=20;i++)         /*五元的换法张数可能情况*/
   for(j=0;j<=50;j++)       /*五元的换好,两元的换法张数可能情况*/
   {k=100-i*5-j*2;          /*五元、两元的换好,一元的张数*/
    if(k>=0)
     printf("%d,%d,%d\n",i,j,k);
   }
}
```

说明:同样可以采用 while、do…while 循环。但是,在多重循环中,常用 for 循环,简洁方便。

通过上例可以看出,采用的是利用计算机的高速计算功能,通过把需要解决问题的所有可能情况逐一试验来找出符合条件的解的方法,该种方法称为穷举法。

穷举法也称为枚举法,它的基本思想是首先根据问题的部分条件预估答案的范围,然后在此范围内对所有可能的情况进行逐一验证,直到全部情况均通过了验证为止。若某个情况使验证符合题目的全部条件，则该情况为本题的一个答案；若全部情况验证结果均不符合题目的全部条件，则说明该题无答案。

利用穷举法解题需要以下步骤。

(1) 分析题目，确定答案的大致范围。

(2) 确定列举方法。常用的列举方法有：顺序列举，排列列举和组合列举。此例采用的顺序列举。

(3) 做试验，直到遍历所有情况。

(4) 试验完后可能找到与题目要求完全一致的一组或多组答案，也可能没找到答案，即证明题目无答案。

穷举法的特点是算法简单，容易理解，但运算量较大。对于可确定取值范围但又找不到其他更好的算法时，就可以用穷举法。通常穷举法用来解决"有几种组合"、"是否存在"、求解不定方程等类型的问题。利用穷举法设计算法大多以循环控制结构实现。

思考：
根据此例仿写程序，小朋友们在做游戏，要从三个红球、五个白球、六个黑球中任意取出八个球，但是要求其中必须有白球，有哪些取球组合？

提示： 每次取球，红球的可能个数是 0～3 个，白球的可能个数是 1～5 个，黑球的可能个数是 0～6 个，其中任选其一组合起来构成满足条件不同的取法。

问题的深化

【例 5.12】 (问题 3)显示输出下三角 99 乘法表。

分析：程序的输出应如下所示。

```
1
2  4
3  6  9
4  8  12 16
5  10 15 20 25
6  12 18 24 30 36
7  14 21 28 35 42 49
8  16 24 32 40 48 56 64
9  18 27 36 45 54 63 72 81
```

算法思想：

该乘法表要列出 1×1，2×1，2×2，3×1，3×2，3×3，…，9×9 的值，乘数的范围是 1～9，针对每一个乘数，被乘数的范围是 1 到它本身，因此可以用两重循环解决问题。按乘数组织外层循环，i 表示从 1～9；按被乘数组织内层循环，j 表示从 1～i，从而确定每一行输出的内容。

参考源代码：

```c
#include<stdio.h>
main()
{int i,j;
 printf("\n");
 for(i=1;i<=9;i++)
    for(j=1;j<=i;j++)
    {printf("%d  ",i*j);
     if(j==i) printf("\n");     /*当每行最后一个时要换行*/
    }
}
```

运行结果：

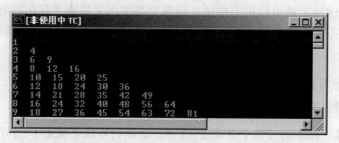

【例 5.13】 (问题 4) 显示输出如下所示的三角形。

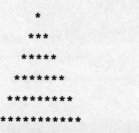

分析：题目要求输出的三角形由 6 行组成，因此程序中循环结构的循环次数应为 6 次，每一次输出一行。而"输出一行"又进一步分解为三项工作。

算法思想：

(1) 按 Enter 键换行，为新的一行的输出做准备；

(2) 输出若干个空格；

(3) 输出若干个*。

其中，如何确定每一行应输出的空格数和字符*的数目，以便分别通过循环来输出这两种字符，是解决问题的关键。表 5-2 列举了每一行应输出的这两种字符的数目。

表 5-2 输出两种字符的数目

行 号	应输出的空格	应输出的*
0	5	1
1	4	3
2	3	5

行　号	应输出的空格	应输出的*
3	2	7
4	1	9
5	0	11
I	5-i	i+i+1

表中最后一行是通项公式，它是对表中所列数据变化规律的总结：程序可利用这些公式组织循环。

参考源代码：

```
#include<stdio.h>
main()
{ int i,j;
    for(i=0;i<6;i++)         /*循环6次，输出6行*/
    { printf("\n");          /*按Enter键换行*/
      for(j=0;j<5-i;j++)
      printf(" ");           /*每行输出若干空格*/
      for(j=0;j<i+i+1;j++)
      printf("*");           /*然后输出若干'*'*/
    }
}
```

运行结果：

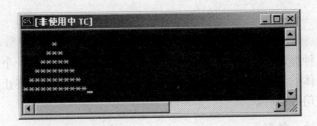

思考：
编程显示输出如下所示的三角形。

```
        *
       ***
      *****
     *******
    *********
   ***********
    *********
     *******
      *****
       ***
        *
```

通过以前章节的学习，已经掌握了循环控制的基本操作，但是，在以上处理各种类型问题的程序中，不免有些循环操作累赘、繁琐的问题，实际上有时根本不必遵循循环条件按部就班地一步步执行,完全可以按照优先条件提前退出、进入循环。那么,C 语言中是如何实现的呢?

问题 1. 到银行取款时,经常会碰到以下情况:系统只给用户最多提供三次密码输入的机会,三次中任何一次回答正确均可进入系统(显示"密码正确,欢迎使用"),否则不能进入系统(显示"对不起,密码错误,你无权使用")。这种口令校验程序,C 语言中如何编程实现?

问题 2. 在数学软件中,数据判断模块功能①:要实现对给定的任意正整数进行判断,看是否为素数。用 C 语言该如何编程实现?

5.7　break 语句和 continue 语句

5.7.1　break 语句

前面介绍的三种循环结构都是在执行循环体之前或之后通过对一个表达式的测试来决定是否终止对循环体的执行。在循环体中可以通过 break 语句立即终止循环的执行,转到循环结构的下一语句处执行。

1. break 语句的一般形式

```
break;
```

2. break 语句的作用

终止对 switch 语句或循环语句的执行(跳出这两种语句),转移到其后的语句处执行。

说明:(1) break 语句只用于循环语句或 switch 语句中。在循环语句,break 常常和 if 语句一起使用,表示当条件满足时,立即终止循环。注意 break 不是跳出 if 语句,而是跳出循环语句。

(2) 循环语句可以嵌套使用,break 语句只能跳出(终止)其所在的循环,而不能跳出多层循环。要实现跳出多层循环可以设置一个标志变量,控制逐层跳出。

【例 5.14】从键盘上连续输入字符,并统计其中大写字母的个数,直到遇到"换行"字符时结束。

参考源代码:

```
#include<stdio.h>
```

```
main()
{
char ch;                                    /*存放字符*/
int sum=0;                                  /*计数器,初始值为0*/
    while(1)                                /*永真条件,死循环*/
    {ch=getchar();                          /*从键盘输入一字符给ch*/
    if(ch=='\n') break;                     /*若字符为换行符时,break控制循环结束*/
    if(ch>='A'&&ch<='Z') sum++;             /*若字符为大写字母时,计数器加1*/
    }
printf("%d",sum);                           /*输出sum大写字母的总个数*/
}
```

运行结果:

5.7.2 continue 语句

1. continue 语句的一般形式

continue;

2. continue 语句的作用

结束本次循环。即跳过本层循环体中余下尚未执行的语句,再一次进行循环条件的判定。

注意: 执行 continue 语句并没有使整个循环终止;而 break 语句是使整个循环终止。

说明: (1) while 和 do…while 循环中,continue 语句使流程直接跳到循环控制条件的测试部分,然后决定循环是否继续执行。

(2) 在 for 循环中,遇到 continue 后,跳过循环体中余下的语句,而去对 for 语句中的表达式3求值,然后进行表达式2的条件测试,最后决定 for 循环是否执行。

【例 5.15】 从键盘输入 30 个字符,并统计其中数字字符的个数。

参考源代码:

```
#include<stdio.h>
main()
{ int sum=0,i;                              /*计数器,初始值为0*/
  char ch;                                  /*存放字符*/
  for(i=0; i<30; i++)                       /*i从0递增1到29,控制循环体共执行30次*/
  {
    ch=getchar();                           /*从键盘输入一字符给ch*/
    if(ch<'0'||ch>'9')continue;             /*若字符不是数字字符,就继续提前进入下次循环*/
    sum++;                                  /*若上述条件不满足,即是数字字符,计数器就加1*/
  }
```

```
        printf("%d",sum);              /*输出 sum 数字字符的总个数*/
    }
```

运行结果：

【例 5.16】把 1~100 之间不能被 5 整除的数输出。

参考源代码：

```
#include <stdio.h>
main( )
{
int n;
for(n=1;n<=100;n++)
{
if(n%5==0)   continue;
printf("%4d",n);
}
}
```

当 n 能被 5 整除时，执行 continue 语句，结束本次循环(即跳过 printf 函数语句)，只有当 n 不能被 5 整除时才执行 printf 函数。

运行结果：

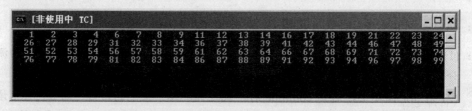

3. break 语句，continue 语句主要区别

continue 语句只终止本次循环，而不终止整个循环结构的执行；break 语句是终止循环，不再进行条件判断。

4. break 语句，continue 语句的流程图

break 语句，continue 语句的流程图如图 5.9 所示。

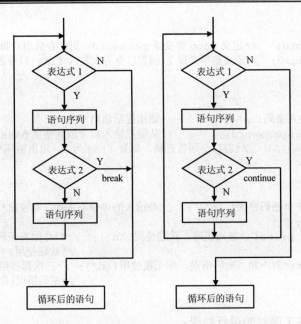

图 5.9 break 语句，continue 语句的流程图

解决问题

【例 5.17】 (问题 1) 到银行取款时，经常会碰到以下情况：系统只给用户最多提供三次密码输入的机会，三次中任何一次回答正确均可进入系统(显示"密码正确，欢迎使用")，否则不能进入系统(显示"对不起，密码错误，你无权使用")。这种口令校验程序，C 语言中如何编程实现？

简要分析：本程序的难点是有"回答三次口令的机会"，无论口令回答的对与错，总要结束循环的。怎么知道是因为哪种原因结束循环的呢？是口令正确还是输入口令超过了三次？程序要求不同情况显示不同信息。在程序中，可以采用标志法，如果 flag=0，表示口令错，flag=1，表示口令正确，循环结束条件由用户回答口令的次数控制。

算法思想：

(1) 定义变量 i(回答口令的次数)、flag(口令正误标志)和 password(用户每次回答的口令)，并令 flag=0，i=0；

(2) 用户回答口令，将其赋给 password 变量；

(3) 口令正确？如果是，则 flag=1,转(5)。否则转(4)；

(4) 回答三次口令了吗？如果没有，计数器加 1(i++)转(2)，否则转(5)；

(5) 根据 flag 的值输出相应信息。

参考源代码：

```
#include <stdio.h>
#define PS 12345
```

```
    void main( )
{
long  password;    /*定义long型变量password,用于存放用户每次回答的口令*/
int   i=0,flag=0;  /*定义整型变量i(回答口令的次数)、flag(口令正误标志),并置初值*/
do
{
i++;
printf("请输入密码:\n");          /*输出提示信息*/
scanf("%ld",&password);          /*从键盘输入口令放到变量password中*/
if(password==PS)   /*若口令回答正确,则置flag为1,退出循环*/
{ flag=1;
  break;
}
else  printf("密码错误!\n") ;  /*若输入的口令不正确,则输出"密码错误"提示信息*/
}while(i<3);
if(flag==1) printf("密码正确,欢迎使用!\n");  /*口令回答正确,输出"密码正确,
                                           /*欢迎使用!"提示信息*/
else  printf("对不起,密码错误,你无权使用!\n"); /*三次都答错了,输出"对不起,
                                           /*密码错误,你无权使用"提示信息*/
}
```

以下是口令回答正确时的运行结果:

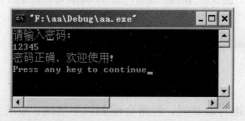

以下是口令回答不正确时的运行结果:

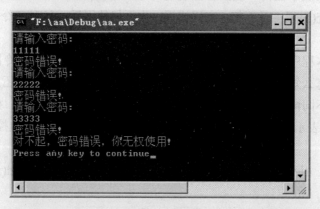

思考:

若取消程序中的 break 语句,程序能输出正确结果吗?

【例 5.18】 (问题 2)在数学软件中,数据判断模块功能①:要实现对给定的任意正整数进行判断,看是否为素数。用 C 语言该如何编程实现?

算法思想:

(1) 输入的正整数为 n,只需将 n 除以 i,i 为 2~sqrt(n)之间的每一个数;

(2) 如果 n 能被其中的一个 i 整除,则 n 不是素数,跳出循环;

(3) 否则 n 是素数。

判断一个数是否能被另一个数整除，可通过判断他们整除的余数是否为 0 来实现。

N-S 图如图 5.10 所示。

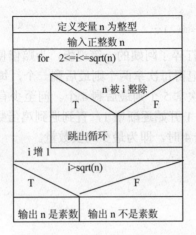

图 5.10　例 5.18 N-S 图

参考源代码：

```
#include<math.h>
#include<stdio.h>
main()
{ int n,i,k;
  printf("Please enter a integer:");
  scanf("%d",&n);
  k=sqrt(n);
  for(i=2;i<=k;i++)
   if(n%i==0)break;   /*强行结束循环*/
  if(i>k)
   printf("\n%d is a prime number. ",n);
  else
   printf("\n%d is not a prime number.",n);
}
```

运行结果：

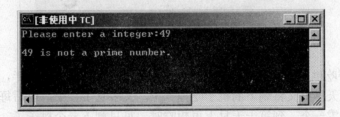

问题的深化

问题 3. 在数学软件中，数据判断模块功能②：要求找出 100～200 之间的所有的素数，并输出。用 C 语言该如何编程实现？

提示：问题 2 的深化，在问题 2 的基础上再加一个 101～200 的 for 循环即可处理，而且偶数不必考虑。

```
for(m=101;m<=200;m=m+2)…
```

【例 5.19】 (问题 4)小朋友打碎了阿姨的一筐鸡蛋，为赔偿便询问篮子中有多少鸡蛋，阿姨说：具体数量不清楚，但记得每次拿两个则最后剩一个，每次拿 3 个则最后剩两个，每次拿 4 个则最后剩 3 个，每次拿 5 个则最后剩 4 个。问至少有多少个鸡蛋？

分析：鸡蛋数量 eggs 从 1 开始逐渐增 1，直到遇到鸡蛋数量 eggs 除以 2 余 1、除以 3 余 2、除以 4 余 3、除以 5 余 4 时，即为最少鸡蛋数量。

参考源代码：

```
#include<stdio.h>
main()
{int eggs=1;
do
 {if(eggs%2==1&&eggs%3==2&&eggs%4==3&&eggs%5==4)
 break;
 eggs++;
 }while(1);
printf("\nThe total of the eggs is %d at least",eggs);
}
```

运行结果：

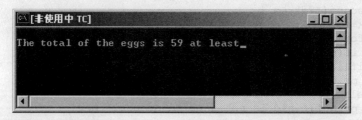

注意：本循环体的出口是 break，不要认为 while 后面表达式为 1 就是死循环。

5.8 循环结构程序设计举例

【例 5.20】猴子吃桃问题：猴子第一天摘下若干桃子，当即就吃了一半，还不过瘾，又多吃了一个，第二天早上又将剩下的桃子吃掉一半，又多吃了一个。以后每天早上都吃了前一天剩下的一半零一个。到第十天早上再想吃时，见只剩下一个桃子了。求第一天共摘了多少桃子？

分析：假设用变量 day 表示天数，变量 x1、x2 分别表示第一天、第二天的桃子数。因为前后两天桃子数满足 x1=(x2+1)*2 的关系，即第一天的桃子数是第二天桃子数加一后的两倍，因此，采取逆向思维的方法，从第 9 天开始，从后往前推断，每次计算前一天的桃子数，通过循环递推出第一天的桃子数。在进行循环程序设计时，day 为循环变量，其初值为9，终值为1，步长为-1，循环体为x1=(x2+1)*2。

参考源代码：

```
#include <stdio.h>
main( )
{
int day,x1,x2;
day=9;
x2=1;
while(day>=1)
{
x1=(x2+1)*2;   /*第一天的桃子数是第二天桃子数加一后的两倍*/
x2=x1;
day--;
}
printf("The  total  is %d\n",x1);
}
```

运行结果：

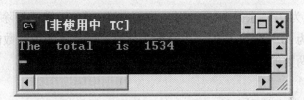

【例5.21】利用公式 $\pi/4 \approx 1 - \frac{1}{3} + \frac{1}{5} - \frac{1}{7} + \cdots$ 求 π 的近似值，直到最后一项的绝对值小于 10^{-6} 为止。

分析：此例也是一个求累加和的程序，每次相加的数其分子为 1，分母为一个等差数列，只不过其符号位按正负正负……的规律变化。因此，为解决此类问题，可以单独定义一个符号变量 s，专门用于控制符号位的变化。另外定义实型变量 n、t、pi 分别存放分母、加数和累加和。

参考源代码：

```
#include <math.h>
main( )
{
int s;
float n,pi,t;
t=1,pi=0,n=1.0,s=1;      /*变量初始化*/
while((fabs(t))>1e-6)    /*若最后一项的绝对值大于10⁻⁶，则执行循环体*/
{  pi=pi+t;              /*累加求和*/
```

```
        n=n+2;                  /*分母加2*/
        s=-s;                   /*符号位变化*/
        t=s/n;                  /*生成下一项加数*/
    }
    pi=pi*4;
    printf("pi=%10.6f\n",pi);
}
```

运行结果:

【例5.22】从键盘输入两个正整数m和n,求其最大公约数。

这里采用辗转相除法求它们的最大公约数。

例如: 设m为35, n为15, 余数用r表示。采用辗转相除法求它们的最大公约数的方法如下:

35除以15, 商为2, 余数为5, 以n作m, 以r作n, 继续相除;

15除以5, 商为3, 余数为0。当余数为零时, 所得n即为两数的最大公约数。

所以35和15两数的最大公约数为5。

算法思想:

(1) 将两个正整数存放到变量m和n中, 注意:必须保证m>n;

(2) 求余数: 计算m除以n, 将所得余数存放到变量r中;

(3) 判断余数是否为0: 若余数为0则执行第(5)步, 否则执行第(4)步;

(4) 更新被除数和除数: 将n的值存放到m中, 将r的值存放到n中, 并转向第(2)步继续循环执行;

(5) 输出n的当前值, 算法结束。

如此循环, 直到得到结果。

参考源代码:

```
#include <stdio.h>
main( )
{
int m,n,r;
printf("please input two number:\n ");
scanf("%d%d",&m,&n);   /*输入两个正整数,分别放到变量m和n中*/
if (m<n)    /*若m<n,互换,保证m>n*/
{r=m;  m=n;  n=r;}
while((r=m%n)!=0)       /*求m和n的余数,放到r中,并判断r是否不为0,
                         若是, 则辗转相除*/
{ m=n;   /*将n的值存放到m中*/
```

```
        n=r;    /*将 r 的值存放到 n 中*/
    }
    printf("%d\n",n);        /*输出最大公约数*/
}
```

运行结果：

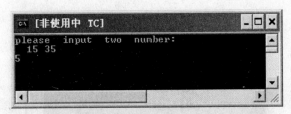

【例 5.23】从键盘上任意输入一个正整数，求其逆数。所谓"逆数"是指将原来的数颠倒顺序后形成的数。如输入 1657，输出 7561。

分析：对正整数 x，无论它有多少位数字，我们每次只把低位数字(di)取走(x%10)，再用算式将 x 的各位数字依次移到低位(x=x/10)，直到 x 等于 0 为止。例如，设原数 x=817，则：

第 1 次循环：低位 di=7，x=81，y=7；
第 2 次循环：新低位 di=1，x=8，y=7*10+1=71；
第 3 次循环：新低位 di=8，x=0，y=71*10+8=718；
因 x=0，循环结束。

算法思想：
(1) 定义变量 x、di 和 y，分别表示原始数，原始数的个位数和逆数；
(2) 输入原始正整数 x；
(3) 从 x 中分解出个位数字 di；
(4) 合并个位 di 至逆数 y 中；
(5) 原始数 x 缩小 10 倍：x=x/10；
(6) 如果 x 非零，则转(3)；
(7) 输出逆数 y，结束。

参考源代码：
```
#include <stdio.h>
main( )
{
    int di;                              /*定义变量 di，存放原始数的个位数*/
    long x,y=0;                          /*定义长整型变量 x,y，分别存放原始数和逆数*/
    printf("please input a number:\n");  /*输出提示信息*/
    scanf("%ld",&x);   /*从键盘上输入原始数放到 x 中*/
    do
    {
```

```
        di=x%10;                       /*取出低位数字*/
        y=y*10+di;                     /*合并数字*/
        x=x/10;                        /*移动数字*/
    } while(x);
    printf("after transform :%ld\n",y);    /*输出结果*/
}
```

运行结果为:

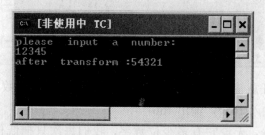

【例5.24】学生成绩管理系统中，统计子模块功能③要求如下：从键盘输入 n 名学生 m 门课程的成绩，分别统计出每个学生的平均成绩。如何编程实现？

以 3 名学生，5 门课程为例。

分析：本例可用双重循环来解决。其中外循环用于处理每个学生平均成绩的计算和输出，内循环对每个同学的 5 门课程成绩进行累加，以求其 5 门成绩的总分。

参考源代码：

```
#include <stdio.h>
main( )
{
int i,j;
float g,sum,ave;        /*定义实型变量 g、sum、ave 分别存放每门课程成绩、总分和*/
                        /*平均分 */
for(i=1;i<=3;i++)
{   sum=0.0;            /*累加器清 0*/
    for(j=1;j<=5;j++)
    {   scanf("%f",&g);   /*输入每门课程成绩*/
        sum+=g;           /*成绩累加*/
    }
    ave=sum/5;            /*求 5 门成绩的平均分*/
    printf(" no= %d    ave=%5.2f\n",i,ave);  /*输出每个学生 5 门课程成绩的平均分*/
}
}
```

运行结果：

自主学习

趣味编程

协助破案。假设已经查清，有 A、B、C、D、E 5 个嫌疑人可能参与制造了一起抢劫银行案，但是不知道其中哪几个人是真正的案犯。不过，有确凿证据表明：

(1) 如果 A 参与了作案，则 B 一定也会参与；

(2) B 和 C 两人中只有一人参与了作案；

(3) C 和 D 要么都参与了作案，要么都没有参与；

(4) D 和 E 两个人中至少有一人参与作案；

(5) 如果 E 作案，则 A 和 D 一定参与作案。

分析：用 1 表示作案，0 表示未作案，则每个人的取值范围就是{0，1}。然后在 5 个人取值的所有可能的组合空间中进行搜索，同时满足这 5 条线索的一个组合就是本案的答案。

相关知识点：逻辑表达式、goto 语句、for 循环。

算法思想：

(1) 逻辑表达式。

① A==0||(A==1&&B==1)

② B+C==1

③ C==D

④ D+E>=1

⑤ E==0||(E==1&&A==1&&D==1)

(2) 五重 for 循环。

参考源代码：

```
#include<stdio.h>
main()
{int A,B,C,D,E;
int count=0;
for(A=0;A<2;A++)
```

```
         for(B=0;B<2;B++)
          for(C=0;C<2;C++)
           for(D=0;D<2;D++)
            for(E=0;E<2;E++)
             {count=0;
              count+=(A==0||(A==1&&B==1));
              count+=(B+C==1);
              count+=(C==D);
              count+=(D+E>=1);
              count+=(E==0||(E==1&&A==1&&D==1));
              if(count==5)goto finish;
             }
    finish:
    printf("Suspect A is%s\n",(A==1)?"a criminal":"not a criminal");
    printf("Suspect B is%s\n",(B==1)?"a criminal":"not a criminal");
    printf("Suspect C is%s\n",(C==1)?"a criminal":"not");
    printf("Suspect D is%s\n",(D==1)?"a criminal":"not a criminal");
    printf("Suspect E is%s\n",(E==1)?"a criminal":"not a criminal");
    }
```

运行结果：

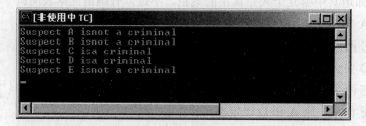

5.9 本章小结

本章共有三个知识点，分别是 while、do…while 和 for 三种语句的使用，循环的嵌套，break、continue 语句的用法。

本章的重点是：while、do…while 和 for 三种语句的使用和循环的嵌套(即多重循环的使用)。

1. while、do…while 和 for 三种语句的使用

(1) while 语句。

① 一般形式：

```
while(表达式)语句;
    或：
while(表达式)
    {
    语句序列;}
```

② 执行过程：

(a) 先计算 while 后面表达式的值，如果其值为"真"则执行循环体。

(b) 在执行完循环体后,再次计算 while 后面表达式的值,如果其值为"真",则继续执行循环体;如果表达式的值为"假",退出此循环结构。

③ 特点:先判断表达式,后执行语句。

(2) do…while 语句。

① 一般形式:

```
do
{
  语句序列;
} while(表达式);
```

② 执行过程:

(a) 执行 do 后面循环体语句。

(b) 计算 while 后面表达式的值,如果其值为"真",则继续执行循环体;如果表达式的值为"假",退出此循环结构。

③ 特点:先执行语句,后判断表达式。

注意:while 语句和 do…while 语句的循环体中应都有使循环趋于结束的语句

(3) for 语句。

① 一般形式:

for(表达式1;表达式2;表达式3)
循环体;

② for 语句中的三个表达式,分别对应:

表达式 1——循环变量的初值

表达式 2——循环变量的终值,即循环条件

表达式 3——循环趋于结束语句

③ 执行过程:

(a) 计算表达式 1;

(b) 计算表达式 2,若其值为非 0(循环条件成立),则转到第(c)步——执行循环体;若其值为 0(循环条件不成立),则转到第(e)步——结束循环;

(c) 执行循环体;

(d) 计算表达式 3,然后又转到第(b)步——判断循环条件是否成立;

(e) 结束循环,执行 for 循环之后的语句。

④ for 语句中的三个表达式,可以变换位置,但功能不变。

如:表达式 1;
for(;表达式 2; 表达式 3)
{ 语句 }

for(表达式 1; 表达式 2;)
{ 表达式 3 ;

```
        语句 }
    for ( 表达式 1; ; 表达式 3 )
    {  if  !(表达式2)   break ;
        语句   }
    表达式 1;
        for ( ; 表达式 2; )
    {  表达式 3 ；
    语句 }
```

注意：三种用于实现循环结构程序设计的语句虽然语句格式不同，但都可以用来处理同一问题，具体在使用时应注意循环变量初值、循环体、循环条件和循环趋于结束语句的正确设计。多数情况下，对于循环次数已知的循环，通常用 for 循环语句来进行设计，对于循环次数未知，但循环条件已知(或循环结束条件已知)的循环，通常用 while 语句或 do…while 语句来进行设计。

　2. 循环的嵌套：三种循环可以互相嵌套

注意：不管何种形式的循环嵌套，在具体执行过程中，内层的优先级比外层的高，只有内层的执行完才能进行外层的。

　3. break、continue 语句的用法

(1) break 语句作用：强行终止循环，转到循环体下面语句去执行。

(2) continue 语句作用：结束本次循环，再去判断条件，根据条件决定循环是否继续执行。

二者区别：continue 只是结束本次循环，而不是终止整个循环的执行。
　　　　　　　break 则是结束整个循环过程，不再判断执行循环的条件是否成立。

另外，continue 只能用于循环体中，而 break 即可用于循环体中，还可用于 switch 语句中。

第 6 章 数　　组

在现实生活中，经常会碰到大批量的、相对有一定内在联系的数据，比如对学生成绩的处理(找最高分、最低分、排名次)，这时如果用简单变量处理，假设学生人数是 500，就需要设置 500 个变量，这显然是不合理的。这些数据的主要特点是数据量大，并且所有值都具有相同的属性和数据类型。为了准确地访问和管理批量数据，提高工作效率，C 语言提供了数组这种构造数据类型，即将具有相同的属性和数据类型的批量数据将按有序的形式组织起来。这些按序排列、具有相同类型的数据元素的集合称为数组。

本章内容
(1) 一维数组的定义和引用。
(2) 二维数组的定义和引用。
(3) 字符数组。
(4) 字符串函数。

问题 1. 设计客户信息管理的客户积分排行模块，要求按升序排列的（由小到大）。

6.1　一维数组的定义和引用

6.1.1　一维数组的定义

一维数组的定义方式为：

> 类型说明符　数组名　[常量表达式]；

例如 int a[20];
它表示数组名为 a，该数组长度是 20，最多可存放 20 个元素，每个元素均为 int 类型。

说明：(1) 数组名等同变量名，命名规则相同。对"int b;"，称变量 b，对"int a[20];"称数组 a。
　　　(2) 数组名后用方括号括起来的常量表达式。

int a[10];√   int a(10);×   int a<10>;×   int a{10};×

(3) 常量表达式表示数组的长度。数组一经定义，长度就固定不变，换言之，C 语言不允许对数组的大小作动态定义。所以方括弧括起来的是常量表达式，不可以是变量。

int a[10];√   int a[4+6];√   int a[2*5];√

而下面定义是不行的：

int n=10;
int a[n];×

(4) 数组下标从 0 开始，每个数据元素都和唯一的下标值对应。例如，"int a[20];" a 数组的第一个元素下标为 0，表示为 a[0]，第二个元素下标为 1，表示为 a[1]，……，第二十个元素下标为 19，表示为 a[19]。注意这里没有 a[20]。从中可以找到这样一个规律：如果要引用第 i 个元素，只要用下标 i-1 就可表示出这个元素。

6.1.2 一维数组元素的引用

学习简单变量时，提出变量必须先定义，后使用。数组作为构造类型，也做同样要求。C 语言规定：只能逐一引用数组元素而不能一次引用整个数组。这里，数组元素的地位与简单变量是一样的。

数组元素的表示形式：

数组名[下标]

下标形式多种多样，可以是整型常量，可以是整型变量，也可以是整型表达式，如 a[3]、a[5-2]、a[i]等。

【例 6.1】 数组元素的使用。

```
#include <stdio.h>
main()
{   float run[10];              /*定义一个实型数组*/
    int i;                      /*变量 i 表示数组的下标*/
    for (i=0; i<10; i++)        /*依次输入 10 个实数*/
        scanf ("%f",&run[i]);
    for (i=0; i<10; i++)        /*依次输出 10 个实数*/
        printf("%6.1f",run[i]);
}
```

运行结果：

```
11 14 13 15 17 12 11.5 13.6 15.3 18.9
  11.0  14.0  13.0  15.0  17.0  12.0  11.5  13.6  15.3  18.9_
```

思考：

如果要求第一个学生的成绩用下标为 1 的元素表示，第二个学生的成绩用下标为 2 的元素表示，……，第十个学生的成绩用下标为 10 的元素表示，对上例做出修改。

【例 6.2】 求学生的综合成绩。现有 10 个学生，从键盘上输入他们的平时成绩、期终成绩，输出综合成绩。按综合成绩=期终成绩×80%+平时成绩×20%。

```c
#include <stdio.h>
main()
{ float a[10],b[10],c[10];    /*a 数组存放期终成绩,b 存放平时成绩,c 存放综合成绩*/
  int i;
  for (i=0; i<10; i++)         /*输入期终成绩*/
    scanf("%f",&a[i]);
  for (i=0; i<10; i++)         /*输入平时成绩*/
    scanf("%f",&b[i]);
  for (i=0; i<10; i++)         /*计算综合成绩*/
    c[i]=a[i]*0.8+b[i]*0.2;
  for (i=0; i<10; i++)         /*输出综合成绩*/
    printf("%5.1f",c[i]);
  printf("\n");
}
```

运行结果：

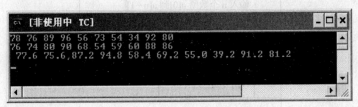

6.1.3 一维数组的初始化

对数组元素的初始化的方法如下。

(1) 定义数组时对数组元素赋以初值。

　　int a[10]={0,1,2,3,4,5,6,7,8,9};

系统自动给数组元素赋值：a[0]=0，a[1]=1，…，a[9]=9。

(2) 可以只给一部分元素赋值。

　　int a[10]={0,1,2,3,4};

系统自动给指定值的数组元素赋值：a[0]=0，a[1]=1，…，a[4]=4。其他元素值均为 0。

(3) 如果想使一个数组中全部元素值为 0，可以写成：

　　int a[10]={0,0,0,0,0,0,0,0,0,0};或 int a[10]={0};

但 int a[10];是不会使数组元素为 0 的。

(4) 对全部数组元素赋初值时，可以不指定数组长度。

　　int a[5]={1,2,3,4,5};

与

```
int a[]={1,2,3,4,5};
```

等价，即对第二种方式系统默认元素个数即为数组长度。

思考：

int a[]={1,2,3,4,5,6,7};数组 a 的长度是多少？

【例 6.3】 在一维数组中找最大值，将其作为最后一个元素输出。

算法思想：

(1) 输入 n 个整数，用一维数组存放。

(2) 下标 i 初值为 0，开始扫描数组元素，在扫描过程中比较。

(3) 如果 i<n 成立，执行(4)，否则执行(6)。

(4) 相邻元素进行比较，如果前者(下标小的)比后者大，将其交换。即：如果 a[i]>a[i+1]，将 a[i]与 a[i+1]交换。

(5) 下标 i 值增 1，即 i++。然后转(3)。

(6) 输出最后一个元素，即是最大者。

N-S 图如图 6.1 所示。

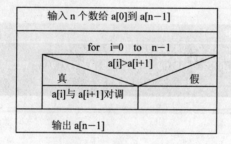

图 6.1 例 6.3 N-S 图

参考源代码：

```
main()
{ int a[10];            /*一维数组存放 10 个整数，下标从 0 到 9*/
  int i;                /*元素下标值用 i 表示，作用是扫描数组元素，从第一个到最后一个*/
  int t;
  for (i=0; i<10; i++)                    /*为一维数组元素赋初值*/
    scanf("%d",&a[i]);
  for (i=0; i<9; i++)
    if (a[i]>a[i+1])
    { t=a[i];  a[i]=a[i+1];   a[i+1]=t; }  /*a[i]与 a[i+1]对调*/
  printf("%d\n",a[9]);                    /*输出最后一个元素*/
}
```

运行结果：

解决问题

【例 6.4】 (问题 1) 设计客户信息管理的客户积分排行模块,要求按升序排列的(由小到大)。

这个问题是排序问题,要求从小到大(或从大到小)排序。要解决这类问题,关键是寻找恰当的排序方法。这里介绍一种冒泡排序法。

冒泡法:顾名思义,像水中冒泡一样,将小的轻的升到水面,将大的重的沉到水底。

思路:将相邻两个数比较,将小的调到前头。

例如,对 8,7,2,3,0 按从小到大的顺序排序,依照冒泡法排序过程如下。

(1) 对 6 个数两两比较,小的在上(下标值小),大的在下(下标值大),结果如图 6.2 所示。

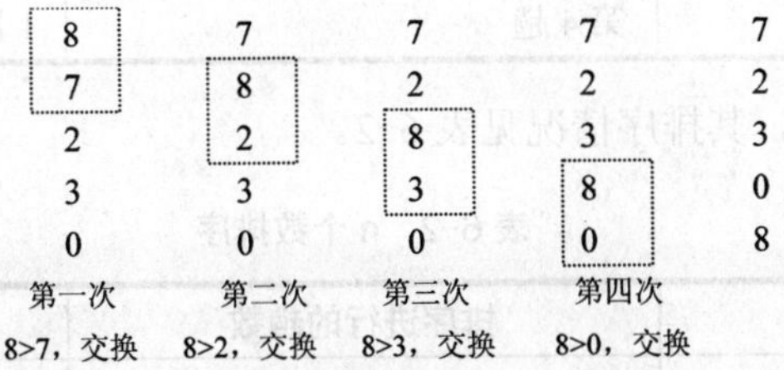

```
 8      7      7      7      7
 7      8      2      2      2
 2      2      8      3      3
 3      3      3      8      0
 0      0      0      0      8
第一次  第二次  第三次  第四次
8>7,交换 8>2,交换 8>3,交换 8>0,交换
```

图 6.2 第一步

分析:由步骤 1 的结果可知,找出了 5 个数中的最大数 8,将其沉到水底。步骤 2 可对上一步骤结果中的前 4 个数进行两两比较即可。

(2) 对上一步骤结果中的前 4 个数进行两两比较,小的在上,大的在下,结果如图 6.3 所示。

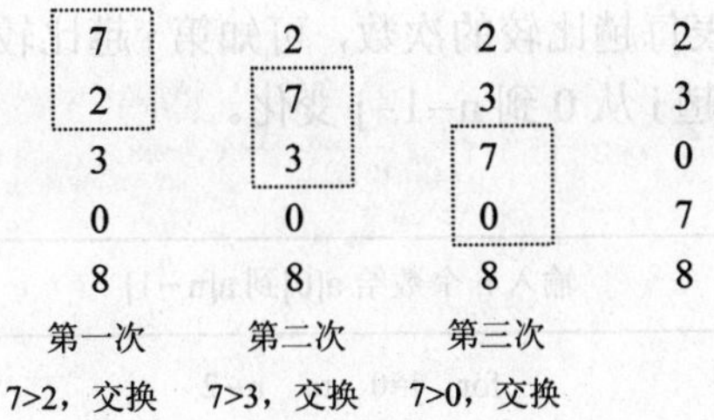

```
 7      2      2      2
 2      7      3      3
 3      3      7      0
 0      0      0      7
 8      8      8      8
第一次  第二次  第三次
7>2,交换 7>3,交换 7>0,交换
```

图 6.3 第二步

(3) 对上一步骤结果中的前 3 个数进行两两比较,小的在上,大的在下,结果如图 6.4 所示。

(4) 对上一步骤结果中的前 2 个数进行两两比较,小的在上,大的在下,结果如图 6.5 所示。

算法思想:

对 5 个数比较了 4 趟,才使 5 个数按从小到大顺序排列,其情况见表 6-1。

图 6.4 第三步   图 6.5 第四步

表 6-1 5 个数排序

多少个数排序	排序进行的趟数	每趟比较的次数
5 个数	第 1 趟	4 次
	第 2 趟	3 次
	第 3 趟	2 次
	第 4 趟	1 次

那么，对于 n 个数，其排序情况见表 6-2。

表 6-2 n 个数排序

多少个数排序	排序进行的趟数	每趟比较的次数
n 个数	第 1 趟	n−1 次
	第 2 趟	n−2 次
	……	……
	第 i 趟	n−i 次
	……	……
	第 n−1 趟	1 次

用 j 代表趟数，用 i 代表每趟比较的次数，可知第 j 趟比较了 n−j 次，共 n−1 趟，如果 j 从 0 到 n−2 变化，那么每趟 i 从 0 到 n−1−j 变化。

N-S 图如图 6.6 所示。

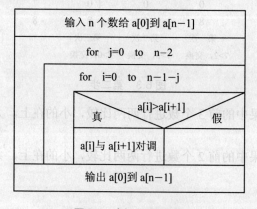

图 6.6 例 6.4 N-S 图

参考源代码：

```c
# include <stdio.h>
main()
{ float a[20];                                    /*定义实型数组，存放20个数*/
  int i,j; float t;
  printf("input 20 numbers:\n");                  /*输入20个数*/
  for (i=0; i<20; i++)
    scanf ("%f",&a[i]);
  printf("\n");
  for (j=0; j<19; j++)                            /*起泡法排序，20个数进行19趟*/
    for (i=0; i<19-j; i++)                        /*第j趟，比较20—j次*/
      if(a[i]>a[i+1])                             /*a[i]>a[i+1]为真*/
      { t=a[i]; a[i]=a[i+1]; a[i+1]=t; }          /*将a[i]与a[i+1]对换*/
  printf("the sorted numbers:\n");
  for (i=0; i<20; i++)                            /*输出排序后的20个数*/
    {printf("%4.1f",a[i]);
     if ((i+1)%10==0) printf("\n");}
}
```

运行结果：

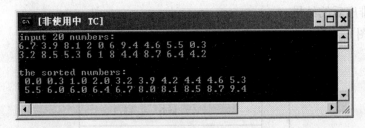

思考：

例6.4中是从前往后比，即a[0]与a[1]比，a[1]与a[2]比，……，依次进行。

现在要求从后往前比，即a[19]与a[18]比，a[18]与a[17]比，……，依次进行。请对例6.4做出修改。

思考：

如果是按照从大到小排序，应如何修改程序？

问题的深化

【例6.5】 选择法对20个数进行排序(由小到大)。

选择法，顾名思义就是每趟都从候选数中选择一个最小(大)者，放到合适的位置。下面以{3，6，1，9，4}为例，讨论选择法的排序过程以及算法思想。

```
a[0]  a[1]  a[2]  a[3]  a[4]
 3     6    [1]    9     4        ① 未排序时的情况。

 1     6    [3]    9     4        ② 选择5个数中的最小数1，其位置k=2,
                                     a[k]与a[0]对换。
```

1	3	6	9	4	③ 选择余下的4个数中的最小数3，其位置 k=2，a[k]与a[1]对换。
1	3	4	9	6	④ 选择余下的3个数中的最小数4，其位置 k=4，a[k]与a[2]对换。
1	3	4	6	9	⑤ 选择余下的2个数中的最小数6，其位置 k=4，a[k]与a[3]对换。

算法思想：

(1) 设置下标变量，i 表示趟数(也是入选者应在的位置)，初值为 0；k 表示每趟选择出的最小元素的下标，初值为 i。

(2) 当 i<4 成立时，开始排序。

(3) j 表示每趟进行选择时候选者的下标，每趟开始时其值为 i+1。

(4) 当 j<5 成立时，用当前元素 a[j]与 a[k]比较，若 a[j]较小，则用 k 记录其位置，即 k=j，并且 j++，继续比较。当 j<5 不成立时，表示该趟结束，a[k]与 a[i]对调。

(5) 开始下一趟，i++。转(3)继续执行。

(6) 当 i<4 不成立时，表示排序结束。

(7) 输出排序后的结果。

N-S 图如图 6.7 所示。

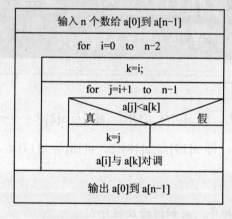

图 6.7 例 6.5 N-S 图

参考源代码：

```
#include <stdio.h>
main()
{ float a[20];
    int i,j,k; float t;
    printf("input 20 numbers:\n");
    for ( i=0; i<20; i++)                    /*输入20个数*/
      scanf("%f",&a[i]);
    for (i=0; i<19; i++)                     /*选择法排序 20 个数，进行 19 趟*/
    { k=i;                                    /*默认第 i 个为最小数*/
        for (j=i+1; j<20; j++)                /*寻找剩余数中的最小数*/
          if (a[j]<a[k]) k=j;                 /*最小数的位置用 k 记录*/
        if (k>i)
        {t=a[k]; a[k]=a[i]; a[i]=t;}          /*a[i]与 a[k]互换*/
```

```
    }
   printf("sorted 20 numbers:\n");
   for( i=0; i<20; i++)                    /*输出排序后的20个数*/
      {printf("%4.1f",a[i]);
       if ((i+1)%10==0)  printf("\n");}
}
```

运行结果：

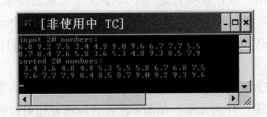

问题 1. 体育竞技场上，110 米跨栏比赛激烈地进行着：A 组 10 人的成绩已赛出；B 组 10 人的成绩也已公布；C 组 10 人正在进行。谁将是冠军呢？

问题 2. 数学软件中，有矩阵相加、矩阵转置的设计问题。如何用 C 语言编程实现？

这两个问题从形式上看，都把一批数据看成矩阵。问题 1 处理的是 3 行 10 列的矩阵，问题 2 处理的是任意行任意列的矩阵。现在，观察一维数组：int a[4]={1,2,3,4}，是不是可以把它看成是一行 4 列的矩阵？可以的。因为所有的一维数组都只有一行，故把行数省略了。而矩阵要求指明行数、列数，这就要用二维数组实现，那么，二维数组怎样定义？

6.2 二维数组的定义和引用

6.2.1 二维数组的定义

1. 二维数组定义的一般形式

类型说明符　数组名[常量表达式][常量表达式]；

例如：

　　int a[3][4];　 float b[5][7];

定义了一个 3×4(3 行 4 列)的整型数组 a，它有 12 个元素；一个 5×7(5 行 7 列)的实型数组 b，它有 35 个元素。

2. 对二维数组的理解

二维数组是一种特殊的一维数组(数组的数组)。
例如：

    int a[3][4];

a 为数组名，先看第一维，表明它是一个具有 3 个元素的特殊一维数组，三个元素分别是：a[0]、a[1]、a[2]，如何理解特殊呢？再看第二维，表明每个元素又是一个包含 4 个元素的一维数组，如 a[0]这个元素包含 4 个元素：a[0][0]、a[0][1]、a[0][2]、a[0][3]。如图 6.8 所示。

规定：二维数组中元素排列顺序是按行存放(指针继续讲解)，即在内存中先顺序存放第一行的元素，再存放第二行的元素，如图 6.8 所示为对 a[3][4]数组的存放顺序。

观察上面的二维数组 a，可发现第一维的下标变化慢，第二维的下标变化快。

```
       ┌  a[0] ── a[0][0]   a[0][1]   a[0][2]   a[0][3]
   a   │  a[1] ── a[1][0]   a[1][1]   a[1][2]   a[1][3]
       └  a[2] ── a[2][0]   a[2][1]   a[2][2]   a[2][3]
```

图 6.8 二维数组的存放

3. 多维数组

(1) 定义：类型说明符 数组名[常量表达式1][常量表达式2]……[常量表达式n];
例如：

    float a[2][3][4];

(2) 元素个数：第一维的长度×第二维的长度×……×第n维的长度。
上例中 a 数组的元素个数为：2×3×4=24。

(3) 下标变化：第一维变化最慢，最后一维下标变化最快。

在内存中的存放顺序：a[0][0][0]、a[0][0][1]、a[0][0][2]、a[0][0][3]、a[0][1][0]、a[0][1][1]、a[0][1][2]、a[0][1][3]、a[0][2][0]、a[0][2][1]、a[0][2][3]、a[1][0][0]、a[1][0][1]、a[1][0][2]、a[1][0][3]、a[1][1][0]、a[1][1][1]、a[1][1][2]、a[1][1][3]、a[1][2][0]、a[1][2][1]、a[1][2][2]、a[1][2][3]。

6.2.2 二维数组的引用

二维数组元素的表示形式：

    数组名[下标][下标]

下标值的取值范围应在已定义的数组大小的范围内，最小值为 0，最大值为该维的长度减 1。例如：

    int a[4][10];

行下标值最小是 0，最大是 4−1=3；而列下标值最小是 0，最大是 10−1=9。即可以有 a[2][3]、a[3][9]、a[0][6]等这样的元素，但是不能出现 a[4][5]、a[3][10]、a[4][10]这样的元素。

【例 6.6】 输入 A、B、C 三小组的体育比赛成绩。(将小组人数简化为 4 人)

```
main()
{ int a[3][4];              /*3 小组，每组 4 人，故为 3 行 4 列*/
  int i,j;                  /*i 表示行下标，j 表示列下标*/
    for (i=0; i<3; i++)     /*从第 1 小组开始，其行下标值初值为 0*/
      for (j=0; j<4; j++)   /*每组从第 1 人开始，其列下标值初值为 0*/
        scanf("%d",&a[i][j]); /*输入各组中各个人的成绩*/
    for (i=0; i<3; i++)
    { printf("%d: ",i+1);
      for (j=0; j<4; j++)
        printf("%4d",a[i][j]);
        printf("\n");}
}
```

运行结果：

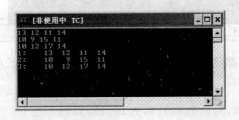

6.2.3 二维数组的初始化

二维数组初始化的方法如下。

(1) 分行给二维数组赋初值。

  int a[3][4]={{1,2,3,4},{5,6,7,8},{9,10,11,12}};

(2) 将所有数据写在一个花括弧内，按数组排列的顺序对各元素赋初值。

  int a[3][4]={1,2,3,4,5,6,7,8,9,10,11,12};

(3) 可以对部分元素赋初值。

  int a[3][4]={{1},{5},{9}};
  int b[3][4]={{1},{0,6},{0,0,11}};

$$\begin{bmatrix} 1 & 0 & 0 & 0 \\ 5 & 0 & 0 & 0 \\ 9 & 0 & 0 & 0 \end{bmatrix}$$
矩阵 a

$$\begin{bmatrix} 1 & 0 & 0 & 0 \\ 0 & 6 & 0 & 0 \\ 0 & 0 & 11 & 0 \end{bmatrix}$$
矩阵 b

此方法方便定义稀疏矩阵。

【例 6.7】 矩阵的加法。

```
main()
{ int a[3][4]={{1},{5},{9}};
```

```
        int b[3][4]={{1},{0,6},{0,0,11}};
        int c[3][4];
        int i,j;
        for (i=0; i<3; i++)              /*矩阵相加*/
          for (j=0; j<4; j++)
            c[i][j]=a[i][j]+b[i][j];
        for (i=0; i<3; i++)              /*输出和矩阵*/
         {for (j=0; j<4; j++)
            printf("%3d",c[i][j]);
          printf("\n");
         }
    }
```

运行结果：

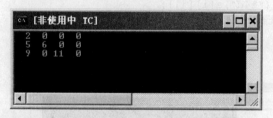

(4) 如果对全部元素都赋初值，则定义数组时对第一维的长度可以不指定，但第二维的长度不能省。

　　int a[3][4]={1,2,3,4,5,6,7,8,9,10;11,12};

与下面的定义等价

　　int a[][4]={1,2,3,4,5,6,7,8,9,10,11,12};

系统将根据花括弧中元素的个数和第二维的长度确定第一维的长度。如上例中，花括弧中元素个数为 12，第二维长度为 4，则

第一维的长度=⌈元素个数/第二维长度⌉=⌈12/4⌉=3。

又如：

　　int b[][3]={6,5,4,3,2,1};

第一维的长度=⌈元素个数/第二维长度⌉=⌈6/3⌉=2。

【例 6.8】 (问题 1) 体育竞技场上，110 米跨栏比赛激烈地进行着。A 组 10 人的成绩已赛出，B 组 10 人的成绩也已公布，C 组 10 人正在进行。谁将是冠军呢？

算法思想：(为简化问题，只写 3*4 矩阵中，求最大值的方法)

定义变量 max 存放最大值。按照二维数组下标的变化规律，从 a[0][0]到 a[2][3]依次比较，将较大者放入 max 中。比较结束，即找出最大者。

(1) 定义变量 max，先放入第 0 行第 0 列元素，即 max=a[0][0];

(2) 开始比较,i 代表行号,从 0 开始;

(3) j 代表列号,从 0 开始;

(4) 如果 a[i][j]>max,那么将 a[i][j]放入 max 中。即 max=a[i][j];

(5) 列号增加 1,即 j++;

(6) 若 j<4,转(4)继续比较。否则说明该行元素全部遍历完,下面需依次比较下一行元素,故行号增加 1,即 i++;

(7) 若 i<3,转(3)继续比较。否则说明所有元素均已遍历完,结束循环;

(8) max 的值即是最大者,输出 max。

$$\begin{bmatrix} 4 & 6 & 3 & 7 \\ 2 & 1 & 5 & 3 \\ 8 & 2 & 3 & 1 \end{bmatrix}$$

i=0; j=0;
a[i][j]=4,与 max 相等,max 值不变。
列号 j 增加 1,j=1<4,继续比较。　　　　　　　　　6
a[i][j]=6>max,max 值改变 max=a[i][j];　　　　max
列号 j 增加 1,j=2<4,继续比较。
a[i][j]=3<max,max 值不变。
列号 j 增加 1,j=3<4,继续比较。　　　　　　　　　7
a[i][j]=7>max,max 改变 max=a[i][j];　　　　　max
列号 j 增加 1,j=4,说明本行遍历结束,故内层循环结束。
行号 i 增加 1,i=1<3,继续比较。
列号 j=0。
a[i][j]=2<max,max 值不变。
列号 j 增加 1,j=1<4,继续比较。
……

这样依次进行下去,找到最大者,存放于 max 变量中,输出该变量的值即可。

N-S 图如图 6.9 所示。

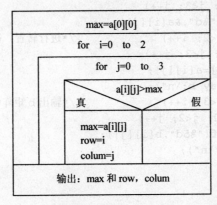

图 6.9　例 6.8 N-S 图

参考源代码：

```c
main()
{ int i,j,row=0,colum=0,max;
  int a[3][4]={{1,2,3,4},{9,8,7,6},{-10,10,-5,2}};
  max=a[0][0];
  for ( i=0; i<=2; i++)
    for ( j=0; j<=3; j++)
      if( a[i][j]>max)
        { max=a[i][j];
          row=i;
          colum=j;
        }
  printf("max=%d,row=%d,colum=%d\n",max,row,colum);
}
```

运行结果：

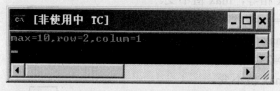

【例 6.9】 (问题 2)数学软件中，有矩阵相加、矩阵转置的设计问题。如何用 C 语言编程实现？

算法思想：

将行号和列号互换即可。

参考源代码：

```c
main()
  { int a[2][3],b[3][2];
    int i,j;
    printf("array a:\n");
    for (i=0; i<2; i++)              /*输入 a 矩阵*/
      for (j=0; j<3; j++)
        scanf("%d",&a[i][j]);
    for (i=0; i<2; i++)              /*进行转置，行号和列号互换*/
      for (j=0; j<3; j++)
        b[j][i]=a[i][j];
    printf("array b:\n");
    for (i=0; i<3; i++)              /*输出 b 矩阵*/
    {  for (j=0; j<2; j++)
         printf("%5d",b[i][j]);
       printf("\n");
    }
  }
```

运行结果：

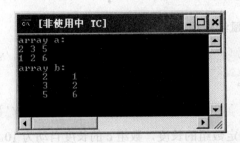

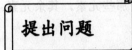

问题 1. 在使用 Word 输入英文的时候，总是会出现 Word 自动将小写字母转换成大写字母的情况，如："for (i=0; i<10; i++)" 总是变成 "for (I=0; I<10; I++)"，能否在 Word 中增加一个功能，将所有大写字符转换成小写字符？

问题 2. Word 中可统计各类字符的数目。如一篇文章中，英文字母、数字、空格以及其他字符的个数。C 能实现这个功能吗？试编程统计某字符串中英文字母的个数。

6.3 字符数组

存放数值型数据的数组为数值型数组，如整型、长整型、单精度型、双精度型数组；而存放字符数据的数组是字符数组，每个元素存放一个字符。C 语言没有字符串变量，所以要表示一个字符串时，可用字符数组实现(注意，字符串和字符数组是两个概念)。

6.3.1 字符数组的定义

定义方法同数值型数组。例如：

```
char c[10];          /*定义了一个字符数组 c，它有 10 个元素*/
c[0]='I'; c[1]=' '; c[2]='a'; c[3]='m'; c[4]=' '; c[5]='h'; c[6]='a';
c[7]='p'; c[8]='p'; c[9]='y';
```

该数组的下标从 0 到 9，数组元素值如图 6.10 所示。

c[0]	c[1]	c[2]	c[3]	c[4]	c[5]	c[6]	c[7]	c[8]	c[9]
I	□	a	m	□	h	a	p	p	y

图 6.10 字符数组

6.3.2 字符数组的初始化

(1) 定义时逐个字符赋给数组中各元素。

```
char c[10]={'I',' ','a','m',' ','h','a','p','p','y'};
```

(2) 可省略数组长度。

```
char c[]={'I',' ','a','m',' ','h','a','p','p','y'};
```

系统根据初值个数确定数组的长度，数组 c 的长度自动为 10。

(3) 若初值个数小于数组长度，则只将这些字符赋给数组中前面那些元素，其余元素自动为'\0'。

```
char c[10]={'s','h','a','n','d','o','n','g'};
```

数组状态如图 6.11 所示：

c[0]	c[1]	c[2]	c[3]	c[4]	c[5]	c[6]	c[7]	c[8]	c[9]
s	h	a	n	d	o	n	g	\0	\0

图 6.11 数组状态

(4) 二维字符数组的初始化。

```
char diamond[5][5]={{' ',' ','*'},{' ','*',' ','*'},{'*',' ',' ',' ','*'},{' ','*',' ','*'},{' ',' ','*'}};
char sanjiao[3][5]={{' ',' ','*'},{' ','*','*','*'},{'*','*','*','*','*'}};
```

思考：

这两个分别是什么图形？

6.3.3 字符数组的引用

【例 6.10】 输出问题 1 中的字符串"for(i=0; i<10; i++)"。

```
main()
{char c[]={'f','o','r','(',' ','i','=','0',';',' ','i','<','1','0',';',' ','i','+','+',')'};
  int i;
  for (i=0; i<20; i++)
    printf("%c",c[i]);
  printf("\n");
}
```

【例 6.11】 输出一个钻石图形。

```
main()
{ char diamond[5][5]={{' ',' ','*'},{' ','*',' ','*'},{'*',' ',' ',' ','*'},
{' ','*',' ','*'},{' ',' ','*'}};
```

```
    int i,j;
    for (i=0; i<5; i++)
     {for (j=0; j<5; j++)
       printf("%c",diamond[i][j]);
      printf("\n");
     }
```

思考：

仿照例 6.11 输出一个上三角形。(在第 5 章中，曾经用 for 循环实现。)

6.3.4 字符串和字符串结束标志

1. 字符串常量

用双撇号将若干字符括起来，即为字符串常量。如：

"I am a boy"   "a"   "123+123"

2. 字符串结束标志'\0'

字符串与字符数组不同，在内存中以'\0'作为一个字符串的结束标志。故字符串"I am happy"在内存中的存放形式，如图 6.12 所示。

c[0]	c[1]	c[2]	c[3]	c[4]	c[5]	c[6]	c[7]	c[8]	c[9]	c[10]
I	□	a	m	□	h	a	p	p	y	\0

图 6.12 存放形式

所以用字符数组

```
char c[11]={'I',' ','a','m',' ','h','a','p','p','y','\0'};
```

来存放字符串"I am happy"；而字符数组

```
char c[]={'I',' ','a','m',' ','h','a','p','p','y'};
```

是无法存放字符串"I am happy"的。

3. 字符串的长度与字符数组的长度

字符串的长度是指双引号中字符的个数，而字符数组的长度是指定义时方括弧中常量表达式的值。从图 6.12 中可知，字符串的长度为 10，字符数组 c 的长度为 11。可以得出一般结论：由于字符串有结束标志'\0'，故用字符数组存放字符串时，字符数组的长度至少为字符串的长度加 1。用字符数组存放字符串"ShanDong"，可以这样处理：

```
char str[9]="ShanDong";    或 char str[10]="ShanDong";
```

但

```
char str[8]="ShanDong";
```

是错误的。

约定：以后提到字符串的长度指的是有效字符串的长度，不包括'\0'。

4. 利用字符串常量使字符数组初始化

　　char c[]={"I am happy"}; 或　char c[]="I am happy";

由于省略数组长度，系统统计内存中该数组的元素个数为：字符串的长度加1(结束标志'\0')，则系统自动将数组c的长度定为11。

思考：

与 char c[]={"I am happy"};

char c[]={'I',' ','a','m',' ','h','a','p','p','y'};

char c[]={'I',' ','a','m',' ','h','a','p','p','y','\0'};

等价吗？

6.3.5 字符数组的输入/输出

字符数组的输入/输出与数值型数组的输入/输出不同，数值型数组只能逐个元素输入/输出，而字符数组的输入/输出有以下两种方法。

1. 逐个字符输入/输出

逐个字符输入/输出用"%c"格式符。

```
scanf("%c",&数组名[下标]);      /*输入字符*/
printf("%c",数组名[下标]);       /*输出字符*/
```

2. 将整个字符串一次输入或输出

将整个字符串一次输入或输出用"%s"格式符。

```
scanf("%s",数组名);              /*输入字符串*/
printf("%s",数组名);             /*输出字符串*/
```

例如，要获得字符串"LiuXiang"，可用以下两种方式。

```
main()
{ char name[10];
  int i;
  for (i=0; i<8; i++)
     scanf("%c",&name[i]);
  for (i=0; i<8; i++)
     printf("%c",name[i]);
}
```

```
main()
{ char name[10];
  scanf("%s",name);
  printf("%s",name);
}
```

运行结果均为：LiuXiang。

说明：(1) %c方式，输入/输出是逐个元素进行，同数值型数组是一样的，输入时，&数组元素；输出时，数组元素。在上例中：

```
scanf("%c",&name[i]);
printf("%c",name[i]);
```

(2) %s 方式，输入/输出是整体进行的，采用的是地址方式。C 语言规定，数组名代表该数组的起始地址。输入时，数组名；输出时，数组名。在上例中：

```
scanf("%s",name);          /*将字符串存放在以 name 为起始地址的存储单元中*/
printf("%s",name);
```

name 代表起始地址，系统根据该地址取出字符'L'输出，接着检查下一个存储单元的字符是'i'，输出，重复进行，当输出完'g'后，系统检测到下一个字符是结束标志'\0'，表明该字符串结束，停止输出。这也是为什么字符串要有结束标志的原因。系统执行情况如图 6.13 所示。

(3) 输出字符不包括结束符'\0'。
(4) 如果数组长度大于字符串，也只输出到遇'\0'结束。
(5) 如果一个字符数组中包含一个以上'\0'，则遇第一个'\0'时输出就结束。

例如：

```
char str[]="123\0yz";
printf("%s",str);
```

运行结果为：123

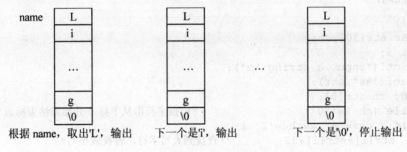

图 6.13 系统执行情况

解决问题

【例 6.12】（问题 1）在使用 Word 输入英文的时候，总是会出现 Word 自动将小写字母转换成大写字母的情况，如："for (i=0; i<10; i++)" 总是变成 "for (I=0; I<10; I++)"，能否在 Word 中增加一个功能，将所有大写字符转换成小写字符？

算法思想：

以输入字符串 for (I=0; I<10; I++)为例。

(1) 获取一个字符串，用字符数组 str 来存放。
(2) 设置一个字符变量 ch，存放第一个字符。i=0; ch=str[i];。
(3) 判断 ch 是否为结束标志'\0'，若不是，转(4)。若是，转(6)。

(4) 判断 ch 是否为大写字母，若是，变成小写。
(5) 下一个字符的情况。i++; 转(3)。
(6) 输出改变后的字符串。

N-S 图如图 6.14 所示。

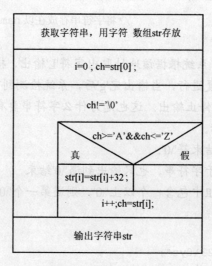

图 6.14　例 6.12 N-S 图

参考源代码：

```
main()
{ char str[30],ch;
  int i;
  printf("input a string:\n");
  scanf("%s",str);
  i=0; ch=str[0];
  while (ch !='\0')                /*扫描字符串从下标 0 开始到结束标志'\0'*/
  { if ( ch>='A' &&ch<='Z' )
      str[i]=str[i]+32;            /*查找到大写字符，转换成小写*/
    i++;
    ch=str[i];
  }
  printf("%s\n",str);
}
```

运行结果：

思考：

编写两个程序，其一将给定字符串的大写字母变成小写字母，其二将给定字符串的小写字母变成大写字母。

第6章 数　组

【例 6.13】 (问题 2)Word 中可统计各类字符的数目。如一篇文章中，英文字母、数字、空格以及其他字符的个数。C 语言能实现这个功能吗？试编程统计某字符串中英文字母的个数。

算法思想：
(1) 使用 gets 函数(关于 gets 函数 6.4 节详细介绍)获取字符串 str。
(2) 设置字符变量 ch，存放当前字符，设置计数器 n，初值均为 0。
(3) 开始遍历。i=0;　ch=str[i];。
(4) 当 ch!='\0'时，字符串没结束，转(5)，否则转(7)。
(5) 如果 ch 为英文字母，计数器 n 累加 1。
(6) 判断下一字符的情况。i++; 转(4)。
(7) 输出各种字符的个数 n。

N-S 图如图 6.15 所示。

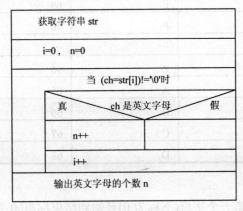

图 6.15　例 6.13 N-S 图

参考源代码：

```
#include <stdio.h>
main()
{ char str[80],ch; int i,n;
  gets(str);                    /*获取字符串 str*/
  i=n=0;
  while ((ch=str[i])!='\0')     /*扫描字符串*/
  {if ( ch>='A'&&ch<='Z'||ch>='a'&&ch<='z') n++;
   i++;
  }
  printf("English is%d\n",n);
}
```

运行结果：

问题的深化

【例 6.14】 (问题 3)破译密码，原文变密码的规则是字母 A 变成字母 E，a 变成 e，即变成其后的第 4 个字母，而 W 变成 A，X 变成 B，Y 变成 C，Z 变成 D。用 C 语言编程如何实现？

算法思想：

只分析大写字母的情况，见表 6-3。

表 6-3 字母转译表

原 文	ASCII 码值	译 文	ASCII 码值	规 律
A	65	E	69	65+4=69
B	66	F	70	66+4=70
…	…	…	…	…
V	86	Z	90	86+4=90
W	87	A	65	87+4−26=65
X	88	B	66	88+4−26=66
Y	89	C	67	89+4−26=67
Z	90	D	68	90+4−26=68

可以得到下规律。

(1) 扫描字符串，从第一个字符(下标为 0)开始到结束标志'\0'为止。

(2) 如果当前字符是大写字母或者是小写字母，做如下处理。

将其值加 4，再作判断。表 6-3 中的 A～V(原文字母)只加 4；而 W～Z(原文字母)加 4 后超出了字母表(均大于'Z')要作额外处理。

如果 ASCII 码值大于'Z'并且小于等于'Z'+4，减去 26。

(3) 扫描结束，输出译文。

参考源代码：

```
#include<stdio.h>
main()
{ char str[30],ch;       int i=0;      /*下标 i 初值为 0，从第一个字符开始*/
  gets(str);                            /*获取字符串，输入原文*/
  while ((ch=str[i])!='\0')             /*开始扫描，ch 存放当前字符，直到'\0'停止*/
  { if ((ch>='a' && ch<='z') || (ch>='A' && ch<='Z'))        /*是字母*/
    { ch=ch+4;                          /*加 4 处理*/
      if (ch>'Z' && ch<='Z'+4 || ch>'z')            /*后四个字母作额外处理*/
        ch=ch-26;                       /*减 26*/
    }
    str[i]=ch;                          /*将译文存入字符数组*/
    i++;                                /*处理下一个字符*/
  }
```

```
    printf("%s",str);
}
```

运行结果：

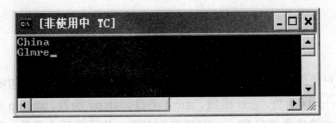

这是原文译成译文，下面找译文还原成原文的规律。见表 6-4。

表 6-4 译文转原文字母转译表

原文	ASCII 码值	译文	ASCII 码值	规律
E	69	A	65	69−4=65
F	70	B	66	70−4=66
…	…	…	…	…
Z	90	V	86	90−4=86
A	65	W	87	65−4+26=87
B	66	X	88	66−4+26=88
C	67	Y	89	67−4+26=89
D	68	Z	90	68−4+26=90

思考：

根据例 6.14 和表 6-4 写出译文还原成原文的程序代码。

问题 1. 联合国排名时，总是以国家的英文字母顺序排列，在一些社会上的考试中，也经常是以姓氏的英文顺序排考号。可否用 C 编程解决此类问题。如"Zhang"、"Wang"、"Li"、"Zhao"，谁在最前面？

问题 2. 这里是"挑战主持人"节目，题目是一个人说出一个词，另一个人将该词倒过来说，看谁说得快说得对。比如：呼和浩特，特浩和呼。假设要将这个节目开发成一款嵌入手机的游戏，如何用 C 语言编程实现？

相关知识点

6.4 字符串处理函数

为了方便用户使用，C 语言的函数库中提供一些用来处理字符串的函数。这里介绍常用的 6 个库函数：puts 函数、gets 函数、strcat 函数、strcpy 函数、strcmp 函数、strlen 函数。若程序中使用了字符串处理函数，一定要有头文件，使用前两个函数，用"stdio.h"；使用后四个函数，用"string.h"。

1. puts 函数

格式：puts(字符数组名);   /*小括弧中是数组名*/

作用：将一个字符串(以'\0'结束的字符序列)输出到终端。

例如：

```
char str1[]="china";
puts(str1);                    /*str1 是数组名*/
```

输出：china

```
char str2[]="Shandong\nJining";   /*包含转义字符*/
puts(str2);
```

输出：Shandong
　　　Jining

说明：使用该函数，需头文件"stdio.h"。

2. gets 函数

格式：

gets(字符数组名);   /*小括弧中是数组名*/

作用：从终端输入一个字符串到字符数组。

如已有：

char str[9];

执行下面的函数：

gets(str);   /*str 是数组名*/

从键盘上输入：Computer。

那么将字符串"Computer"送给字符数组 str。

思考：

(1) 字符数组的长度为什么必须不少于 9？为什么不能是 8？

字符串"Computer"的长度是 8，但字符数组还要存放一个结束标志'\0'，故字符数组的长度必须不少于9，一般在定义字符数组时，选定的长度都大于要处理的字符串的长度。

(2) gets 函数可以从终端获取一个字符串，"%s" 格式也可以从终端获取字符串，两者有何区别？执行下面两个程序：

```
#include<stdio.h>
main()
{ char str1[20];
  gets(str1);
  puts(str1);
}
```

```
#include<stdio.h>
main()
{ char str2[20];
  scanf("%s",str2);
  puts(str2);
}
```

执行第一个程序，输入：How are you?
运行结果：How are you?
执行第二个程序，输入：How are you?
运行结果：How

分析可得："%s" 输入时，以空格结束；gets 函数输入时，以 Enter 结束。换句话说，如果要处理的字符串包含空格字符，那么必须用 gets 函数获取这个字符串。

说明：使用该函数，需头文件 "stdio.h"。

3. strcat 函数

格式：strcat(字符数组1，字符串2) /*第一个必须是数组名，第二个可以是数组名*/
                                    /*也可以是字符串常量*/

作用：连接两个字符数组中的字符串，把字符串2 接到字符串1 的后面，结果放在字符数组1 中。例如：

```
char str1[20]={"Beijing□"};
char str2[]="Shanghai";
printf("%s",strcat(str1,str2));
```

输出：Beijing□Shanghai

连接前后的状态见图 6.16 和图 6.17。

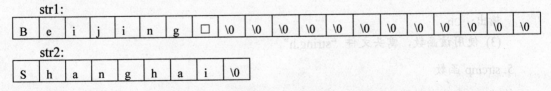

图 6.16 连接前

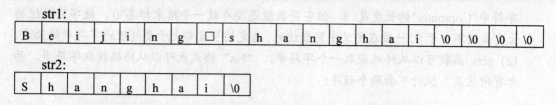

图 6.17 连接后

定义字符数组1时改用

```
str1[]={"Beijing□"};
```

是不允许的。如果这样定义，字符数组 str1 的长度系统默认为 9，而连接后要将字符串 2 接到字符串 1 后，存放在字符数组 1 中，新串的长度是 16，字符数组的长度至少要求是 17，现在只有 9，放不下新串，出错。故定义时，字符数组 1 要足够大，以便容纳连接后的新字符串。

说明：使用该函数，需头文件 "string.h"。

4. strcpy 函数

格式：

strcpy(字符数组1，字符串2)   /*第一个必须是数组名，第二个可以是数组名，也*/
                             /*可以是字符串常量*/

作用：将字符串 2 复制到字符数组 1 中去。例如：

```
char str1[10],str2[]="China";
strcpy(str1,str2);
puts(str1);
```

输出：China

说明：(1) 不能用赋值语句将一个字符串常量或字符数组直接给一个字符数组。

str1="China"; ×   str1=str2; ×

(2) 可以将字符串 2 中前面若干字符复制到字符数组 1 中去。例如：

```
strcpy(str1,str2,2);
puts(str1);
```

输出：Ch

(3) 使用该函数，需头文件 "string.h"。

5. strcmp 函数

格式：strcmp(字符串1，字符串2)   /*两个均可以是数组名，也可以是字符串常量*/
作用：比较字符串 1 和字符串 2。
字符串比较的规则：自左至右逐个字符相比(按 ASCII 码值大小比较)，直到出现不同的字符或遇到'\0'为止。

例如：

"A"<"B"　　　"a">"A"　　　"Zhang">"Wang"　　　"net"=="net"

比较的结果由函数值带回。

(1) 如果字符串 1==字符串 2，函数值为 0。

(2) 如果字符串 1>字符串 2，函数值为正整数。

(3) 如果字符串 1<字符串 2，函数值为负整数。

问题：程序段完成的功能是若两个字符串相等，输出 yes。

```
if ( str1==str2 ) printf("yes");        ×
if ( strcmp (str1,str2)==0) printf("yes");   √
```

说明：使用该函数，需头文件"string.h"。

6. strlen 函数

格式：strlen(字符数组)   /*可以是数组名，也可以是字符串常量*/

作用：测试字符串的长度。函数值为字符串的实际长度，不包括'\0'。

例如：

```
char str[10]="China";
printf("%d",strlen(str));
```

输出：5

而字符数组 str 的长度为 10。

说明：使用该函数，需头文件"string.h"。

解决问题

【例 6.15】(问题 1) 联合国排名时，总是以国家的英文字母顺序排列，在一些社会上的考试中，也经常是以姓氏的英文顺序排考号。可否用 C 编程解决此类问题。如"Zhang"、"Wang"、"Li"、"Zhao"，谁在最前面？

该问题实质是字符串比大小，选出最小者。

算法思想：

(1) 设置 4 个字符数组分别存放这 4 个姓。设置 min 数组存放最小者。

(2) 将字符串 1 放入 min 数组中。

(3) min 数组与字符串 2 比较，若字符串 2<min 则将字符串 2 放入 min 数组。

(4) min 数组与字符串 3 比较，若字符串 3<min 则将字符串 3 放入 min 数组。

(5) min 数组与字符串 4 比较，若字符串 4<min 则将字符串 4 放入 min 数组。

(6) 输出 min 数组。

可用选择结构 if 语句来完成，请参考教材第 4 章例题 4.4 的例子。也可用循环结构，这时需设置一个 4*20 的二维数组存放 4 个字符串，如图 6.18 所示采用的是循环结构。

N-S 图如图 6.18 所示。

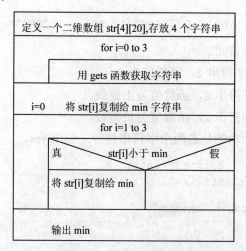

图 6.18 例 6.15 N-S 图

参考源代码：

```
#include <stdio.h>
#include <string.h>
main()
{ char str[4][20],min[20];  int i;
  for ( i=0; i<4; i++)
   gets(str[i]);
  strcpy(min,str[0]);
  for ( i=1; i<4; i++)
   if ( strcmp(str[i],min )<0)
      strcpy(min,str[i] );
 printf("the smallest string is:\n%s\n",min);
}
```

运行结果：

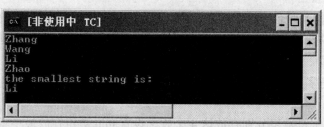

【例 6.16】 (问题 2)这里是"挑战主持人"节目，题目是：一个人说出一个词，另一个人将该词倒过来说，看谁说得快说得对。例如：呼和浩特，特浩和呼。假设要将这个节目开发成一款嵌入手机的游戏，如何用 C 语言编程实现？

该问题的实质是将字符串逆置，将第一个字符变成最后一个，第二个字符变成倒数第二个，以此类推。

例如：

字符串　　abcdefg

下标　　　0123456
转置　　　str[0]与 str[6]交换
　　　　　str[1]与 str[5]交换
　　　　　str[2]与 str[4]交换

共交换了3次，完成得到：gfedcba。

推知一般情况：假设字符串的长度为 len，第一个字符到最后一个字符的下标从 0 到 len−1。将 str[0]与 str[len−1]交换，str[1]与 str[len−1−1]交换，str[2]与 str[len−1−2]交换，……，str[i]与 str[len−1−i]交换。交换次数为字符串长度的一半。

算法思想：
(1) 利用 gets 函数获取字符串 str。
(2) 求字符串的长度，用变量 len 存放。
(3) 用 for 循环实现转置。i 为下标，从 0 变到 len/2，将 str[i]与 str[len−1−i]交换。
(4) 输出字符串 str。

参考源代码：

```
#include<stdio.h>
#include<string.h>
main()
{ char str[20],t; int i,len;
  gets(str);                /*获取字符串 str*/
  len=strlen(str);          /*求字符串的长度*/
  for (i=0; i<len/2; i++)   /*字符串逆置*/
    { t=str[i];
      str[i]=str[len-1-i];
      str[len-1-i]=t;
    }
  puts(str);                /*输出逆置后的字符串*/
}
```

运行结果：

问题的深化

【例6.17】 (问题3)将问题1中的4个姓氏按顺序排列(由小到大)，如何用 C 语言实现？

这是排序问题。对于数值型的排序，前边已介绍过，这是对 4 个字符串进行排序。算法思想是一样的，只是字符串不能直接比较，不能直接赋值。如实现"如果字符串1>字符串2，则将字符串1与字符串2互换"的功能，程序段如下：

```
if (strcmp(str1,str2)>0)
```

```
    { strcpy(str,str1);    strcpy(str1,str2);    strcpy(str2,str); }
```

参考源代码:

```c
#include <stdio.h>
#include <string.h>
main()
{ char str1[20],str2[20],str3[20],str4[20],k[20];
  gets(str1);  gets(str2); gets(str3); gets(str4);
  if (strcmp(str1,str2)>0)
  { strcpy(k,str1); strcpy(str1,str2); strcpy(str2,k);}
  if (strcmp(str1,str3)>0)
  { strcpy(k,str1); strcpy(str1,str3); strcpy(str3,k);}
  if (strcmp(str1,str4)>0)
  { strcpy(k,str1); strcpy(str1,str4); strcpy(str4,k);}
  if (strcmp(str2,str3)>0)
  { strcpy(k,str2); strcpy(str2,str3); strcpy(str3,k);}
  if (strcmp(str2,str4)>0)
  { strcpy(k,str2); strcpy(str2,str4); strcpy(str4,k);}
  if (strcmp(str3,str4)>0)
  { strcpy(k,str3); strcpy(str3,str4); strcpy(str4,k);}
  puts(str1); puts(str2); puts(str3); puts(str4);
}
```

此方法类似第 4 章选择结构对 4 个整数排序,只是将 a>b 换成 strcmp(str1,str2)>0 而已。另一方法是利用所学的冒泡法排序。源程序如下。

```c
#include<stdio.h>
#include<string.h>
main()
{ char str[4][20],temp[20];   int i,j;
  for (i=0; i<4; i++)              /*获取 4 个字符串*/
    gets(str[i]);
  for (i=0; i<3; i++)              /*冒泡法排序*/
    for (j=0; j<3-i; j++)
      if ( strcmp(str[j],str[j+1])>0 )
      { strcpy(temp,str[j]);
        strcpy(str[j],str[j+1]);
        strcpy(str[j+1],temp);
      }
  for (i=0; i<4; i++)              /*输出排序后的 4 个字符串*/
    puts(str[i]);
}
```

运行结果:

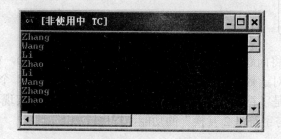

第6章 数 组

【例 6.18】 (问题 4)有一段英语文章,统计有多少单词。

算法思想:

设置一个计数器,将字符串从头到尾遍历一遍,把出现单词的地方统计出来。程序中 i 作为循环变量,num 用来统计单词个数,word 作为判断是否单词的标志,若 word=0,表示未出现单词,如出现单词 word 就置成 1。

在程序中主要解决两个问题:新单词从什么地方开始,从什么地方结束。

单词的数目可以由空格出现的次数决定(连续的若干个空格作为出现一次空格,一行开头的空格不统计在内)。如果测出某一个字符为非空格,而它的前面的字符是空格,则表示"新的单词开始了",此时使 num(单词数)累加 1。如果当前字符为非空格而其前面的字符也是非空格,则意味着仍然是原来那个单词的继续,num 不应再累加 1。前面一个字符是否空格可以从 word 的值看出来,若 word=0,则表示前一个字符是空格;如果 word=1,意味着前一个字符为非空格。可以用图 6.19 表示。

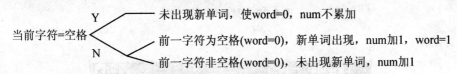

图 6.19 例 6.18 图

例如:如果输入为"I am a boy.",对每个字符的有关参数的状态见表 6-5。

表 6-5 有关参数状态

当前字符		I		a	m		a		b	o	y	.
是否空格	是	否	是	否	否	是	否	是	否	否	否	否
Word 原值	0	0	1	0	1	1	0	1	0	1	1	1
新单词开始否	未	是	未	是	未	未	是	未	是	未	未	未
word 新值	0	1	0	1	1	0	1	0	1	1	1	1
num 值	0	1	1	2	2	2	3	3	4	4	4	4

N-S 图如图 6.20 所示。

参考源代码:

```c
#include <stdio.h>
main()
{ char string[81];
  int i,num=0,word=0;
  char c;
  gets(string);                                  /*获取字符串*/
  for (i=0; (c=string[i])!='\0'; i++ )           /*扫描字符串*/
  if (c==' ') word=0;          /*是空格,单词标志为 0,表示不是单词*/
  else if ( word==0 )   /*不是空格且单词标志为 0,意味着新单词的开始*/
  { word=1;                                      /*单词标志为 1,表示是单词*/
    num++;                                       /*单词个数+1*/
  }
 printf("There are %d words in the line.\n",num);
}
```

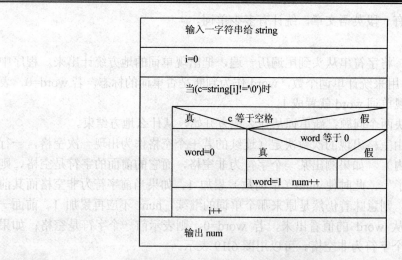

图 6.20 例 6.18 N-S 图

运行结果：

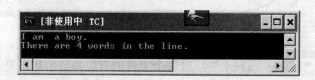

6.5 本章小结

本章共有四个知识点：分别是一维数组的定义和引用、二维数组的定义和引用、字符数组的定义和引用以及常用的字符串函数。

本章的重点是：一维数组的定义和引用、二维数组的定义和引用、字符数组的定义和引用。

1. 一维数组的定义和引用

(1) 一维数组的定义。
类型说明符　数组名[常量表达式]；
其中：数组名后必须用方括弧[ ]，用其他括弧均错误。
常量表达式的值为数组的长度，即元素的个数，其值必须是能计算出具体数值且不改变的常量，不能是变量。
(2) 一维数组的引用：数组元素逐一地引用。
数组名[下标]；
数组元素的表示采用下标法，其中下标值的范围下界为 0，上界为数组的长度减 1。
可以使用循环语句通过键盘给一维数组各元素赋值。
如：int a[10],i;
　　for(i=0;i<10;i++)
　　scanf("%d",&a[i]);

注意：数组元素引用时，不要超出数组范围。在此例中可以引用的数组元素为 a[0]…a[9]，a[10] 不是本数组元素。

(3) 一维数组的应用：主要解决排序问题(冒泡法和选择法)、求最值问题和查找问题等。

2. 二维数组的定义和引用

(1) 二维数组的定义。

类型说明符数组名[常量表达式1][常量表达式2]；

其中常量表达式1的值为第一维的长度，常量表达式2的值为第二维的长度。元素个数为第一维长度乘第二维长度。

(2) 二维数组中元素存放顺序：先存放第一行的元素，再存放第二行的元素，以此类推。

(3) 二维数组的引用：数组元素逐一地引用。

数组名[下标1][下标2]；

其中下标1的值的范围下界为 0，上界为第一维长度减 1；下标 2 的值的范围下界为 0，上界为第二维长度减 1。

注意：数组元素引用时，不要超出数组范围。

如：int a[3][4]; //可以引用的数组元素为 a[0][0]…a[2][3]，a[3][4]和 a[1][4]等不是本数组元素。

可在双重循环控制下，通过键盘给二维数组各元素赋值。

如：int a[3][4],i,j;
    for(i=0;i<3;i++)
    for(j=0;j<4;j++)
    scanf("%d",&a[i][j]);

(4) 二维数组的应用：主要解决矩阵求值问题、稀疏矩阵的表示、矩阵的加法、矩阵的转置及输出特殊矩阵(九宫图、杨辉三角等)。

3. 字符数组的定义和引用

(1) 字符数组的定义。

char 数组名[常量表达式]；其意义同一维数组，只是类型说明符固定为 char。

(2) 字符数组的引用。

由于字符数组处理的是字符串，故有两种输入输出方式。

① 逐个字符输入/输出。用格式符%c 输入输出一个字符，往往与循环结合使用。

如： char c1[10];
    for(i=0;i<7;i++)   scanf("%c",&c1[i]);
    ……
    for(i=0;i<7;i++)   printf("%c",c1[i]);

② 将整个字符串一次输入/输出，用格式符%s。

如： char c1[10];

```
        scanf("%s",c1);      //数组名代表数组的首地址
        ……
        printf("%s",c1);
```
(3) 字符数组的初始化。

① 逐字符赋值。

如　　char　c1[10]={'w','e','l','c','o','m','e'};

但下面这样是错误的：

char　c1[10];

c1={'w','e','l','c','o','m','e'};

② 字符串赋值和字符串结束标志。

如　　char　c1[10]="welcome";

但下面这样是错误的：

char　c1[10];

c1="welcome";

注意：系统会自动在字符串末尾加一个结束标志'\0'，所以，定义字符数组时需要在字符个数基础上，多定义一个字节存储空间，用于存放结束标志。同时，对字符串进行访问操作时，系统根据结束标志判断一个字符串的结束。另外要注意区分字符串的长度和字符串所占的存储空间数这两个概念。字符串的长度指所包含的有效字符的个数。如"abc"的长度是3，"a+9&c"的长度是5，"a\\b\065"的长度是4，"a\\b\097"的长度是3。而字符串所占的存储空间数等于字符串的长度加1。

(4) 字符数组的应用。

C语言程序设计没有字符串变量，对字符串的操作用字符数组来实现。常用的操作有字符串的查找与替换、字符串的复制、字符串的逆置，以及统计字符串中各类字符的个数等。

4. 字符串处理函数

gets 函数：从键盘获取一个字符串。

puts 函数：输出一个字符串。

strlen 函数：求字符串的长度。

strcat 函数：连接两个字符串。

strcpy 函数：字符串的复制。

strcmp 函数：字符串的比较。

注意：字符串不能通过赋值语句进行赋值，str1=str2 是错误的。如果想获得这种效果，可采用复制函数：strcpy(str1,str2);。

字符串不能用比较运算符直接比较大小，str1>str2 是错误的。如果想获得这种效果，可采用比较函数：strcmp(str1,str2)>0;。

若程序中使用字符串处理函数，一定要用预处理命令包含相关的头文件，使用前两个函数，必须包含"stdio.h"头文件，使用后四个函数，必须包含"string.h"头文件。

第 7 章 函 数

函数是 C 语言程序的基本单位。一个 C 语言源程序至少包含一个 main 函数，当然也可以包含其他若干个自定义函数。前面接触的程序都是用一个主函数 main 来完成的，那么为什么还要引用其他函数来实现程序的功能呢？这主要是因为只包含一个 main 函数的程序，结构不够清晰，不易实现程序的模块化，特别是对功能复杂的程序。

本章内容
(1) 函数的基本概念和函数的定义方法。
(2) 函数的调用、函数参数和函数的值。
(3) 函数的嵌套调用。
(4) 函数的递归调用。
(5) 数组做函数参数。
(6) 变量的类型：全局变量和局部变量，静态存储变量和动态存储变量。
(7) 函数的分类：外部函数和内部函数。

提出问题

问题 1. ATM 机取款时，当输完卡号和密码后，进入如下的操作界面。

```
* * * * * * * * * * * * * * * * * * *
        请选择业务，输入 0 或 1,2,3:_
            0:余额查询
            1:取款
            2:改密
            3:电子转账
* * * * * * * * * * * * * * * * * * *
```

请编程显示此界面。

问题 2. 编写 C 语言程序实现：求两个整数中的最大值。

相关知识点

7.1 函数的定义、函数参数和函数值

7.1.1 C 语言对函数的规定

C 语言对函数做出如下规定。

(1) 一个 C 语言程序由一个或多个源程序文件组成。
(2) 一个源程序文件由一个或多个函数组成。
(3) C 语言程序的执行从 main 函数开始，到 main 函数结束。
(4) 所有函数都是平行的，函数不能嵌套定义。
(5) 函数按使用角度分为标准函数、自定义函数。
(6) 函数按形式分为无参函数、有参函数。

7.1.2 函数的定义

1. 函数定义的一般形式

```
类型说明符 函数名(形参类型 形参名,形参类型 形参名,……,形参类型 形参名)
{   声明部分
      语句
   return 语句
}
```

函数由函数首部和函数体两部分组成。

(1) 函数首部主要由三部分构成。

① 类型说明符为函数类型，取决于返回值的类型。

② 函数名的命名规则等同变量名的命名规则。

③ 在函数定义中，小括弧中的参数称之为形参，定义时应分别指明类型，形参与形参之间用逗号隔开。

(2) 函数体主要由三部分构成。

① 声明部分：定义若干变量，用以帮助形参实现该函数的功能。

② 若干语句：实现该函数的功能。

③ return 语句：带回一个返回值，返回值的类型应与函数类型一致。

2. 函数定义的一些表现形式

(1) 无参函数的定义形式。

```
类型说明符 函数名()
{ 声明部分
    语句
}
```

"类型说明符"为函数类型，即函数返回值的类型，可以是整型、实型等类型；"函数名"的命名规则同变量名；"小括弧"是空的，说明没有任何参数；"大括弧"是函数体，实现该函数的功能。

(2) 有参函数的定义形式。

```
类型说明符 函数名(形参列表)
{ 声明部分
    语句
}
```

"小括弧"中是形参,可以有一个,也可以有多个。函数体中最后一个语句通常是 return 语句,其作用是带回一个返回值。

(3) 空函数的定义形式。

```
类型说明符 函数名()
{ }
```

"小括弧"中是空的;"大括弧"中也是空的。此函数没有任何实际功能,只是为将来扩充新功能提供方便。

说明:(1) 函数类型原则上要求与 return 后表达式类型一致,如不一致,表达式类型会强制转换成函数类型;如果函数的确不需要返回值,则函数类型设为 void 型,如后面的 printstar 函数和 printf_message 函数,函数首部可写为:

```
void printstar()
void print_message()
```

(2) return 语句作用是带返回值到函数调用处;将流程返回函数调用处。(如果该函数不需要返回值,那么可以省略 return,最后的"大括弧"也具有将流程返回调用处的功能。)

(3) 如何确定一个函数是否需要返回值?即是否需要 return 语句,首先要看函数功能,然后再看函数调用语句是否被主调函数所使用,如果函数调用语句是一个独立语句,就不需要返回值,函数类型为 void 型;如果函数调用语句在主调函数中是表达式或语句的一个成分,则需要返回值,返回值类型决定函数类型。

【例 7.1】 求两个整数的最大公约数。

该函数的功能是求任意两个整数的最大公约数,定义两个形参 x 和 y,均是整型,表示求 x 和 y 的最大公约数;求得的结果(最大公约数)也是整型,这是需要返回的结果,故函数类型为整型;函数名命名为 gcd。得到如下函数。

```
int gcd(int x,int y)
{ int z;          /*求得的最大公约数用 z 存放*/
```

实现函数功能的语句

```
  return (z);      /*return 语句带回返回值*/
}
```

【例 7.2】 判断给定的三个整数能否构成三角形。

该函数的功能是求任意三个正整数能否构成三角形,定义三个形参 a、b 和 c,均是整型,表示 a、b 和 c 能否构成三角形;求得的结果用 1 表示"能",用 0 表示"不能",也是整型,故函数类型为整型;函数名命名为 Tri。得到如下函数。

```
int Tri(int a,int b,int c)
{ int t;          /*t 存放判定结果*/
  实现判断是否构成三角形的功能语句
  return (t);
}
```

【例 7.3】 判断某数是否为素数。

该函数的功能是判断任意一个整数是否为素数,定义一个形参 n,类型为整型,表示判断 n 是否为素数;求得的结果用 1 表示"是",用 0 表示"否",也是整型,故函数类型为整型;函数名命名为 prim。得到如下函数。

```
int prim(int n)
{ int m;              /*m用来存放结果*/
  实现判断素数功能,判断结果若是"是",m值为1;判断结果若是"否",m值为0。
  return (m);
}
```

结论:C 语言程序由函数组成,至少有一个 main 函数;并且程序从 main 函数开始执行,到 main 函数结束。

7.2 函数的调用

1. 函数调用的一般形式

  函数名(实参列表);

函数调用时,小括弧中的参数称之为实参。

形式为:

  实参1,实参2,……

其顺序、类型、个数应与形参的一致。

2. C 程序的一般结构

形式一:

```
函数类型 函数名 (形参列表)      /*函数定义*/
{ 函数体
  return 语句
}
main()
{ 语句
  函数名(实参列表);            /*函数调用*/
  语句
}
```

形式二:

```
函数类型 函数名 (形参列表);     /*函数声明*/
main()
{ 语句
  函数名(实参列表);            /*函数调用*/
  语句
}
函数类型 函数名 (形参列表)      /*函数定义*/
{ 函数体
```

return 语句
}

这里的程序是由两个函数组成：main 函数和一个自定义函数。当然也可以由更多的函数构成，但是要注意函数的定义是平行的，即定义完一个函数，再定义另一个函数。函数的书写位置可以是随意的，但是主调函数如果在被调函数前面出现，就像形式二，这时就要有函数声明语句。

函数声明语句的形式为：

函数类型 函数名（形参列表）；

解决问题

【例 7.4】(问题 1) ATM 机取款时，当输完卡号和密码后，会进入如下的操作界面：

```
* * * * * * * * * * * * * * * *
    请选择业务，输入 0 或 1,2,3:_
        0:余额查询
        1:取款
        2:改密
        3:电子转账
* * * * * * * * * * * * * * * *
```

请编程显示此界面。

算法思想：

(1) 打印 "*" 的函数。

该函数的功能是输出若干个 "*"，没有返回值，则函数类型设为 void；函数名命名为 printstar；不需要参数，小括弧中是空的，故得到如下函数：

```
void printstar()
{
 printf("* * * * * * * * * * * * * * * *\n");
}
```

(2) 打印信息的函数。

该函数的功能是输出五行操作提示信息，没有返回值，则函数类型为 void；函数名命名为 print_message；不需要参数，小括弧中是空的，故得到如下函数：

```
void print_message()
{
  printf("    请选择业务，输入 0 或 1,2,3:_\n");
  printf("        0:余额查询\n");
  printf("        1:取款\n");
  printf("        2:改密\n");
  printf("        3:电子转账\n");
}
```

这两个函数均是无参函数。而且也没有返回值，即没有 retrun 语句，都是在函数体中直接输出结果。

参考源代码:

```
void printstar();                    /*函数声明*/
void print_message();
main()
{ printstar();                       /*调用 printstar 函数*/
  print_message();                   /*调用 print_message 函数*/
  printstar();                       /*调用 printstar 函数*/
}
void printstar()                     /*定义 printstar 函数*/
{
 printf("* * * * * * * * * * * * * * * * *\n");
}
void print_message()                 /*定义 print_message 函数*/
{
  printf("          请选择业务，输入 0 或 1,2,3:_\n");
  printf("               0:余额查询\n");
  printf("               1:取款\n");
  printf("               2:改密\n");
  printf("               3:电子转账\n");
}
```

运行结果:

【例 7.5】(问题 2)编写 C 语言程序实现两个整数中的最大值。

算法思想:

(1) 两个整数求最大值：该函数是有参函数，定义两个形参 x、y，均是整型；从 x、y 中找到最大者，这是需要返回的结果，故函数类型也是整型。

可得函数的首部:

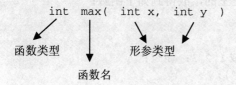

(2) 写出函数体，实现两个数求最大值。

```
int max( int x, int y )
{ int z;
  z=x>y?x:y;            /*z 为 x,y 中的最大者*/
```

```
    return (z);
}
```

函数体中，return (z)的作用是将 z 的值作为返回值带回主调函数中，即将最大值带回。

```
int max(int x,int y);          /*函数声明*/
main()
{ int a,b,c;
  a=12; b=34;
  c=max(a,b);                  /*函数调用*/
  printf("max=%d\n",c);
}
int max ( int x, int y )       /*函数定义*/
{ int z;
  z=x>y?x:y;
  return (z);
}
```

3. 说明

(1) 形参是在定义函数时放在函数名后括号中的参数。在未进行函数调用时，并不对形参分配内存单元。在发生函数调用时，立刻给形参分配内存单元。调用结束后，释放掉形参所占的内存单元。

(2) 实参是一个具有确定值的表达式。函数在调用时，将实参赋给形参。

例如，主函数调用 max(a,b)，这时，a、b 为实参，a 的值为 12，b 的值为 34。在被调用函数定义中，int max (int x, int y)中的 x、y 为形参，在 max 被调用时，系统给 x、y 这两个形参分配了内存单元。之后，a 的值 12 赋给 x，b 的值 34 赋给 y。

(3) 实参的个数及类型应与形参的一致，赋值时前后对应关系不会改变。下面画出主函数与 max 函数，调用与被调用时参数传递关系，如图 7.1 所示。

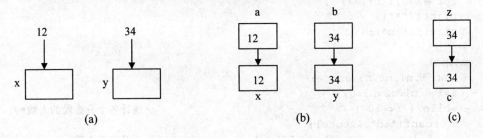

图 7.1 参数传递关系

① 主函数开始执行，定义变量 a、b、c，给 a、b 赋初值。
主函数执行下述语句时，

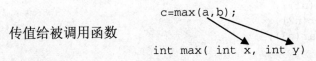

传值给被调用函数

② a 的值 12 传给 x，b 的值 34 传给 y。a 和 b 为实参，x 和 y 为形参。
被调用函数开始执行，定义变量 z，z 存放最大值。

被调用函数执行下述语句时，

$$\text{return (z);}$$

带返回值 z 到主函数处，

$$c=\max(a,b);$$

z 的值 34 传给 c，主函数继续执行，输出最大值。例 7.5 的执行完毕。

问题的深化

【例 7.6】 (问题 3)设某班 50 人，写一 C 语言程序统计某成绩各分数段的分布人数，每人的成绩随机输入，并要求按下面格式输出统计结果("*"表示实际分布人数)。

```
0—59         *
60—84        **
85—100       *****
```

算法思想：

(1) 定义一个输出 n 个 "*" 的函数。

(2) 在 main 函数中统计各分数段的人数，分别用 n1、n2、n3 来存放。

(3) 在函数调用时，n1 作实参，传给形参 n，输出 0～59 的分布人数；n2 作实参，传给形参 n，输出 60～84 的分布人数；n3 作实参，传给形参 n，输出 85～100 的分布人数。

参考源代码：(为简化问题，求 10 个人的成绩分布)

```c
#include <stdio.h>
void star(int n)
{ int i;
  for (i=0;i<n;i++)
  printf("*");
  printf("\n");
}
main()
{ int i,n1,n2,n3,score;
  i=1;  n1=n2=n3=0;
  while ( i<=10 )                                    /*统计各个分数段的人数*/
  { scanf("%d",&score);
    if (score>=0&&score<=59) n1++;                   /*不及格者人数*/
    else if (score>=60&&score<=84) n2++;             /*良好人数*/
    else if (score>=85&&score<=100) n3++;            /*优秀人数*/
    i++;
  }
  printf("0--59"); star(n1);
  printf("60--84"); star(n2);
  printf("85--100"); star(n3);
}
```

运行结果：

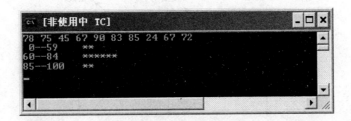

执行过程：

(1) 输入 10 个人成绩，统计各分数段的人数得：n1 为 2，n2 为 6，n3 为 2。

(2) 执行函数调用语句 star(n1);。

① 实参向形参传送值。

② 形参 n 获得值 2，开始执行 star 函数。

③ star 函数输出 2 个 "*"。

④ star 函数执行结束返回主调函数 main。

(3) main 函数继续执行，执行函数调用语句 star(n2);。

① 实参向形参传送值。

② 形参 n 获得值 6，开始执行 star 函数。

③ star 函数输出 6 个 "*"。

④ star 函数执行结束返回主调函数 main。

(4) main 函数继续执行，执行函数调用语句 star(n3);。

重复上述步骤，直至程序结束。

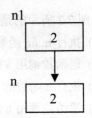

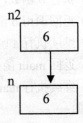

问题 1.5 个小朋友排着队猜年龄，第 1 个小朋友 10 岁，其余的年龄一个比一个大 2 岁，请问第 5 个小朋友的年龄是多大？

7.3 函数的嵌套调用

嵌套调用的定义：C 语言的函数调用可以嵌套，即在调用一个函数的过程中，可以再调用另一个函数，如图 7.2 所示。

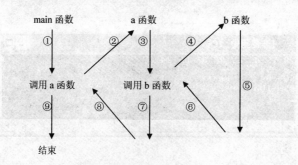

图 7.2 函数的嵌套调用

如图 7.2 所示的是两层嵌套(包括 main 函数共 3 层函数)，其执行过程如下。
(1) 执行 main 函数的开头部分；
(2) 遇函数调用 a 的操作语句，流程转去 a 函数；
(3) 执行 a 函数的开头部分；
(4) 遇函数调用 b 的操作语句，流程转去 b 函数；
(5) 执行 b 函数，如果再无其他嵌套的函数，则完成 b 函数的全部操作；
(6) 返回调用 b 函数处，即返回 a 函数；
(7) 继续执行 a 函数中尚未执行的部分，直到 a 函数结束；
(8) 返回 main 函数中调用 a 函数处；
(9) 继续执行 main 函数的剩余部分直到程序结束。

例如：

```
int f1(int n)
{ int y;
  if (n>5) y=f2(n);
   else y=2*n;
  return (y);
}
int f2(int m)
{ int x;
  x=2*m;
  return (x);
}
main()
{ int a;
  scanf("%d",&a);
  printf("%d\n",f1(a));
}
```

输入 8，分析程序的执行过程和运行结果如下。
(1) 从 main 函数开始执行，执行到函数调用 f1(a)；
(2) 实参 a 向形参 n 传递值；
(3) 形参 n 获得值 8，执行 f1 函数；
(4) 由于 n>5 成立，执行函数调用语句：y=f2(n)；

(5) 实参 n 向形参 m 传递值；
(6) 形参 m 获得值 8，执行 f2 函数；
(7) f2 函数的执行结果 x 为 16，将 16 返回值带回主调函数 f1；
(8) f1 函数继续执行，y 为 16，将 16 返回值带回主调函数 main；
(9) main 函数继续执行，输出结果 16；
(10) 碰到"}"，程序执行结束。

7.4 函数的递归调用

1. 递归调用的定义

在调用一个函数的过程中，又出现直接或间接地调用该函数本身，称为函数的递归调用。

2. 递归的方式

递归分为直接递归和间接递归两种方式。

如图 7.3 所示是直接递归，f 函数在执行过程中又调用 f 本身；如图 7.4 所示是间接递归，f1 函数在执行过程中调用 f2 函数，f2 函数在执行过程中又调用 f1 函数。

在没有任何限制条件下，这样递归调用会无休止地进行下去，出现死循环，最后死机。那么怎样才能避免这种情况呢？方法就是设置递归出口。

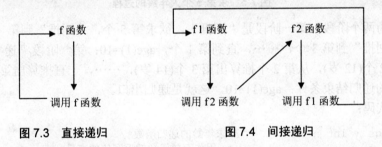

图 7.3　直接递归　　　　　图 7.4　间接递归

【例 7.7】(问题 1)5 个小朋友排着队猜年龄，第 1 个小朋友 10 岁，其余的年龄一个比一个大 2 岁，请问第 5 个小朋友的年龄是多大？

算法思想：

设 age(n)是求第 n 个人的年龄，那么，根据题意，可知：

```
age(5)=age(4)+2
age(4)=age(3)+2
age(3)=age(2)+2
age(2)=age(1)+2
```

age(1)=10

可以用数学公式表述如下：

$$age(n)=\begin{cases}10 & (n=1)\\ age(n-1)+2 & (n>1)\end{cases}$$

如图 7.5 所示求第 5 个人年龄的过程。

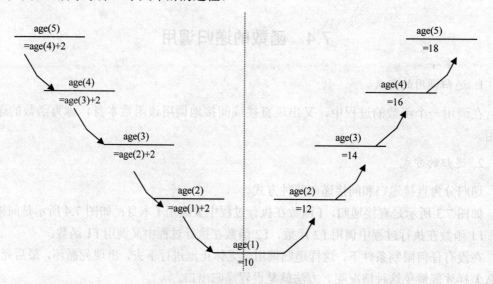

图 7.5　求第 5 个人年龄的过程

递归分为两个阶段：第一阶段是"回推"，欲求第 5 个，"回推"到第 4 个，而第 4 个未知，"回推"到第 3 个，……，直到第 1 个，age(1)=10；第二阶段"递推"，从第 1 个推算出第 2 个(12 岁)，从第 2 个推算出第 3 个(14 岁)，……，一直推算出第 5 个(18 岁)。

问题 1 的递归结束条件：age(1)=10，这就是递归出口。

参考源代码：

```
int age ( int n )         /*求年龄的递归函数*/
{ int c;                  /*c 用作存放函数的返回值的变量*/
  if ( n==1 ) c=10;
  else c=age(n-1)+2;
  return  c;
}
main()
{
  printf("age(5)=%d",age(5));
}
```

运行结果：

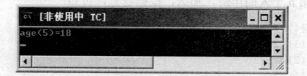

【例7.8】 求 1+2+3+…+n 的和。

算法思想：

采用递归方法求 1+2+3+…+n 的和。

假设 sum(n)的功能是求前 n 项的和，若求出前 n−1 项的和，则前 n−1 项的和加第 n 项即为前 n 项的和。

该问题的递归公式：

$$sum(n)=\begin{cases}1 & (n=1)\\ sum(n-1)+n & (n>1)\end{cases}$$

n 为 1 时，函数值为 1 是递归出口。

参考源代码：

```c
int sum(int n)
{ int y;
  if (n==1) y=1;
   else y=sum(n-1)+n;
   return (y);
}
main()
{ int n;
  scanf("%d",&n);
  printf("%d\n",sum(n));
}
```

运行结果：

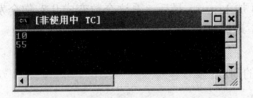

【例7.9】 求 n！。

算法思想：

采用递归方法求 n！。

假设 Fia(n)的功能是求 n!，若求出(n−1)!，则(n−1)!与 n 的积即为 n！。

该问题的递归公式：

$$Fia(n)=\begin{cases}1 & (n=1 \text{ 或 } n=0)\\ Fia(n-1)*n & (n>1)\end{cases}$$

n 为 1 或 0 时，函数值为 1 是递归出口。

参考源代码：

```c
long Fia(int n)
{ long y;
```

```
    if (n==1 || n==0) y=1;
     else y=Fia(n-1)*n;
    return (y);
}
main()
{ int n;
  scanf("%d",&n);
  printf("%ld\n",Fia(n));
}
```

运行结果：

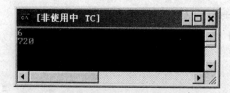

思考：

仿写程序采用递归方法，求斐波拉契数列 1，1，2，3，5，8，…的前 20 项。

问题的深化

【例 7.10】 (问题 2) 在第五届"数学趣味竞赛"中，主持人对参赛者说，给你一个整数，若它是偶数，将它除以 2；若它是奇数，将它乘以 3 加 1。得到的结果再继续判断，是偶数，除以 2；是奇数，乘以 3 加 1……，最后，看这个数变成几？你会发现，不管给你的是什么数，最终它都会变成 1。现编程验证如下。

算法思想：

这是"角谷猜想"的问题。

(1) 输入一个整数 n；

(2) 如果 n 是 1，转(4)结束，否则转(3)；

(3) 如果 n 是偶数，n=n/2，否则 n=n*3+1，转(2)；

(4) 输出 n。

可以看出 n=1 是递归出口。

递归公式：

$$f(n)=\begin{cases} 输出 1 & (n=1) \\ f(n/2) & (n>1 \text{ 且是偶数}) \\ f(n*3+1) & (n>1 \text{ 且是奇数}) \end{cases}$$

参考源代码：

```
    int f(int n);
    main()
    { int n;
```

```
    printf("input a number:");
    scanf("%d",&n);
    if (n==1) printf("end=%d\n",n);
    else f(n);
}
int f(int n)
{ if (n%2==0) n=n/2;
  else n=n*3+1;
  if (n==1) printf("end=%d\n",n);
  else f(n);
}
```

运行结果：

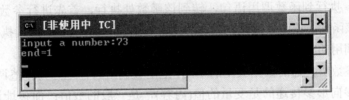

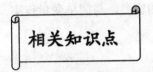

问题1. 某电脑公司销售部年底进行产品销售统计。现需根据产品每月的销售额(万元)统计出全年的销售总额，用 C 语言该如何解决这个问题？

问题2. Word 中的查找、替换功能。编写 C 语言程序实现：将给定字符串中所有的大写字母替换成相应的小写字母。

7.5 数组作为函数参数

7.5.1 变量存取的实质

变量一旦被定义，系统就会为它分配一个内存单元，并同时获得一个地址；而变量名就是该内存地址的一个符号标志。在程序中从变量中取值，实际上就是通过其变量名找到相应的内存地址，从其存储单元中来读取数据。

例如，有这样一条语句"a=b;"，其执行过程是在内存中找到 b 的地址，根据地址(假设是3000)取出 b 的值(假设是5)，再找到 a 地址(假设是4000)，将值5送入地址为4000的存储单元，这样才完成该语句，如图7.6所示。

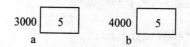

图 7.6 变量的存取

为了更好地理解这个抽象的问题,可以形象地把内存单元称为房间,把变量的值称为房间的内容,把地址称为房间的钥匙。

7.5.2 函数调用的两种方式

前面已经学习了函数的定义方法和函数的调用形式,熟悉了程序的执行过程:从 main 函数开始执行,执行到函数调用语句,转到该函数处执行,首先进行参数(实参向形参)传递,然后执行该函数,该函数执行完,返回到主调函数 main,main 继续执行直至结束。由此可见,函数调用的精髓就是对应参数之间的数据的传递。

根据函数参数所传递的数据类型的不同,把函数调用具体地分为传值调用和传址调用。传值调用,实参向形参传递的是变量的值(内容),是一般的数值;而传址调用,实参向形参传递的是变量的地址,是存取变量的钥匙。实际上,传址就是传值方式的一个特例,本质还是传值,只是此时传递的是一个地址数据值。

而前面使用的所有函数,其参数均是简单变量:int 型、float 型、char 型等,因此这种调用传递的只是一般的数值,属于传值方式。

本节将介绍另一种参数类型——数组(构造类型)。

7.5.3 数组元素作为函数实参

数组元素实际上就是该类型的一个简单变量,如有一整型数组 a 定义:int a[10];,则其中的数组元素 a[1]就是一个整型变量,所以,数组元素作为函数的实参,与简单变量作实参一样,是"传值调用"。

【例 7.11】 交换数组中任意两个元素的大小。

```
void swap1( int x,int y)
{ int t;
 t=x;    x=y;    y=t;              /*交换 x 和 y 的值*/
 printf(" In swap x=%d,y=%d\n",x,y);
}
main()
{ int a[]={3,5,2};                 /*定义数组 a,a[1]值为 5,a[2]值为 2*/
  printf("Before swap a[1]=%d,a[2]=%d\n",a[1],a[2]);  /*输出交换前的 a[1]*/
                                                      /*和 a[2]的值*/
  swap1(a[1],a[2]);                                   /*调用交换函数*/
  printf("After swap a[1]=%d,a[2]=%d",a[1],a[2]);     /*输出交换后的 a[1]*/
                                                      /*和 a[2]的值*/
}
```

分析程序的执行过程:

(1) 从 main 开始执行,输出 a[1]=5,a[2]=2。

(2) 执行到函数调用 swap1(a[1],a[2])，进行实参向形参的值传递。

(3) 形参 x 获得值 5，形参 y 获得值 2，开始执行 swap1 函数。

(4) swap1 函数利用 t 将 x 和 y 的值互换，x 的值为 2，y 的值为 5，输出 x=2，y=5。

(5) swap1 函数执行完，返回到主调函数 main。

(6) main 继续执行，输出 a[1]=5,a[2]=2，执行过程如图 7.7 所示。

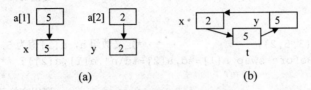

(a)   (b)

图 7.7 例 7.11 的程序执行过程

运行结果：

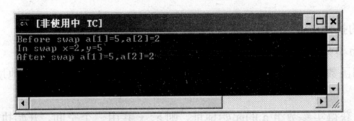

实参向形参作值传递，形参在函数的执行过程中虽然发生了变化，如在上例中 x 和 y 的值互换，但是这种变化并不影响实参，对应实参的值并没有改变。因此，"传值调用" 相当于把 A 房间的东西复制一份搬到 B 房间，那么在 B 房间内，不管你怎样随心所欲，对 A 房间都没有任何影响，所改变的只是 B 房间而已。

传值的实质：实参的数值————▶形参的数值(单向传递)。

7.5.4 数组名作为函数实参

C 语言规定数组名代表数组的首地址。所以，在函数调用时，把数组名作为函数实参进行参数传递，实质上就是把该数组的首地址传给了形参，这称为传址调用。下面将通过例子具体地说明传址调用方式。

1. 一维数组名作函数实参

(1) 数组名代表数组的首地址。

(2) 数组名作函数实参，传递的是数组的首地址，称为传址调用。

(3) 数组名作函数实参，根据函数调用的规则，实参、形参必须数量、类型一致，所以，形参也必须是数组，但形参数组可以指定大小，也可以不指定大小，而且也可以小于实参数组的大小，这时形参数组只取实参数组的一部分，其余部分不起作用。因为，C 编译系统对形参数组大小不作检查，只是将实参数组的首地址传给形参数组。

(4) 传址调用机制：当函数调用时，传递实参数组首地址给形参数组，系统并不给形参数组分配存储空间，形参数组与实参数组共用存储空间，因此，形参数组中元素的改变，就是实参数组中元素的改变，具有双向性。

(5) 传址调用往往不需要返回值,因为传递的是地址,那么就可能通过实参参数所指向的空间间接返回数值。

【例7.12】 改进例7.11,实现数组中任意两个元素的真正交换。

```
void swap2( int x[3])
{ int t;
  t=x[1];   x[1]=x[2];    x[2]=t;                  /*交换x[1]和x[2]的值*/
}
main()
{ int a[]={3,5,2};                                 /*定义数组a,a[1]值为5,a[2]值为2*/
  printf("Before swap a[1]=%d,a[2]=%d\n",a[1],a[2]); /*输出交换前的a[1]*/
                                                     /*和a[2]的值*/
  swap2(a);                                        /*调用交换函数*/
  printf("After swap a[1]=%d,a[2]=%d",a[1],a[2]);  /*输出交换后的a[1]*/
                                                     /*和a[2]的值*/
}
```

分析程序的执行过程:

(1) 从 main 开始执行,输出 a[1]=5, a[2]=2。

(2) 执行到函数调用 swap2(a),实参是数组名,表示数组 a 的起始地址,是"传址"方式。

(3) 形参 x 获得实参数组 a 的起始地址,则 a、x 共用一个空间,开始执行 swap2 函数。

(4) swap2 函数中,利用 t 将形参数组 x[1]和 x[2]的值互换,其实就是交换对应实参数组 a[1]和 a[2]的值。

(5) swap2 函数执行完,返回到主调函数 main。

(6) main 继续执行,输出 a[1]=2,a[2]=5,程序结束。

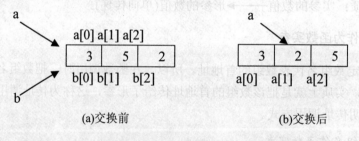

(a)交换前   (b)交换后

运行结果:

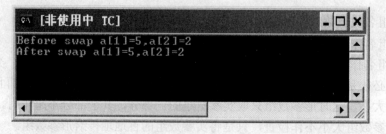

说明:在例7.12中,实参a是数组名,表示数组a的起始地址,将其传送给形参x,即将a房间的钥匙给了x数组,x的活动(对x数组两个元素进行交换)实质就是在a房间进

行的。当 x 活动完，交回房间钥匙，再看 a 房间就是交换后的结果。

解决问题

【例 7.13】(问题 1) 某电脑公司销售部年底进行产品销售统计。现需根据产品每月的销售额(万元)统计出全年的销售总额，用 C 语言该如何解决这个问题？

算法思想：实现数组元素求和。

主调函数 main，程序的入口，主要操作如下。

(1) 将产品每月的销售额(万元)用数组 a 存放，有 12 个元素。
(2) 并依次输入每月的销售额给数组的每个元素。
(3) 调用函数来实现数组所有元素的求和，即全年的销售总额。
(4) 调用返回后，输出结果。

被调用函数 sum，依次对数组中的各元素累加求和。

参考源代码：

```
#include<stdio.h>
float sum(float b[],int n)
{int i;
 float s=0.0;
 for (i=0; i<n; i++)
     s+=b[i]; /*将b[i]累加至s,求和*/
 return s;
}
main()
{ float a[12],total;
  int i;
  printf("input 12 numbers:\n");         /*输入12个数*/
  for ( i=0; i<12; i++)
    scanf ("%f",&a[i]);
  printf("\n");
  total= sum(a,12);                       /*调用sum函数，数组名做实参*/
  printf("The total returns is %.2f", total);
}
```

分析程序的执行过程：

(1) 从 main 函数开始执行，输入 12 个数分别给 a 数组元素。

(2) 执行到函数调用 sum(a,12)。

(3) 参数传递，实参是数组名，表示数组 a 的起始地址，并传送给形参，是"传址"方式，形参得到的是 a 房间钥匙。

(4) 执行 sum 函数，对这 12 个数累加求和。

(6) sum 函数执行完，将 s 的值(总销售额)返回到主调函数 main。

(7) main 函数继续执行，输出结果。

运行结果：

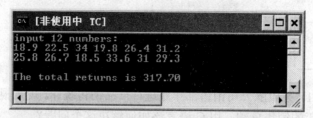

【例 7.14】 (问题 2) Word 中的查找、替换功能。编写 C 语言程序实现：将给定字符串中所有的大写字母替换成相应的小写字母。

算法思想：

主调函数 main，程序的入口，包含如下的主要操作。

(1) 使用 gets 函数获取一个字符串，用字符数组 str 来存放。

(2) 使用 puts 函数输出处理前的字符串。

(3) 调用函数来实现字符串中的大写字母变成小写字母。

(4) 调用返回后，再次输出处理后的字符串。

被调用函数 search，包含主要的操作：

(1) 扫描字符串 s，从第一个字符(下标为 0)开始到结束标志'\0'为止。

(2) 如果当前字符是大写字母，处理变成对应的小写字母(+32)。

(3) 扫描结束，返回调用处。

参考源代码：

```
#include<stdio.h>
#include<string.h>
void search(char s[])
{int i;
 for (i=0;s[i]!='\0'; i++)              /*从第一个字符开始扫描，直到'\0'停止*/
   if(s[i]>='A'&&s[i]<='Z')  s[i]+=32;  /*将s[i]的大写字母变成小写字母*/
}
main()
{ char str[30];
  printf("请输入一个字符串：\n");
  gets(str);
  printf("请输出这个字符串：\n");
  puts(str);
  search(str);                          /*调用 search 函数，数组名作实参*/
  printf("请输出处理后的字符串：\n");
  puts(str);
}
```

分析程序的执行过程：

(1) 从 main 函数开始执行，输入一个字符串给 str 数组。

(2) 执行到函数调用 search(str)。

(3) 参数传递，实参是数组名，表示数组 str 的起始地址，并传送给形参 s，是"传址"

方式。所以，形参数组 s 就是对应 str 的空间。

(4) 执行 search 函数，将 s(str)字符串中的大写字母变成小写字母。
(6) search 函数执行完，返回到主调函数 main。
(7) main 函数继续执行输出，直至结束。

运行结果：

```
E:\Debug\b.exe
请输入一个字符串：
I aM A stUDENT.HOW ARE you?FIme,THANK You!WHAT Is THis?iT'S a pEN.
请输出这个字符串：
I aM A stUDENT.HOW ARE you?FIme,THANK You!WHAT Is THis?iT'S a pEN.
请输出处理后的字符串：
i am a student.how are you?fime,thank you!what is this?it's a pen.
```

注意：字符数组名作实参时，系统会从数组名的首地址开始处理字符串，直到遇到字符串结束符'\0'自动结束。

思考：

根据上例，仿写程序将给定字符串中的字母 o 变成数字 0。

问题的深化

【例 7.15】 (问题 3) 体育课上，20 个学生正在测试 100m，老师把成绩一一记录下来。现在将学生由快到慢排序，用 C 语言程序该如何实现？

算法思想：

主调函数 main，程序的入口，包含如下的主要操作。
(1) 将 20 个学生的成绩用数组 a 存放，有 20 个元素。
(2) 输出排序前的成绩，即输出 a 数组 20 个元素值。
(3) 调用函数来实现学生成绩的排序，即对数组排序。
(4) 输出排序后的成绩，即调用返回后，输出 a 数组 20 个元素值。
被调用函数 sort，用起泡法对数组元素排序。

参考源代码：

```c
#include<stdio.h>
void sort(float b[],int n)
{int i,j;
 float t;
 for (j=0; j<n-1; j++)              /*起泡法排序  n个数进行n-1趟*/
     for (i=0; i<n-1-j; i++)         /*第j趟，比较n-j次*/
         if(b[i]>b[i+1])              /*b[i]>b[i+1]为真*/
         { t=b[i]; b[i]=b[i+1]; b[i+1]=t; }    /*将b[i]与b[i+1]对换*/
}
main()
```

```
{ float a[20];              /*将20个数给a[0]到a[19]*/
  int i;
  printf("input 20 numbers:\n");  /*输入20个数*/
  for ( i=0; i<20; i++)
    scanf ("%f",&a[i]);
  for (i=0; i<20; i++)            /*输出排序前的20个数*/
    printf("%5f",a[i]);
  printf("\n");
  sort(a,20);                     /*调用sort函数，数组名实参*/
  for (i=0; i<20; i++)            /*输出排序后的20个数*/
    printf("%5f",a[i]);
}
```

分析程序的执行过程：(为简化问题，输入5个整数)

(1) 从main函数开始执行，输入5个整数分别给a数组的5个元素。

(2) 输出排序前的5个数。

(3) 执行到函数调用sort(a,5);。

(4) 参数传递，实参是数组名，表示数组a的起始地址(假设是2000)，将2000传送给形参，是"传址"方式，形参得到的是房间钥匙。

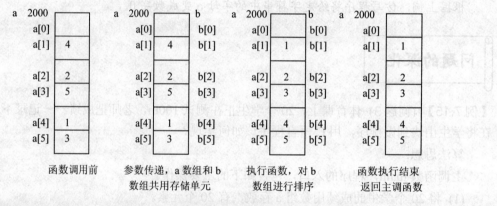

(5) 执行sort函数，对这5个数进行排序，得到由小到大的顺序。

(6) sort函数执行完，返回到主调函数main。

(7) main函数继续执行，输出排序后的5个数。

故结果为：

```
4 2 5 1 3
1 2 3 4 5
```

对于例7.15输入10个数，进行排序。

运行结果：

第7章 函数

思考：

根据上例，仿写程序对从序号为5开始的10位学生的成绩进行排序。

结论： 传址调用，实参地址传递给形参，形参中的改变就是相应实参中的改变，可以理解成双向的。

即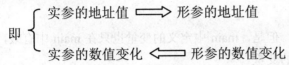

7.6 局部变量和全局变量

根据变量作用范围的不同，可将变量分为局部变量和全局变量。前面接触的变量都是在函数内部定义的，只在本函数内有效，均是局部变量。而全局变量的作用域是从定义开始到本源文件结束。

7.6.1 局部变量

1. 定义

局部变量是指定义在函数内部或程序块内的变量，局部有效，也称为内部变量。

2. 作用域

局部变量为块(复合语句{})作用域，即从定义点开始到所在块结束。

3. 局部变量种类

(1) 函数体内定义的变量，在本函数范围内有效，作用域局限于函数体内。
(2) 在复合语句内定义的变量，在本复合语句范围内有效，作用域局限于复合语句内。
(3) 有参函数的形式参数也是局部变量，只在其所在的函数范围内有效。

例如：

```
    double  fun1(int x,int y)  /*x, y, m, n 局部变量, 在 fun1 函数内有效(作用域*/
                               /*fun1 函数)*/
    {
      int m,n;
        }
        int  fun2(char ch)     /*ch, a, b 局部变量, 在 fun2 函数内有效(作用域*/
                               /*fun2 函数)*/
        {
            int a,b;           /*与 main 函数中的 a、b 同名不同义*/
            ......
        }
    main()
    {
            int a,b;           /*a, b 局部变量, 在 main 函数内有效(作用域 main 函数)*/
```

```
......
   {  int x,y;            /*x,y 局部变量,在复合语句中有效(作用域复合语句)*/
   ......
   }
}
```

4. 说明

(1) 函数 main 虽然是程序的主体,但是,main 中定义的变量也只在 main 中有效,而且,main 也不能使用其他函数中定义的变量。

(2) 不同函数中和不同的复合语句中可以定义(使用)同名变量。因为作用域不同,程序运行时在内存中占据不同的存储单元,各自代表不同的对象,所以互不干预,即同名不同作用域的变量是不同的变量。

【例 7.16】 不同函数中同名不同义的变量。

```
void f1(int n)      /*n 是形参,为局部变量,作用域在 f1 函数内*/
{ int m;            /*m 是局部变量,作用域在 f1 函数内,与 main 中的 m 同名不同义*/
  if (n>100) m=n-10;
   else m=n+11;
  printf("%d\n",m);
}
main()
{ int m;            /*m 是局部变量,作用域在 main 函数内*/
  scanf("%d",&m);
  printf("%d\n",m);
  f1(m);
}
```

运行结果:

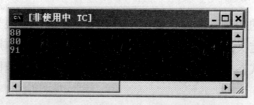

【例 7.17】 不同复合语句(程序段)中同名不同义的变量。

```
main()
{ int x,y;
  x=10; y=20;
  printf("%d,%d\n",x,y);    /*x、y 局部变量,在 main 函数内有效*/
                            /*输出 x,y 的值,结果为:10,20*/
  { int y=10;               /*复合语句中定义 y,此 y 不同于大括弧外先定义的 y,其值*/
                            /*为 10*/
    x=y+5;                  /*x 值为 10+5,得 15*/
    printf("%d,%d\n",x,y);  /*输出 x,y(新定义的 y),结果为:15,10*/
  }
  printf("%d,%d\n",x,y);    /*输出 x,y(先定义的),结果为:15,20*/
}
```

分析：x 在 main 函数的所有地方均有效，而 y 由于复合语句中又定义了新 y，故先定义的 y 在复合语句中不起作用，只在复合语句之外有效。而新 y 只在复合语句中有效。

运行结果：

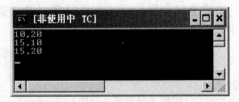

(3) 局部变量所在的函数被调用或执行时，系统临时给相应的局部变量分配存储单元，一旦函数执行结束，则系统立即释放这些存储单元。所以在各个函数中的局部变量所起作用的时刻是不同的。

7.6.2 全局变量

1. 定义

全局变量是指定义在所有函数之外的变量，也称为外部变量。

例如：

```
int max;                    /*max 定义在所有函数前，是全局变量*/
    int f1( int n )
    {……
    }
    void f2()           ⎫
    {……                │
    }                   ⎬  max 的使用范围
    main()              │
    {……                │
    }                   ⎭
```

又如：

```
int f1(int n)
    {……
    }
    int max;                /*max 定义在各个函数之间，是全局变量*/
    void f2()           ⎫
    {……                │
    }                   ⎬  max 的使用范围
    main()              │
    {……                │
    }                   ⎭
```

2. 作用域

从定义全局变量的位置起到本源文件结束为止。

3. 说明

(1) 使用全局变量的作用是为了增加函数间数据相互联系的渠道。例如，当有多个返回值需要带回时，可以使用全局变量。

(2) 使用全局变量时，一定要小心！因为全局变量在程序的全部执行过程中都有效，一个函数的使用会影响到其他函数的使用。

(3) 在同一个范围内，如果全局变量与局部变量同名，局部变量优先于全局变量。

【例 7.18】 全局变量的使用。

```
int a=3;            /*a 为全局变量，作用范围从定义到源文件结束*/
void f()
{ a++;       /*全局变量 a*/
  printf("%d\n",a);    /*输出全局变量 a 的值*/
}
main()
{ f();
  a*=6;                    /*全局变量 a*/
  printf("%d",a);/*输出全局变量 a 的值*/
}
```

运行结果：

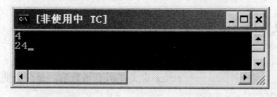

【例 7.19】 全局变量与局部变量同名。

```
int a=3,b=5;          /*a、b 为全局变量，作用范围从定义到源文件结束*/
int max(int a,int b)  /*a、b 为局部变量，只在 max 函数内有效*/
{
  return a>b?a:b;    /*起作用的是形参 a、b，而不是全局变量 a、b，同名不同义*/
}
main()
{ int a=8;                    /*a 为局部变量，作用范围在 main 函数内*/
  printf("%d",max(a,b));  /*起作用的是局部变量 a 和全局变量 b*/
}
```

运行结果：

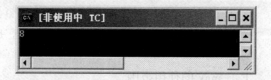

7.7 动态存储变量和静态存储变量

7.7.1 变量的存储类别

1. 变量的生存期

(1) 定义：指变量值存在的时间长短。

(2) 根据变量生存期的不同，可以将变量分为动态存储变量和静态存储变量。

2．变量的存储方式

(1) 动态存储方式：是指在程序运行期间根据需要动态分配存储空间的存储方式，即需要时给存储空间，不需要时就释放，如形参。

(2) 静态存储方式：是指在程序运行期间分配固定的存储空间的存储方式，如全局变量。

3．变量的存储类别

(1) 定义：是指在内存中存储的方法。

(2) 根据变量的作用域和生存期不同，可以将变量分为以下四类存储类别，见表 7-1。

表 7-1 变量的存储类别

存 储 类 别	作 用 域	生 存 期	存 储 位 置
auto	局部	动态	内存
register	局部	动态	寄存器
static	局部	静态	内存
extern	全局	静态	内存

7.7.2 局部变量的存储方式

1. auto 变量

(1) 默认存储类别。函数内、复合语句中定义的局部变量和形参均是 auto 型，属于局部变量的范畴；但是过去使用的这些变量并没有说明为 auto 型，那是因为"auto"可以省略，会被隐含确定为自动变量。

例如，在函数体中：

```
auto int a,b=2;
                  }二者等价
int a,b=2;
```

(2) 自动变量所在的函数或复合语句执行时，系统动态为相应的自动变量分配存储单元，当自动变量所在的函数或复合语句执行结束后，自动变量失效，它所在的存储单元被系统释放，原来的自动变量的值不能保留下来。若对同一函数再次调用时，系统会对相应的自动变量重新分配存储单元，是动态的。

2. register 变量

register 变量与 auto 类似，是 C 语言使用较少的一种局部变量的存储方式。该方式将局部变量存储在 CPU 的寄存器中，寄存器比内存操作要快很多，所以可以将一些需要反复操作的局部变量存放在寄存器中，也是动态的。

注意：CPU 的寄存器数量有限，如果定义了过多的 register 变量，系统会自动将其中的部分改为 auto 型变量。

3. static 变量

(1) 被定义为 static 类型的局部变量，具有固定的存储空间，即使调用结束，其存储空间也不被释放，是静态的；

(2) 被定义为 static 类型的局部变量，是在编译时赋初值，即只赋初值一次，以后每次调用函数时，不再重新赋初值而只是保留上次函数调用结束时的值；

(3) 如在定义局部变量时不赋初值，则对 static 类型的变量来说，编译时自动赋初值 0 (对数值型变量) 或 '\0' (空字符，对字符型变量)。

【例 7.20】 static 的作用。

```
#include<stdio.h>
int f(int a)
   {auto int b=0;      /*自动，auto 可省*/
    static int c=3;    /*静态，值保留*/
    b++;
    c++;
    return (a+b+c);
   }
main()
   {int a=2,i;         /*自动，默认 auto*/
    for(i=0;i<3;i++)
      printf("%d ",f(a));
   }
```

运行结果：

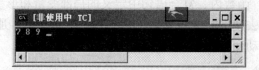

调用值变化见表 7-2。

表 7-2　调用值变化

	调用时初值			调用结束时的值			
	a	b	c	a	b	c	a+b+c
1	2	0	3	2	1	4	7
2	2	0	4	2	1	5	8
3	2	0	5	2	1	6	9

4. extern 变量

在引用全局变量时如果使用 "extern" 声明全局变量，可以扩大全局变量的作用域。这样，在一个源文件中，定义点之前的函数也可以使用该全局变量，其作用域扩大到整个源文件；在多个源文件中，可以扩大到其他源文件中。

【例7.21】 extern 的作用。

```
int max(int x,int y)
{
 return x>y?x:y;
}
main()
{extern int a,b;        /*外部变量说明*/
 printf("%d",max(a,b));
}
int a=13,b=-8;          /*外部变量定义*/
```

运行结果：

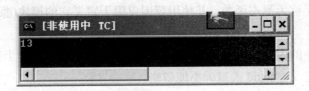

7.7.3 全局变量的存储方式

(1) 全局变量全部是静态存储的。

C 语言中，全局变量的存储都是采用静态存储方式，即在编译时就为相应的全局变量分配了固定的存储单元，且在程序执行的全过程始终保持不变。全局变量赋初值也是在编译时完成的。

(2) 没有必要为说明全局变量是静态存储而使用关键词 static。

如果要说明全局变量的存储是静态方式，是不需要使用关键词 static 的，因为全局变量天生是静态存储。如果使用 static 说明全局变量，其含义不再是静态存储，而有另外的含义。

(3) 全局变量的 extern 声明及令人困惑的全局变量的 static 定义。

① 全局变量的 static 定义，不是说明"此全局变量要用静态方式存储"(全局变量天生全部是静态存储)，而是说，这个全局变量只在本源文件有效(文件作用域)。

② 如果没有 static 说明的全局变量就是整个源程序范围有效(真正意义上的全局)。也就是说，变量的作用域有分程序(复合语句)作用域、函数作用域、文件(模块)作用域和整个程序作用域。

③ 在引用全局变量时如果使用"extern"声明全局变量，可以扩大全局变量的作用域。例如，扩大到整个源文件(模块)，对于多源文件(模块)可以扩大到其他源文件(模块)。

7.8 内部函数和外部函数

7.8.1 内部函数

1. 定义

内部函数是指只能被本源文件(模块)中的各个函数所调用，不能为其他模块中函数所调用的函数。

2. 格式

在定义内部函数时，在函数名和函数类型前面加 static。即

    static 类型标识符 函数名(形参表)函数体

例如：

static int max(int a,int b) {…}

3. 说明

(1) 内部函数又称为静态函数，其使用范围仅限于定义它的模块(源文件)内。对于其他模块是不可见的。

(2) 不同模块中的内部函数可以同名，它们的作用域不同，事实上是不同的函数。

(3) 内部函数定义，static 关键词不能省略。

7.8.2 外部函数

1. 定义

外部函数是指能被任何源文件(模块)中的任何函数所调用的函数。

2. 格式

定义函数时，加 extern 说明。即

    extern 类型标识符 函数名(形参表)函数体

例如：

extern int max(int a,int b) {…}

3. 说明

(1) 外部函数定义，extern 关键词可以省略。如果省略，默认为外部函数。

(2) 外部函数可以在其他模块中被调用。如果需要在某个模块中调用，可以在模块中某个位置声明 extern 函数类型 函数名(形参表);。

综合实例

问题：学期末，教学秘书要把全系各位老师本学期的授课课时量进行统计，做好学期总结。请用 C 语言程序帮忙编写一个简单的教师工作量管理系统，要求具有以下功能。

(1) 输入密码，登录"教师工作量管理系统"。

(2) 进入系统操作首界面，按提示选择需要的操作：进入系统、退出系统。

(3) 进入系统操作主界面，具体实现以下操作。

① 输入全系各位老师的课时量。
② 显示全系各位老师的课时量。
③ 统计全系所有老师的总课时量和平均课时量。
④ 课时量是衡量一个老师工作成绩的重要标准,因此需要将全系老师的课时量按升序排序(课时量多的老师考核时成绩越高)。
⑤ 各位老师可以根据自己的课时量来查看在本系的名次。
算法思想:利用数组和函数来实现程序功能(为简化问题,设全系 10 名老师)。
(1) 全系各位老师的课时量存放在 a 数组(实型),有 10 个元素。
(2) 以上操作功能均定义函数来实现:manage 函数(管理)、input 函数(输入)、display 函数(显示)、sum 函数(求和)、sort 函数(起泡法排序)和 find 函数(查看)。
(3) 通过主函数 main 调用 manage 函数,manage 函数中组织、调用以上其他各函数,存在函数的嵌套调用和递归调用。
参考源代码:

【例 7.22】 教师工作量管理系统。

```
#include <stdio.h>
#include <string.h>
#define N 10
void manage();
void input();
void display();
void sum();
void sort();
void find();
char password[10]="jsjteacher";
float a[N];
main()
{char s[12];
  int choice;
  int flag=0;
  int n=3;
  do
  {printf("请你输入密码:\n");
    scanf("%s",s);
   if(!strcmp(s,password))/*若密码正确*/
     {printf("恭喜你成功登录了\n\n\n");
       flag=1;
       break;
     }
```

```c
       else
         {printf("输入有错误请重新输入\n");
             n--;
           }
      }while(n>0);
   if(flag)
      do
       {printf("~~~~~~~~~~~~~~~~~~~~~~~~~~~~~~~~~~~~~~~~~~~~~~~~~~~~~~~~~~~~\n");
         printf("\t    欢迎进入教师工作量管理系统中文版\n");
         printf("~~~~~~~~~~~~~~~~~~~~~~~~~~~~~~~~~~~~~~~~~~~~~~~~~~~~~~~~~~~~\n");
         printf("\t\t 请你选择操作类型:\n");
         printf("============================================================\n");
         printf("\t\t  1 进入管理系统\n");
         printf("\t\t  0 退出管理系统\n");
         printf("============================================================\n");
         scanf("%d",&choice);
         switch(choice)
            {case 1:manage();break;
             case 0:printf("谢谢使用再见\n");
              }
         if(choice==0)break;
        }while(1);
    else printf("你的输入次数已到再见\n");
}
void manage()
{int choicemanage;
  int choice=1;
  while(choice)
  {printf("\t    欢迎进入教师工作量管理系统\n");
    printf("============================================================\n");
    printf("\t\t 请你选择操作类型:\n");
    printf("\t\t1 输入各教师工作量\n");
    printf("\t\t2 显示各教师工作量\n");
    printf("\t\t3 统计全系教师总工作量 \n");
    printf("\t\t4 教师工作量排序\n");
    printf("\t\t5 显示某教师工作量的名次\n");
    printf("\t\t0 返回\n");
    printf("============================================================\n");
    scanf("%d",&choicemanage);
```

```c
    switch(choicemanage)
      {case 1: input();break;
       case 2:display();break;
       case 3:sum();break;
       case 4:sort();break;
       case 5:find();break;
       case 0:printf("谢谢你的使用再见\n");
            return;
       default:printf("你的输入有错请重新输入\n");
      }
    printf("是否继续管理?(0/1)");
    scanf("%d",&choice);
  }
  if(!choice)
    {printf("输入完毕,任意键返回\n");
     getch();
     return;
    }
}
void input()
{ int i;
  printf("请分别输入10位老师的工作量：\n");
  for(i=0;i<N;i++)
    scanf("%f",&a[i]);
}
void display()
{ int i;
  printf("请分别显示10位老师的工作量：\n");
  for(i=0;i<N;i++)
    {printf("%.1f ",a[i]);
     if((i+1)%4==0)printf("\n");
    }
  printf("\n");
}
void sum()
{int i;
  float s=0.0;
    for (i=0; i<N; i++)
      s+=a[i];    /*将a[i]累加至s,求和*/
  printf("本学期全系教师总工作量：%.1f\n",s);
```

```
       printf("本学期全系教师平均工作量：%.1f\n",s/N);
}
void sort()
{int i,j;
 float t;
 for(j=0; j<N-1; j++)              /*起泡法排序n个数进行n-1 趟*/
   for (i=0; i<N-1-j; i++)     /*第j趟，比较n-j 次*/
       if(a[i]>a[i+1])              /*a[i]>a[i+1]为真*/
          { t=a[i]; a[i]=a[i+1]; a[i+1]=t; }        /*将a[i]与a[i+1]对换*/
}
void find()
{ float x;
  int i;
  printf("请输入某教师的工作量：\n");
  scanf("%f",&x);
  for (i=0; i<N; i++)
     if(a[i]==x)
       {printf("该教师排名第%d位\n",i+1);
        return;
       }
  if(i>=N)
     {printf("该数据不存在，请检查！\n");
      find();
     }
}
```

7.9 本章小结

本章共有七个知识点：函数的定义和调用形式，函数参数(形参和实参)，函数调用中的参数传递机制(传值调用和传址调用)，函数的嵌套调用与递归调用，以及变量的分类和函数的分类。

本章的重点是：函数的定义和调用、函数形参和实参、数组作为函数参数、变量的分类。
本章的难点是：函数参数传递的机制；数组作为函数参数。

1. 函数的定义

函数定义是独立进行的，一个函数实现一个功能，是平行关系，不可嵌套。
函数由两部分组成：函数首部和函数体。有以下三种定义形式。
(1) 无参函数的定义形式：

  类型说明符 函数名()
   { 声明部分

　　　　语句
　　}

(2) 有参函数的定义形式：

　　类型说明符　函数名(形参列表)
　　{　声明部分
　　　　语句
　　}

(3) 空函数：

　　类型说明符　函数名()
　　{　}

2. 函数调用

精髓是参数传递。参数传递方式有两种："传值"方式和"传址"方式。

(1) 如果形参和实参是基本类型，实参向形参传送的是变量的值，属于"传值"方式，具有单向性；形参的变化并不影响实参，通常用 return 语句将返回值带回主调函数。

(2) 如果形参和实参是数组元素，由于数组元素等同于基本类型变量，故仍是"传值"方式。

(3) 如果形参和实参是数组名，C 语言规定数组名表示该数组的起始地址，实参向形参传送的是数组的起始地址，属于"传址"方式，具有双向性；形参与实参共用存储单元，形参的变化会影响实参的变化，通常没有 return 语句。

3. 函数参数

(1) 函数参数有两种：形参和实参。

(2) 定义函数时，小括弧中是形参；调用函数时，小括弧中是实参。

注意：形参和实参在类型、个数、顺序上均要一致。

4. 程序的执行过程

从 main 函数开始，执行到函数调用，进行参数传递；执行被调函数，被调函数执行完，返回主调函数 main，在 main 函数中结束。

5. 嵌套调用和递归调用

(1) 被调函数在执行过程中又可以调用其他函数，称为嵌套调用。

(2) 如果直接或间接调用的是自身，则称为递归。

(3) 递归有两个阶段："回推"和"递推"，回推一直到递归结束的条件，递推一直到返回主调函数。

注意：被调函数返回到主调函数，而不一定是直接返回到主函数 main。

6. 变量的分类

(1) 局部变量和全局变量(按作用域划分)。

① 形参、复合语句以及函数内部定义的变量为局部变量，大多数情况下使用的都是局

部变量。

② 函数之外定义的变量为全局变量，由于 return 语句只能带回一个返回值，如果希望从函数中得到多个结果时，可以用全局变量来实现。

(2) 静态存储变量和动态存储变量(按生存期划分)。

① 大部分变量是动态存储变量(auto)，auto 一般省略默认。

② 用 static 声明的局部变量为静态存储变量，全局变量均是静态存储变量。

(3) 局部(内部)变量、全局(外部)变量、静态存储变量和动态存储变量之间的关系见表 7-3。

表 7-3　几种变量的关系

变量存储类别	函 数 内		函 数 外	
	作用域	存在性	作用域	存在性
自动变量(auto)和寄存器变量	√	√	×	×
静态局部变量	√	√	×	√
静态外部变量	√	√	√(只限本文件)	√
外部变量	√	√	√	√

7. 函数的分类

函数分为内部函数(static)和外部函数(extern)。

注意：内部函数定义中 static 关键词不能省略；外部函数定义中 extern 关键词可以省略，如果省略，则默认是外部函数。

第 8 章 指 针

指针是 C 语言数据类型中的一种，利用指针变量，可以存放各种类型变量的地址，利用一个指针变量，能很方便地访问数组中的每一个元素；并能像汇编语言一样处理内存地址，从而编出精练而高效的程序，指针极大地丰富了 C 语言的功能。指针是 C 语言的特色，同样，也是学习的难点。本章从地址的概念入手，引导读者学会定义指针变量，学会通过指针变量间接访问变量和数组中的每一个元素。

本章内容
(1) 地址的概念。
(2) 指针的定义和指针的基本操作。
(3) 数组与指针。
(4) 指针变量作函数参数。
(5) 字符串与指针。
(6) 指针函数。
(7) 指针数组和指向指针的指针。

问题 1. 利用指针变量，如何实现将 a,b 变量的值按降序输出(a 放大数，b 放小数)？

8.1 指针与指针变量

8.1.1 指针的实质是地址

1. 什么是地址

在第 2 章已经介绍过，当在程序中定义一个变量的时候，Turbo C 系统会给该变量分配一个确切的存储空间，而不同的数据类型所占的内存单元数不同，如 int x;，系统就会给 x 变量分配 2 个字节的存储空间，float y;，系统就会给 y 变量分配 4 个字节的存储空间。为了正确访问这些内存单元得到我们所需要的数据，操作系统会自动地给内存区中的每一个字节编号,人们形象地把这个编号称作"地址"。x 变量所占据的存储空间(2 字节)的第一个字节的编号,就是 x 变量的地址。同理 y 变量所占据的存储空间(4 字节)的第一个字节的编号,就是 y 变量的地址。

所以,地址就是指内存区的每一个字节的编号。而变量的地址,就是指该变量所占据存储空间的首字节的编号。

例如:

int　m,n,t;

编译时,系统分配地址如图 8.1 所示。

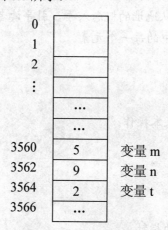

图 8.1　系统分配地址

假设分配 3560 和 3561 两个字节给变量 m,分配 3562 和 3563 两个字节给变量 n,分配 3564 和 3565 两个字节给变量 t。其中变量 m 的地址是 3560,变量 m 的值是 5;变量 n 的地址是 3562,变量 n 的值是 9。在访问变量 m 时,如 m=8;,系统根据变量名 m 找到地址 3560,再将 8 送入地址为 3560 的存储单元,即完成了该语句的操作。

2. 地址 = 指针

根据变量的地址,可以方便地访问变量,变量的地址就像航行道路上的指南针,因此,人们又形象地把变量的地址称为指针,即地址指引系统访问变量。

对变量来说,地址就是指针,指针就是地址。需要注意的是,内存单元的指针和内存单元的内容是两个不同的概念,如图 8.1 中,对于变量 n,内存单元的指针是 3562,而内存单元的内容是 9。编程的最终目的是找内存单元的内容,这个过程需要访问内存单元的指针。

8.1.2　指针变量

1. 什么是指针变量

指针变量是 C 语言中的一种重要的数据类型,是专门用来存放变量地址的一类变量。因此,指针变量的值就是某个内存单元的地址。例如:

```
    int  x =5 ;
```

假如系统给 x 变量分配的存储空间地址是 2000，可以定义一个指针类型变量 p，把 x 变量的地址存放在 p 指针变量中，如图 8.2 所示。

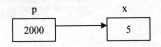

图 8.2　指针变量 p 存放地址

根据 p 指针变量中存放的 x 变量地址，就可以访问 x 变量，好像在 p 指针变量和 x 变量之间建立了一种指向关系。实际上，这种指向关系(即图 8.2 中的箭头)是不存在的，只是为了表示问题方便而采取的一种描述方式。

说明：(1)一个指针是一个地址，是一个常量。而一个指针变量是一个变量，它可以被赋予不同的指针值。

(2)定义指针变量的目的是为了通过指针去访问内存单元。在图 8.2 中，通过变量 x 获得内存单元的内容 5，称为直接访问；通过变量 p 获得内存单元的指针 2000，再根据内存单元的指针 2000 获得内存单元的内容 5，称为间接访问。

2. 定义指针变量

基类型* 指针变量名；
例如：

```
int  *p1;    /* p1 是指向整型变量的指针变量 */
float *p2;   /* p2 是指向实型变量的指针变量 */
char *p3;    /* p3 是指向字符型变量的指针变量 */
```

说明：(1) 基类型是指针变量的类型，指针变量的类型由指针变量中所存放地址的变量的类型来决定。也就是说，要定义的指针变量准备存放什么类型变量的地址，基类型就是什么类型。例如，int x =5 ;，要定义一个指针变量 p1，用来存放 x 的地址，指针变量的类型，也必须是 int 型。 即

```
int  *p1 ;
```

同理，float f=2.5;，要定义一个指针变量 p2，用来存放 f 的地址，指针变量的类型，也必须是 float 型。 即

```
float *p2;
```

注意：一个指针变量只能指向同类型的变量，如 p1 只能指向整型变量，p2 只能指向单精度实型变量。

(2) "*"作用是将指针变量的定义和基本类型变量的定义区分开来。

```
int  p;     /*定义一个整型的简单变量，名字为 p*/
int  *p;    /*定义一个指向整型变量的指针变量，名字为 p，该指针变量只能用来存放整型
            /*变量的地址*/
```

(3) 指针变量名符合标识符命名规则，只是由于指针的英文名字是 point，所以，指针名习惯以 p 开头的字符串表示。如 p1，p2 等。

(4) 在 C 语言中，一行可以定义多个指针，以逗号隔开。

下面都是合法的指针变量定义：

```
float  *p1,*p2;              /*定义了实型指针变量p1, p2*/
char   *p3;                  /*定义了字符型指针变量p3*/
```

8.1.3 指向变量的指针变量

1. 常用运算符

&：取地址运算符。

*：指针运算符(或称"间接访问"运算符)。

2. 指针变量的赋值

将一个变量地址赋给一个指针变量。

1) 指针变量初始化

```
int a;
int *p=&a;           /* 将变量a的地址赋给p指针变量 */
```

2) 赋值语句

```
int a,b;
int *p,*q;           /* 定义指向整型变量的指针变量p和q */
p=&a;                /* 将变量a的地址赋给p指针变量 */
q=&b;                /* 将变量b的地址赋给q指针变量 */
p=q;                 /* 指针变量p的值发生改变，现在存放的是b的地址 */
```

3. "&" 的作用

&：取地址运算符。

例如：

```
int   a =5 ;
    int * pa ;
    pa = &a ;        /*将变量a的地址赋值给指针变量pa，表示pa指向变量a*/
```

示意图如图 8.3 所示。

图 8.3 取变量地址

4. 间接访问

*：指针运算符，该运算符与指针变量结合，表示指针所指向的变量的值(即取该内存单元内容)。

例如：

```
#include <stdio.h>
main()
{ int   a =5 ;
  int  * pa ;
  pa = &a ;
  printf (" a=% d  , *pa= %d\n ", a,* pa) ;
}
```

运行结果：

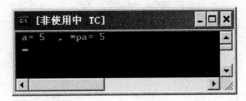

结论：当指针变量 pa 指向变量 a 后， *pa 等价于 a。

说明：(1) "&" 和 "*" 两个运算符的优先级别非常高，与++是同一个级别，仅次于()，按自右而左方向结合。

(2) 在

```
int   a =5 ;
int  * pa ;
int  pa = &a ;
```

的前提下，存 s 在以下等价关系：

变量的值与变量的地址的含义，见表8-1。

表8-1 变量的值和变量的地址

	等 价 于	含 义
*pa	a	均表示变量a
	*&a(先&a，再进行*运算)	
pa	&a	均表示变量a的地址
	&*pa(先*pa，再进行&运算)	

例如：

```
#include <stdio.h>
main()
{
int   a =5 ;
int  * pa ;
pa = &a ;
printf (" a=%d,     *pa=%d,     *&a=%d\n\n ", a,* pa ,*&a) ;
printf (" &a=%x,  pa=%x,  &*pa=%x\n ",&a, pa ,&*pa) ;
}
```

运行结果：

其中，第二行输出的是变量 a 的地址。

(3) 下面是错误的：

```
int * pa ;
printf (" %d \n ", * pa ) ;
```

一个指针在没有指向一个确切的存储空间时，不能使用 *pa。

例如：

```
#include <stdio.h>
main()
{
int * pa ;
printf ("*pa= %d\n ", * pa) ;
}
```

运行结果：

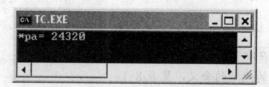

这里，pa 指针没有指向任何存储空间，虽然输出了结果，但是没有意义，是一个随机数，这是因为 C 语言编译系统随机地给了 pa 指针变量一个地址值，输出的 24320 是一个没有任何意义的值。所以，指针变量在没有获得地址时(形象地讲，指针变量在没有指向一个确切的存储空间的时候)，不能使用指针取内容运算(即不能使用*pa)。

8.1.4 指针变量的应用

【例 8.1】 指针变量的使用。

```
#include <stdio.h>
main()
{
   int a,b;
   int *p1,*p2;              /*定义两个指针变量*/
   scanf("%d,%d",&a,&b);
   p1=&a;                    /*把变量 a 的地址赋给 p1*/
   p2=&b;                    /*把变量 b 的地址赋给 p2*/
   printf("a=%d,%d\n",a,*p1);
   printf("b=%d,%d\n",b,*p2);
}
```

运行结果:

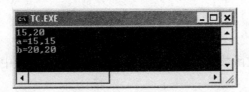

【例8.2】 (问题1)利用指针变量,如何实现将 a , b 变量的值按降序输出(a 放大数,b 放小数)?

算法思想:

(1) 定义指针变量 p1,p2,并分别指向 a,b 变量。
(2) 利用指针变量比较 a,b 值的大小,if *p1< *p2,即 if a<b 。
(3) 利用中间变量 t,将*p1 与*p2 互换。
(4) 输出 a,b 中的值。
(5) 输出*p1,*p2 的值。

参考源代码:

```
#include  <stdio.h>
main()
{
  int  a,b,t;
  int  *p1,*p2;
  scanf("%d%d",&a,&b);
  p1=&a;p2=&b;
  if(*p1< *p2 )               /*通过指针比较 a,b 的大小*/
  {
     t=*p1 ;
     *p1=*p2;                 /*通过指针,实现 a,b 中值的交换*/
     *p2=t;
  }
  printf("a=%d,b=%d\n",a,b);
  printf("a=%d,b=%d\n",*p1,*p2);
}
```

运行结果(连续 2 次):

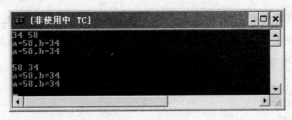

问题深化

【例 8.3】 问题 2. 通过函数调用，用指针控制，实现两个变量中值的交换(如实现 a 与 b 中值的交换)。

参考源代码：

```
#include <stdio.h>
void swap(int *p1,int *p2)    /*函数 swap 的功能是交换两个指针所指向的值*/
{  int temp;
   temp=*p1;
   *p1=*p2;
   *p2=temp;
}
main()
{
int a,b,*pointer_1,*pointer_2;
scanf("%d,%d",&a,&b);
pointer_1=&a;pointer_2=&b;    /*指针变量 pointer_1 的值为变量 a 的地址，指针*/
                              /*变量 pointer_2 的值为变量 b 的地址*/
swap(pointer_1,pointer_2);    /*a 的地址和 b 的地址作为参数*/
printf("\n%d,%d\n",a,b);
}
```

运行结果：

执行过程分析：

在 main 函数内定义了两个整型变量 a 和 b，两个整型指针变量 pointer_1 和 pointer_2，指针变量 pointer_1 的值为变量 a 的地址，指针变量 pointer_2 的值为变量 b 的地址，如图 8.4(a)所示。当调用 swap 函数时，pointer_1 和 pointer_2 作实参，形参 p1 和 p2 值分别为 pointer_1 和 pointer_2 的值，如图 8.4(b)所示。在 swap 函数内，交换的是 p1 和 p2 所指向的存储单元的值，即 a 和 b 的值作交换，如图 8.4(c)所示。所以返回到 main 函数时，a 和 b 值被交换了，如图 8.4(d)所示。

说明：(1) 指针变量作为参数，实参指针传给形参指针的是变量的地址。

(2) 在该程序的子函数中，通过形参指针实现对变量 a，b 的值的交换操作。

如果交换函数写成下面这种形式就不可以。

```
swap(int *p1,int *p2)         /*用指针变量实现数据的交换*/
{    int *temp;
     *temp=*p1;
     *p1=*p2;
     *p2=temp;}
```

第 8 章 指 针

因为*p1 就是 a，是整型变量， 但 temp 中并无确定的地址值，它的值是不可预见的。因此对 temp 赋值可能会破坏系统的工作状况。

如果将 swap 函数写成如下形式，也是不可以的。

```
swap(int *p1,int *p2)          /*用指针变量实现数据的交换*/
{    int *temp;
     temp=p1;
     p1=p2;
     p2=temp;}
```

这样交换的是内存单元的指针，而非内存单元的内容，结果是 p1 指向了 b，p2 指向了 a，而 a 互 b 的值并没有改变。

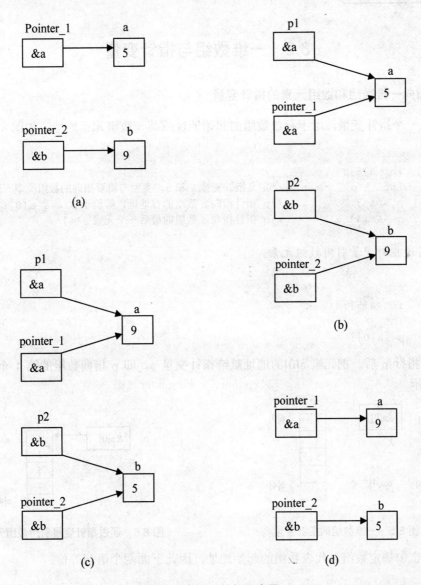

图 8.4 例 8.3 执行示意图

提出问题

问题 1. 设计某游戏软件的排行榜模块,已知排行榜是按降序排序的。

问题 2. 在工资管理系统中,单击最高工资和最低工资菜单,能查看全部职员中的最高工资和最低工资,试用 C 语言编程实现。

相关知识点

8.2 一维数组与指针变量

8.2.1 指向一维数组和数组元素的指针变量

定义一个指针变量,用于存放数组的起始地址或某一数组元素地址,如图 8.5 所示。例如:

```
int a[5];
int * p , *q ;     /*定义指针变量 p 和 q,类型与将要指向的数组类型一致*/
p = a ;            /*p 指针指向 a 数组的首地址,等价于 p = & a[0]; /
q= &a[4] ;         /*q 指针指向 a 数组的最后一个元素 a[4]*/
```

1. 通过指针变量引用数组元素

例如:

```
int a[5];
int * p ;
p=&a[0];
```

定义指针 p 后,把元素 a[0]的地址赋给指针变量 p,即 p 指向数组的第 1 个元素,如图 8.6 所示。

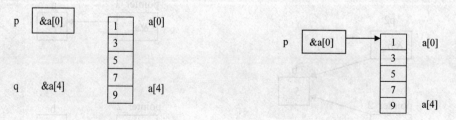

图 8.5　一维数组的指针变量　　　　图 8.6　通过指针变量引用数组元素

C 语言中规定数组名代表数组的起始地址,因此下面两个语句等价:

```
p = &a[0] ;
p = a ;
```

在定义指针变量时可以对它赋初值:

   int *p= &a[0];

等价于

   int *p;
   p=&a[0];

在定义指针,并指向某个数组的首地址后,可以得出如下结论。

(1) 数组元素有两种表示方法。

   下标法: a[i], p[i]   均表示 a 数组的第 i 个元素
   指针法: *(p+i), *(a+i)   均表示 a 数组的第 i 个元素

(2) p+i, a+i, &a[i]均表示 a 数组的第 i 个元素的地址。

指针变量加 1,即在指针当前所指向的元素地址基础上加一个数组元素的字节数,即 p+i*d (d 是一个数组元素的字节数)。

(3) *(p+i), *(a+i), a[i]均表示 a 数组的第 i 个元素。

【例 8.4】 使用指针法、下标法输出数组元素。

```
#include <stdio.h>
main()
{
int a[10];
int j,*p;
for(j=0;j<10;j++)
  scanf("%d",&a[j]);
printf("\n");
for(j=0;j<10;j++)
  printf("%d ",a[j]);      /*用下标法输出 10 个元素*/
printf("\n");
for(j=0;j<10;j++)
   printf("%d ",*(a+j));    /*用指针法输出 10 个元素, *(a+j)等价于 a[j]*/
printf("\n");
for(p=a;p<(a+10);p++)
 printf("%d ",*p);          /*用指针法输出 10 个元素, p 指向数组的首地址, 依次向下*/
                            /*移动指针, 输出指针所指向存储单元的值, 如图 8.7 所示*/
}
```

运行结果:

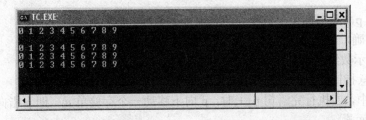

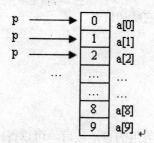

图 8.7　例 8.4 示意图

【例 8.5】　分析下列程序的结果。

```
main()
{
    int a[]={0,1,2,3,4,5};
    int *p=a;                      /*p指向数组元素的首位置，即p的值为&a[0]*/
    printf("%d\n",*p);             /**p的值，实际上是p所指向的a[0]元素的值*/
    printf("%d,%d\n",*(p+2), *(a+2));  /*数组元素a[2]的两种指针表示方法*/
    printf("%d,%d\n",a[2], p[2]);  /*数组元素a[2]的两种下标表示方法*/
    *p=8;                          /*向p所指向的存储单元赋值为8，此语句等价于*/
                                   /*a[0]=8;*/
    printf("%d\n",*p);             /*输出p所指向的存储单元的值*/
    p++;                           /*p向下移动两个字节，即p指向a[1]元素*/
    printf("%d\n",*p);
}
```

运行结果：

2. 应注意的问题

```
int a[5];
int * p=a ;
```

定义指针 p，并指向某个数组 a 的首地址，如图 8.8 所示。

(1) p++ 正确，但 a++ 不正确 。

因为 a 表示数组名，是常量，不能执行 a=a+1。

(2) 要注意指针变量的当前指向。

在例 8.5 中，当执行完语句 p++;时，p 向下移动一个存储单元，即 p 指向 a[1]元素，而不再指向 a[0]元素。

(3) ++和*是同一优先级，结合方向为自右而左。

(*p)++　　表示 p 所指向的元素值加 1 ，即 a[0]++ 。

p++　　等价于(p++)，先取指针 p 所指向存储单元的值，即 a[0]，然后指针 p 下移一

个存储单元，指向 a[1]。

　　* ++p　　指针 p 先下移一个存储空间，然后取 p 所指向存储单元的值,即 a[1]的值。

　　++*p　　指针 p 所指向存储单元的值增 1。

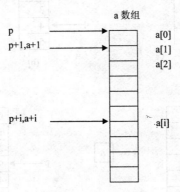

图 8.8　指针的指向

8.2.2　指针变量作为函数参数

【例 8.6】 分析程序的运行结果。

```
#include <stdio.h>
void add(int n,int *q)
{
 *q+=n;
}
main()
{ int *p,i,a[]= {0,1,2,3,4,5};
  p=&a[3];              /*指针 p 指向元素 a[3]的地址*/
  add(6,p);             /*指针 p 作为参数，传递的是元素 a[3]的地址*/
  for(i=0;i<6;i++)      /*通过输出各元素的值，比较只改变了元素 a[3]的值*/
   printf("%d,",a[i]);
}
```

运行结果：

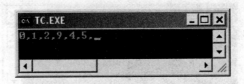

执行过程分析：

　　在 main 函数内定义了一个整型数组 a,整型简单变量 i,整型指针变量 p,p 的值是 a[3] 的地址，如图 8.9 (a)所示。调用 add 函数，n 的值为 6，q 的值为 a[3]的地址，如图 8.9(b) 所示。add 的功能是使 n 和*q 的和放到*q 中，即放到 q 所指向的存储单元中，而 q 所指向 的存储单元是 a[3]，因此 a[3]的值增加了 6，如图 8.9(c)所示。add 函数运行完，n 和 q 被释放，p 所指向的 a[3]的值增加了，而其余的数组元素没有变化，如图 8.9(d)所示。

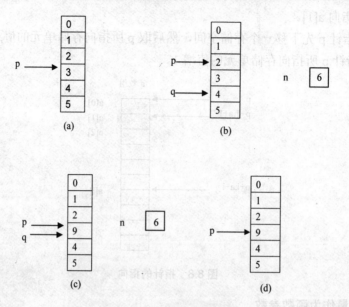

图 8.9　例 8.6 执行示意图

【例 8.7】　通过函数调用，输出从下标 i 开始，连续 n 个元素的元素值。

```
void print(int *p,int n)
{ int i;
  for( i=0; i<n; i++)
   printf("%2d",*p++);
  printf("\n");
}
main()
{
 int a[10]={0,1,2,3,4,5,6,7,8,9};
 int i,n;
 scanf("%d,%d",&i,&n);
 print(&a[i],n);
}
```

运行结果：(连续两次执行)

执行过程分析(第二次执行情况)：

输入 7，4，意味着输出 4 个元素，下标从 7 开始。函数调用语句 print(&a[i],n);将 a[7] 的地址传给指针变量 p，如图 8.10(a)所示。执行 print 函数，循环 4 次，每次输出 p 所指向的元素值后指针变量 p+1，指向下一个存储单元。4 次循环情况分别如图 8.10(b)、(c)、(d)、(e)所示。

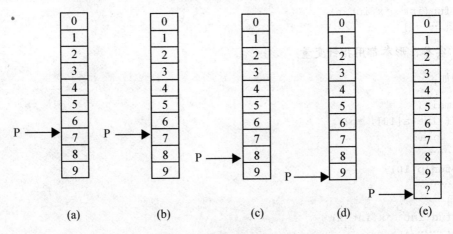

图 8.10 例 8.7 执行示意图

从中可以看出，最后一次循环时，p 已越界，最后输出的 7 是随机的，无意义。所以利用指针变量引用数组元素，要格外注意地址的范围。

8.2.3 数组名作为函数参数

数组名可以做函数的实参和形参。数组名就是数组的首地址，实参向形参传送数组名，实际上就是传送数组的首地址，形参得到该地址后也指向同一数组，这就是我们在第 7 章中所讲的形参数组与实参数组共用一段存储单元，从而就可以在函数调用中改变数组元素值。

指针变量的值也是地址，因此也可以利用指针变量代替数组名作为函数的参数来实现在函数调用中改变数组元素值。

这样，有如下 4 种情况：

1. 形参和实参都用数组名

例如：

```
main()
{ int a[10];
  ……
  fun(a,10);
  ……
}
fun(int x[],int n)
{ …… }
```

2. 实参用数组名，形参用指针变量

例如：

```
main()
{ int a[10];
  ……
  fun(a,10);
  ……
}
```

```
   fun(int  *x,int n)
   { …… }
```

3. 实参、形参都用指针变量

例如：
```
main()
{ int a[10], *p;
  p=a;
  ……
  fun(p,10);
  ……
}
fun(int  *x,int n)
{ …… }
```

4. 实参用指针变量，形参用数组名

例如：
```
main()
{ int a[10], *p;
  p=a;
  ……
  fun(p,10);
  ……
}
fun(int  x[],int n)
{ …… }
```

解决问题

【例8.8】 (问题1) 设计某游戏软件的排行榜模块，已知排行榜是按降序排序的。

参考源代码：
```
#include <stdio.h>
main()
{ int *p,i,a[10];
   p=a;                  /*指针变量p指向数组元素a[0]*/
   for(i=0;i<10;i++)
   scanf("%d",p++);
   p=a;                  /*注意此语句不可少，因为经过上一个语句，p已经指向数组之外了*/
   sort(p,10);    /*指针变量p作函数参数*/
   for(p=&a[0],i=0;i<10;i++)
   {printf("%d  ",*p);
    p++;
   }
}
sort(int  *m,int n)    /*形参m也是指针变量*/
{  int i,j,k,t;
```

```
    for(i=0;i<n-1;i++)
    { k=i;
        for(j=i+1;j<n;j++)
        if(*(m+j)>*(m+k))k=j;
        if(k!=i)            /*交换m[i]和m[k]*/
        { t=*(m+i);
            *(m+i)=*(m+k);
            *(m+k)=t;
        }
    }
}
```

运行结果：

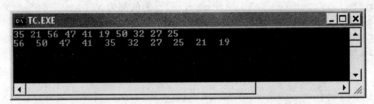

在该程序中，有两个"p=a;"，第一个是为指针变量 p 赋初值，使其指向一维数组，第二个语句不可少，因为在输入数据时，用的 for(i=0;i<10;i++)   scanf("%d",p++);，即输入一个数据，p 指向下一个数组元素，当循环结束时，p 指向的是 a 数组下面的 10 个元素，而这些存储单元中的值是不可预料的。这样，就成了对不确定的 10 个值进行排序，而非对 a 数组排序了，如图 8.11 所示。

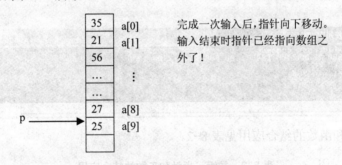

图 8.11 例 8.8 示意图

如果去掉语句 p=a; 还输入同样的数据，则运行结果为：

仿写程序：根据形参和实参的对应关系，读者可以自己改写这个程序，要求实参为数组名，形参为数组名；实参为指针，形参为指针；实参为指针，形参为数组。

【例 8.9】 (问题 2) 在工资管理系统中，单击最高工资和最低工资菜单，能查看全部职员中的最高工资和最低工资，试用 C 语言编程实现。

算法思想:
(1) 在 main 函数内定义一个实型数组 n。
(2) 用数组名 n 指针作 maxmin 函数实参,使数组 n 和数组 a 共同占用同一段内存单元。
(3) maxmin 函数的功能是从 n 个数中找出最大的数和最小的数。

参考源代码:

```c
#include <stdio.h>
int max,min;                        /*函数调用只能得到一个返回值,为了能得到两个,*/
                                    /*把max,min设为全局变量*/
void maxmin(int a[],int n)
{ int *p,*aend;
aend=a+n;                           /*aend 指向最后一个元素的下一个位置*/
max=min=*a;                         /*使max,min的值都为a[0]*/
for(p=a+1;p<aend;p++)
if(*p>max)max=*p;                   /*找最大的一个数*/
else if(*p<min)min=*p;              /*找最小的一个数*/
}
main()
{ int i,n[10];
printf("enter 10 integet numbers:\n");
for(i=0;i<10;i++)
scanf("%d",&n[i]);
maxmin(n,10);                       /*调用函数,数组名作实参*/
printf("\nmax=%d,min=%d\n",max,min);
}
```

运行结果:

```
enter 10integet numbers:
1000 1500 2000 2400 1245 1600 908 2541 2300 1238

max=2541,min=908
```

数组、指针和函数的结合应用见表 8-2。

表 8-2 数组、指针和函数的结合应用

	传值调用		传地址调用	
实参类型	变量名	指针变量	数组名	数组名或数组元素地址
要求形参的类型	变量名	指针变量或数组名	指针变量或数组名	指针
传递的信息	变量的值	指针变量的值(即地址)	数组的起始地址	数组的起始地址或数组元素地址
通过函数调用能否改变实参的值	不能	能	能	能

总之,只要是传地址调用,都能通过函数调用改变实参的值。

问题的深化

【例8.10】 设计一函数,将一维数组的元素倒置存放。要求实参为数组名,形参为指针。

参考源代码:

```
#include   <stdio.h>
void inv(int   *x,int n)   /*形参为指针变量,接收实参传递的地址*/
{ int *p,t,*i,*j,m=(n-1)/2;
  i=x;j=x+n-1;p=x+m;      /*i指向第a[0],p指向中间的一个元素,j指向a[9]*/
  for(;i<=p;i++,j--)
  {t=*i;*i=*j;*j=t;}      /*使*i与*j交换就是使a[i]与a[j]交换*/
}
main()
 {int i,a[10]={0,1,2,3,4,5,6,7,8,9};
printf("The original array:\n");
for(i=0;i<10;i++)
printf("%d,",a[i]);
printf("\n");
inv(a,10);                /*数组名a作实参,传递数组的首地址*/
printf("The array has been inverted:\n");
for(i=0;i<10;i++)
printf("%d,",a[i]);
}
```

数组名为实参,将其传给形参指针变量 x,这时 x 就指向 a[0],x+m 是 a[m]元素的地址。i 的初值为 x,j 的初值为 x+n−1,如图 8.12 所示。

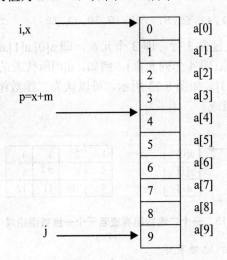

图 8.12 例 8.10 示意图

运行结果:

问题 1. 开发一款小游戏——走迷宫。给玩家一幅迷宫图,从入口出发经过一次次地试探,最终走到出口,游戏结束。现要求将迷宫图显示到屏幕上。

8.3 二维数组与指针变量

8.3.1 二维数组名的含义

1. 二维数组与一维数组的关系

定义一个三行四列的二维数组:

```
int a[3][4]={{1,2,3,4},{5,6,7,8},{9,10,11,12}};
```

a 是一个数组名,a 数组包含 3 行,即 3 个元素,即 a[0],a[1],a[2]。而每一元素又是一个一维数组,它包含 4 个元素(即 4 个列元素)。例如,a[0]所代表的一维数组又包含 4 个元素 a[0][0],a[0][1],a[0][2],a[0][3]。如图 8.13 所示,可以认为二维数组是"数组的数组",即 a 数组是由 3 个一维数组所组成。

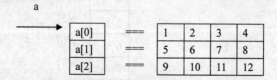

图 8.13　一个二维数组看成若干个一维数组组成

2. 二维数组行、列元素的地址表示

(1) 从二维的角度来看,a 代表二维数组首元素 a[0]的地址,现在的首元素 a[0]不是一个整型变量,而是由 4 个整型元素所组成的一维数组,因此,a 代表的是首行(即第 0 行)的首地址 3000,如图 8.13 所示。a+1 代表第 1 行的首地址 3008,a+2 代表第 2 行的首地址 3016,因此 a+i 代表第 i 行的首地址。这是某行地址。

(2) 由于 a 数组可以看作是由 3 个一维数组组成的,那么 a[0]就是第一个一维数组的数组名和首地址，即一维数组 a[0]的 0 号元素的地址 3000。而*(a+0)或*a 是与 a[0]等效的，也表示 3000，而事实上 a[0]的 0 号元素即是 a[0][0]，故 a[0]、*(a+0)、*a、&a[0][0]等价，均为 a[0][0]的地址 3000，如图 8.14 所示。

同理，a[1]、*(a+1)、&a[1][0]等价，均为 a[1][0]的地址 3008。

故，a[i]、*(a+i)、&a[i][0]等价，均为 a[i][0]的地址。这是某行 0 列元素地址

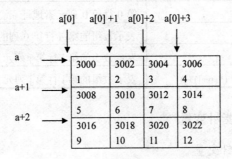

图 8.14 二维数组各行、列地址示意图

(3) 另外，a[0]也可以看成 a[0]+0，是一维数组 a[0]的 0 号元素的地址，那么 a[0]+1 就是 a[0]的 1 号元素的地址，推出一般情况 a[0]+j 为 a[0]的 j 号元素地址，即 a[0][j]的地址，所以 a[0]+j、*(a+0)+j、*a+j、&a[0][j]等价，均表示 a[0][j]的地址。

同理，a[1]+j、*(a+1)+j、&a[1][j]等价，均表示 a[1][j]的地址。

故，a[i]+j、*(a+i)+j、&a[i][j]等价，均表示 a[i][j]的地址。 这是任意元素地址。

3. 二维数组元素值的表示

(1) 下标法：a[i][j]。
(2) 指针法：在 a[i][j]的地址前面加 "*"。*(a[i]+j)、*(*(a+i)+j)、*&a[i][j]等价，均表示 a[i][j]，其中*(*(a+i)+j)最常用。

二维数组元素值和地址的关系可以用下面的图 8.15 表示。对于二维数组：

```
int  a [3][4] = { 1,2 ,3,4,5,6,7,8,9,10,11,12} ;
```

可以看成具有 3 个元素的一维数组，而 a [i][j]中，可以用一个临时名字 b 来替换，则 a [i][j] 等价于 b[j]，而 b[j] 等价于*(b+j)，再把 b 替换成 a [i]，则*(b+j) 又等价于*(a [i]+j)。如图 8.15(a)所示它们之间的等价关系。所以 a [i][j]、*(a [i]+j)、*(*(a +i)+j)这三者等价，均表示 a[i][j]元素。&a[i][j] 和 a[i]+j、 (a+i)+j 均表示 a[i][j]元素的地址。如图 8.15(b)所示的它们之间的等价关系。

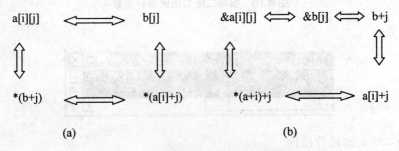

图 8.15 二维数组元素值和地址的关系

总之，当 a 为一个二维数组名，同时指针变量 p 的值为 a 时，则表示形式见表 8-3。

表 8-3　数组名与指针变量的表示形式

表 示 形 式	含　义
a,p	二维数组名，p 指向一维数组 a[0]，即第 0 行首地址
*(a+0), * a, a[0]	第 0 行第 0 列元素地址
a [i], *(a+i), *(p+i)	表示数组的第 i 行第 0 列的首地址
&a [i][j], a[i]+j, *(a+i)+j, *(p+i) +j	表示数组的第 i 行第 j 列元素的地址
a [i][j], *(a[i]+j), * (*(a+i)+j), * (*(p+i)+j)	表示数组的第 i 行第 j 列元素

8.3.2　指向二维数组名的指针变量

1. 指向数组元素的指针变量

【例 8.11】　用指针变量输出数组元素的值。

```
main()
{ int a [3][4] = {1,2,3,4,5,6,7,8,9,10,11,12} ;
  int*p;
  for(p=a[0];p<a[0]+12;p++)
  printf("%d ",*p);
}
```

p 是一个指向整型变量的指针，它指向第 0 列元素的首地址，即指向元素 a[0][0]，每次使 p 的值加 1，以移向下一个元素。分析如图 8.16 所示。

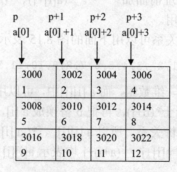

图 8.16　指向二维数组的指针变量

运行结果：

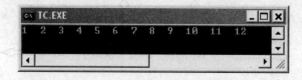

2. 指向二维数组的行指针

　　　int　a [3][4] = {1,2,3,4,5,6,7,8,9,10,11,12} ;

```
            int ( * p )[4] = a ;
```

int （ * p)[4] =a ；表示 p 是一个指针变量，它指向包含有四个元素的一维数组。
p+1；行指针加 1，是加一行元素的字节数的和。
p=p+1；行指针从当前行指向下一行。

【例 8.12】 输出二维数组元素的值。

```
main()
{ int a [3][4] = {1,2,3,4,5,6,7,8,9,10,11,12} ;
  int (*p)[4],j,i;
   p=a;
   for(i=0;i<3;i++)
     for(j=0;j<4;j++)
       printf("%d  ",*(*(p+i)+j));
}
```

p 是一个指针变量，它指向包含 4 个整型元素的一维数组。其中 p+i 是二维数组 a 中的第 i 行的地址，即 a+i，*(p+i)表示第 i 行第 0 列元素的地址，*(p+i)+j 表示第 i 行第 j 列元素的地址，*(*(p+i)+j) 表示第 i 行第 j 列的元素值。分析如图 8.17 所示。

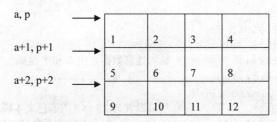

图 8.17 指向二维数组的行指针

运行结果：

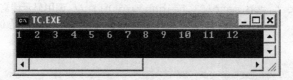

例 8.11 和例 8.12 给出了利用指针变量扫描二维数组的两种方法。

方法一：指针变量指向 0 行 0 列元素，语句"p=a[0];"实现，p++指向下一元素，*p 表示该元素的值，那么对于例 8.11 中的 3 行 4 列元素执行 12 次就可扫描完整个数组了。

方法二：指针变量指向 0 行首地址，语句"p=a;"实现，利用两重循环，i 表示行下标变化，j 表示列下标变化，*(p+i)+j 表示 i 行 j 列元素的地址，*(*(p+i)+j)表示 i 行 j 列元素值，以这种方式扫描例 8.12 中的 12 个元素。

解决问题

【例 8.13】 (问题 1)开发一款小游戏——走迷宫。给玩家一幅迷宫图，从入口出发经过一次次地试探，最终走到出口，游戏结束。现要求将迷宫图显示到屏幕上。

分析：迷宫由墙壁和通道构成，故其数据可用 1 和 0 表示，用二维数组存放。设计输出函数，输出迷宫，只是不直接输出 0 和 1，而是如此处理：当前元素值为 1，输出方块字符，其 ASCII 值为 0xDB，用以表示墙壁；当前元素值为 0，输出空格字符，其 ASCII 值为 0x20，用以表示通道。

参考源代码：

```c
#include <conio.h>
void showmaze(int left,int top,int *pm,int height,int width)
{int r,c;
 for (r=0; r<height; r++)
 { gotoxy(left,top+r);          /* 将光标定位在该行的起始点 */
   for (c=0; c<width; c++)
    if (*pm++) putch(0xDB);     /* *pm表示元素值,判断元素值为1输出方块,pm++*/
                                /* 指针指向下一个元素 */
    else putch(0x20);
 }
}
void main()
{ int top,left;
  int height=8,width=8;
  int maze[8][8]; int r,c;
  for (r=0;r<8;r++)              /* 输入迷宫数据,由0和1组成 */
   for (c=0;c<8;c++)
    scanf("%d",&maze[r][c]);
  textmode(C40);                 /* 屏幕设置为25*40的彩色文本模式,调整纵横比为1:1 */
  textbackground(BLUE); clrscr();/* 背景清为蓝色底 */
  textattr(0x76);                /* 设墙壁颜色为土黄色,通道颜色为白色 */
  top=(25-height)/2; left=(40-width)/2;  /* 迷宫放在屏幕中央 */
  showmaze(left,top,maze[0],height,width); /* 调用显示迷宫函数,maze[0]做实 /*
                                           /* 参,传递的是0行0列元素的地址 */
}
```

从键盘上输入：

```
11111111
00001111
10101101
10100111
10110011
10010000
11001100
11111111
```

运行结果：

分析执行过程：在进行函数调用时，maze[0]做函数实参，表示数组0行0列元素的地址，对应的形参是pm，故参数传递后pm指向0行0列元素。所以在执行showmaze函数时，每次循环pm++，指向下一个元素，当循环结束就可以利用*pm获得maze数组中的所有元素了。示意图类似图8.16。

问题1. Word中的复制、粘贴功能如何，用C语言如何实现(只考虑文字部分，不考虑图片)？

8.4 字符串与指针变量

8.4.1 字符串的表示形式

1. 用字符数组存放一个字符串

例如：

```
char string[ ]="computer";
```

说明：(1) string是数组名，代表数组的首地址，数组在内存中的存放情况如图8.18所示。

(2) string[i]代表数组的第i个元素。

(3) string[i]等价于*(string+i)。其相应的处理方法与一维数组相似。

2. 字符指针指向一个字符串

例如：

```
char *string="computer";
```

注意：不是将字符串"sscomputer"赋值给指针变量string，而是将字符串的起始地址赋给它(如图8.19所示)。

语句

```
char *string="computer";
```

等价于

```
char *string;
string="computer";
```

从这两个语句可以看出，string 是字符型字符指针变量，指向字符型数据，它的值是字符串"computer"的首地址，即字符串中字符'c'的地址，所以* string 的值是字符'c'，而不是"computer"。

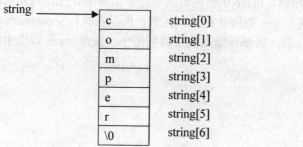

图 8.18 数组在内存中的存放情况　　　　图 8.19 指针指向字符串的起始地址

【例 8.14】 存取字符串的方法。

```
main()
{
char string1[50],*string2;        /*定义了一个字符型数组string1和字符指针*/
                                  /*变量string2*/
int i;
scanf("%s",string1);              /*用%s一次输入一个字符串*/
string2= string1;                 /*指针变量string2指向字符型数组string1*/
printf("string1:");
for(i=0;string1[i]!='\0';i++)     /*用%c一个字符一个字符地输出，直到*/
                                  /*string[i]='\0'*/
  printf("%c",string1[i]);
printf("\n");
printf("string1:%s\n",string1);   /*用%s格式输出一个字符串,输出项是字符数组名*/
printf("string2:%s",string2);     /*用%s格式输出一个字符串,输出项是字符指针变量*/
}
```

运行结果：

```
computer
string1:computer
string1:computer
string2:computer
```

说明：(1) 逐个字符输入/输出，用"%c"格式符。

(2) 将整个字符串一次输入或输出，用"%s"格式符。用"%s"输出时，printf 函数中的输出项是字符数组名或字符指针变量。

(3) 输出字符不包括结束符'\0'。

(4) 如果数组长度大于字符串，也只输出到遇'\0'结束。

(5) 如果一个字符指针所指向的字符串或字符数组中包含一个以上'\0'，则遇到第一个'\0'时输出就结束。

例如：

```
char  *str="abc\0yz";
    printf("%s",str);
```

或

```
    char  str[]="abc\0yz";
printf("%s",str);
```

运行结果都是：abc

(6) 通过字符数组或字符指针变量可以输出一个字符串，而对一个数值型数组，不能用数组名输出它的全部元素。

例如：

```
        int  a[5]={0,1,2,3,4};
        printf("%d",a);
```

是错误的，数值型数组只能逐个元素输出。

3. 字符数组和字符指针变量的区别

(1) 字符数组有若干个元素，每个元素中放一个字符，而字符指针变量中存放的是地址(字符串第一个字符的地址)。

(2) 赋值方式。

语句

char *string="computer";

等价于

```
    char *string;
    string="computer";
```

因为可以将字符串的首地址存放在指针中。

语句

char string[ ]="computer";

不等价于

```
    char string[9];
    string="computer";
```

因为 string 表示字符数组的首地址，是常量，不能在赋值号的左端，不能将字符串的首地址赋值给数组名。

(3) 字符数组在编译时为其分配存储单元，有确定的地址；字符指针分配的内存单元只能存放一个字符变量的地址，若没有赋值，则没有确定的指向。

```
char  string [20] ;
scanf ("%s", string ) ;
```

是正确的。

而语句

```
char  * ps ;
scanf ("%s", ps ) ;
```

是错误的。因为字符指针没有指向任何存储空间，不能输入字符串。

应改成：

```
char  string [20] , * ps ;
ps = string ;
scanf ("%s", ps ) ;
```

(4) 指针变量的值可以改变，数组名是常量，它的值是不能改变的。

例如：

```
main()
{ char *string="How do you do?";
string=string+7;
printf("%s",string);
}
```

运行结果如下：

　　　　you do?

而如果程序改为

```
main()
{   char string[ ]= "How do you do?";
string=string+7;
printf("%s",string);
}
```

则是错误的。

8.4.2　指向字符串的指针作为函数参数

将字符串从一个函数传递到另一个函数，可以用字符数组名或指向字符串的指针作参数。此时在被调用的函数中如果改变了字符串的内容，在主调函数中可以得到改变了的字符串。

【例 8.15】　设计函数 STRLEN，模拟标准函数 strlen 求字符串的长度。

```
#include <stdio.h>
int STRLEN(char *d)         /*测字符串 d 的长度，参数 d 为字符指针变量*/
{ int p=0;                  /*用于记录字符串的长度*/
  while (*d++)p++;          /*扫描字符串，只要不是结束符，即不是 0，p 就增 1*/
  return p;
```

```
}
main()
{ char *p1,*p2,*p3;        /*定义了3个字符型指针变量p1,p2,p3*/
  p1="I am a teacher";     /*p1指向字符串常量"I am a teacher"*/
  p2="a";                  /*p2指向字符串常量"a"*/
  p3="";                   /*p3指向空字符串*/
  printf(" the length of  \"I am a teacher\":  %d\n",STRLEN(p1));
                                    /*调用函数STRLEN(),指针作参数*/
  printf(" the length of  \"a\":  %d\n",STRLEN(p2));
  printf(" the length of  \"\":  %d\n",STRLEN(p3));
}
```

运行结果：

```
the length of  "I am a teacher":  14
the length of  "a":  1
the length of  "":  0
```

【例8.16】 编写一函数，从一个字符串中寻找某一个字符第一次出现的位置。

```
#include <stdio.h>
main()
{
  int result;
  char c,s[20]="china";
  printf("\n which character do yo want to find: ");
  scanf("%c",&c);            /*输入要寻找的字符*/
  printf("\n");
  result=index(s,c);         /*字符数组名s作实参，传递的是地址，字符变量c*/
                             /*作实参，传递的是值*/
  printf("address which character has been found is :%d",result);
}
int index(char *str,char ch)  /*形参str接收实参的地址，形参ch接收实参c的值*/
{
    int i=0;
    while(*str!='\0')         /*寻找字符，只要不到串尾，就执行循环*/
    { if(*str==ch) return(i); /*指针str所指向的当前字符是要寻找的字符*/
                              /*返回位置*/
      else{ i++; str++; }     /*指针str所指向的当前字符不是要寻找的字符，指*/
                              /*针向后移，代表位置的变量i增1*/
    }
    return(0);                /*没有找到该字符，返回0*/
}
```

运行结果(连续 2 次):

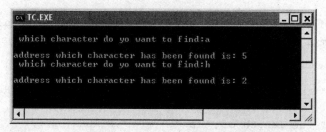

【例 8.17】 (问题 1) Word 中的复制、粘贴功能,如何用 C 语言来实现?(只考虑文字部分,不考虑图片)

算法思想:

(只考虑文字部分)实际上相当于把字符串中的内容复制到另一个字符串中。

(1) 在主函数内定义两个指针 a 和 b,使它们分别指向两个字符串"net"和"computer"。当调用函数 copystring 时, a 和 b 作为参数,传递的是字符串"net"和"computer"的地址。

(2) 在函数 copystring 中定义的两个参数是字符数组 from 和 to,分别接收 a 和 b 传递过来的地址。

(3) 函数 copystring 的功能是使数组 from 的元素复制到数组 to 中。首先要判断 from[i] 是否是'\0',如果不是,把 from[i]复制到 to[i]中,直到 from[i]是'\0',最后把字符串的结束标志也一起复制过去。

用字符指针作参数,用函数调用实现字符串的复制。

参考源代码:

```
#include <stdio.h>
void copystring(char from[ ],char to[ ])   /*两个字符数组作参数*/
{
    int i=0;
    while(from[i]!='\0')            /*把数组 from 中的各个元素复制到数组 to 中*/
    {
        to[i]=from[i];
        i++;
    }
    to[i]='\0';                     /*把字符串结束符复制到数组 to 中*/
}
main()
{
    char* a="net";                  /*定义一字符指针 a 指向字符串常量"net"*/
    char* b="computer";             /*定义一字符指针 b 指向字符串常量"computer"*/
    printf("string a=%s\nstring b=%s\n",a,b);
    copystring(a,b);                /*a,b 作实参,传递地址*/
    printf("string a=%s\nstring b=%s\n",a,b);
}
```

运行结果：

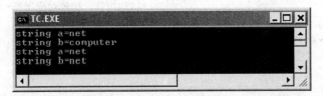

执行过程分析：

在 main 函数中，首先定义两个字符指针 a 和 b，它们分别指向两个字符串常量"net"和"computer"。当执行到 copystring(a,b);语句时，a 的地址传给形参 from，b 的地址传给形参 to，如图 8.20(a)所示。函数 copystring 函数体的功能是把数组 from 中的元素依次复制到数组 to 中，如图 8.20(b)所示。

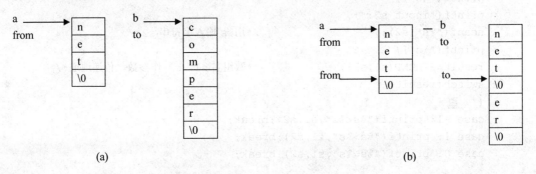

图 8.20　例 8.17 示意图

仿写程序：根据前面的知识，改写例 8.17，要求实参为指针，形参为指针。

【例 8.18】（问题 2）模拟标准函数 strcmp 设计一函数 STRCMP，并能显示两字符串的大小情况。用 C 语言编程实现。

算法思想：

(1) 在主函数内定义两个数组 s1 和 s2，并输入两个字符串，分别放在数组 s1 和 s2 中。

(2) 在主函数内调用 STRCMP 函数。STRCMP 函数的形参是两个字符指针 a 和 b，分别接收实参 s1 和 s2 的地址。

(3) 通过使用指针 a 和 b 依次比较数组 s1 和 s2 的各个字符，当指针 a 所指字符和当前 b 所指字符一样，并且都不为'\0'时，同时向下移动指针。

(4) 在 STRCMP 函数内，返回*a−*b 的值。

(5) 在主函数内根据返回值的情况，输出相关的信息。

参考源代码：

```
#include <stdio.h>
int STRCMP(char *a, char *b)
{
```

```
    while ((*a==*b)&&(*a)&&(*b))      /*当前对应字符一样，并且都不为'\0'，同时*/
                                      /*移动指针，比较对应字符*/
    {a++;b++;}
    return (*a-*b);
}
main()
{
    int result;
    char s1[10],s2[10];
    printf("\n");
    printf("input s1:");
    scanf("%s",s1);                    /*用%s 输入字符串 s1*/
    printf("\n");
    printf("input s2:");
    scanf("%s",s2);                    /*用%s 输入字符串 s2*/
    printf("\n");
    result=STRCMP(s1,s2);              /*数组名 s1, s2 作参数，传递地址*/
    switch(result)
    {
    case -1: printf("%s<%s",s1,s2);break;
    case 1: printf("%s>%s",s1,s2);break;
    case 0: printf("%s=%s",s1,s2);break;
    }
}
```

运行结果(连续 3 次)：

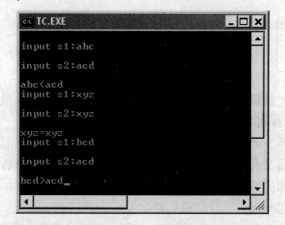

问题 1. 图书管理系统中，图书排序模块要求对库存图书按字母顺序由小到大排序，如何用 C 语言编程实现？

8.5 指针变量的其他应用形式

8.5.1 指针函数

函数的返回值可以是整型值、字符型值、实型值等，也可以是指针型数据，即地址。

1. 指针函数的概念

返回值为地址的函数称为指针函数。

2. 返回指针值的函数的一般定义形式

　　类型名　*函数名(参数表列)

例如：

```
int *a(int x,int y)
{……}
```

函数的返回值为整型指针。

说明：函数名之前加了"*"号表明这是一个指针型函数，即返回值是一个指针，而"类型说明符"表示了返回的指针值所指的数据类型。

【例 8.19】 设计函数 STRCAT，模拟标准函数 strcat 将两个字符串连接起来。

```
char *STRCAT(char *s,const char *d)    /*将字符串d连接到字符串s的后面*/
{ char *p=s;                            /*p用于扫描s*/
  while(*p) p++;                        /*寻找s的结束符的位置*/
  do  *p++ =*d;  while(*d++);           /*从该位置开始复制字符串d*/
  return s;
}
main()
{ char t[20]="friend";
  printf("%s",STRCAT(t,",how are you?"));
}
```

运行结果：

3. 使用指针函数应注意的问题

指针函数所返回的指针不能指向函数返回后即不存在的对象，如函数中的自动变量、形参等。下面例子中的函数试图返回一个指向两个参数中较大者的指针：

```
int *fun(int a,int b)
{if (a>b)return &a;
return &b;
}
```

这个函数的问题在于，a 和 b 都是形参变量，其生存期只延续到函数运行结束，因此调用所获得的结果是不可靠的。

8.5.2 指针数组

1. 指针数组的概念

若数组中的每个元素都是一个指针，称为指针数组。指针数组中的每一个元素都相当于一个指针变量。

2. 定义一维指针数组的一般形式

类型名 * 数组名 [数组长度] ;
或类型名 * 数组名 [数组长度]={初值表};

例如：

char * str[3] ={ "China","America","Canada"} ;

三个字符串的首地址依次放入 str[0], str[1], str[2] 中。示意图如图 8.21 所示。

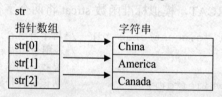

图 8.21 一维指针数组

注意：指针数组中的每一个元素都是指针，这里每个指针数组元素的使用方法和指向基本类型的指针的使用方法一样。

8.5.3 指向指针的指针

1. 概念

指向指针数据的指针变量，简称为指向指针的指针。

2. 定义指向指针的指针的一般形式

类型名 **指针变量名;

(1) 例如：

  int a =5 ;

```
            int  *  p = & a ;
            int  * *  pp = &p ;
             printf ("%d , %d , %d \n" , a , *p , **pp) ;
```

所以，a，*p，**pp 三者等价，如图 8.22 所示。

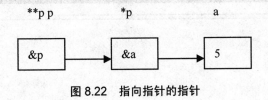

图 8.22 指向指针的指针

(2) 若有

```
char *week []={"SUN "," MON ","TUE","WED","THU","FRI","SAT"};
char **p;
p=week;
```

注意：此时 p，week，& week[0] 均表示 p 中存放的是 week[0] 的地址。

*p，week[0] 均表示字符串 SUN 的地址。

**p 表示字符串 SUN 第一个字符 S，如图 8.23 所示。

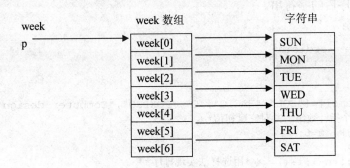

图 8.23 指向指针的指针

【例 8.20】 使用指针数组和指向指针的指针。

```
main()
    { char  *week []={"SUN ","MON ","TUE","WED","THU","FRI","SAT"};
    char **p;
    int i;
    for(i=0;i<7;i++)
    printf("%s  ",week[i]);          /*使用指针 week[i]，输出各个字符串*/
    for(i=0;i<7;i++)
    {p=week+i;
    printf("%s\n",*p);                /*注意这里用的是%s 和*p，而不用**p，*/
                                      /* **p 是字符串的第一个字符*/
    }
    }
```

运行结果：

解决问题

【例8.21】(问题1) 图书管理系统中，图书排序模块要求对库存图书按字母顺序由小到大排序，如何用 C 语言编程实现？

算法思想：

如果用二维数组来实现，因为各个书名长度不同，会浪费很多内存单元。为此，可以用指针数组来实现。

(1) 在 main 函数中定义一个指针数组 name，并赋一些字符串作为初值。

(2) 用选择法对字符串排序，不移动字符串的位置，只需移动指针数组中各元素的指向。

(3) 输出排序后的字符串。

参考源代码：

```
#include <stdio.h>
#include <string.h>
main()
{
char *name[]={"SQL","BASIC","C","FOXPRO","Computer design","OS"};
/*定义一个指针数组，并对它赋初值*/
int i,j,k, n=6;
char *t;
for(i=0;i<n-1;i++)    /*用选择法实现排序*/
{
  k=i;
  for(j=i+1;j<n;j++)
  if(strcmp(name[k],name[j])>0) k=j;
  if(k!=i)
  {t=name[i];name[i]=name[k];name[k]=t;}
}
for(i=0;i<n;i++)
printf("%s\n",name[i]);
}
```

运行结果：

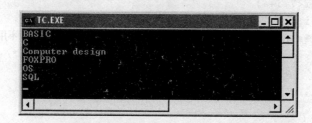

问题的深化

【例8.22】 (问题2) 设计一函数 show(),功能是将数组 b 中的各个数据按由小到大的顺序显示输出,但不改变 b 中数据的原有存储顺序。

算法思想:

(1) 在主函数内定义整型数组 a,并赋初值,调用函数 show 时,数组名 a 作为实参传递给在函数 show 内定义的形参数组 b,使 a 和 b 共同占用同一段内存单元。

(2) 在函数 show 内定义一个指针数组 p,使 p 指向数组 b 中的各个元素,用选择法比较两个数的大小,即使 b[i]小于 b[j],也不交换 b[i]和 b[j],而是交换指向它们的指针的指向。交换完后,在函数 show()内通过指针输出数组 b 中的各个元素的值。

(3) 在主函数内再输出一遍数组 a 中各元素的值,以证明调用函数 show 之后,数组中各元素的值并没有改变。

参考源代码:

```
#include <stdio.h>
show(int b[],int size)
{
  int *p[20],*q,m,i,j;
  for(m=0;m<size;m++)
    p[m]=&b[m];                    /*让指针数组中的指针指向对应位置中的数据*/
  for(m=0;m<size-1;m++)
  {
   j=m;                            /*用j记住最小元素位置,先假定b[m]为最小元素*/
    for(i=m+1;i<size;i++)
      if(*p[i]<*p[j])j=i;          /*发现比b[j]小的元素,用j记住这个新位置*/
    if(j>m)
    { q=p[j];
      p[j]=p[m];
      p[m]=q;
    }
  }
  printf("inverted effect\n");
  for(m=0;m<size;m++)
  printf("%d ",*p[m]);
  printf("\n");
}
main()
{ int m,a[]={12,32,2,8,79,95};
  #define SIZE (sizeof(a)/sizeof(a[0]))    /*把SIZE定义为数组中元素的个数*/
  printf(" The original array:\n");
  for(m=0;m<SIZE;m++)
  printf("%d ",a[m]);
  printf(" \n");
  show(a,SIZE);                    /*函数调用,数组名a作参数传递的是数组的首地址*/
  printf(" The array has been inverted:\n");
  for(m=0;m<SIZE;m++)
  printf("%d ",a[m]);
}
```

运行结果:

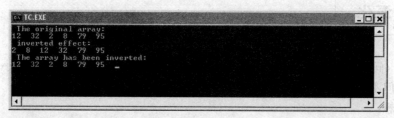

执行过程分析:

在主函数内定义整型数组 a,并赋初值,如图 8.24(a)所示。当执行到语句 show(a,SIZE); 时,进行函数调用。函数 show 功能是将数组中的各个数据按由小到大的顺序显示输出,但不改变数组中数据的原有存储顺序。函数 show 的形参为整型数组 b 和整型变量 size,b 是数组名,接收数组 a 的地址,整型变量 size 接收实参 SIZE 的值,函数 show 内的指针数组 p 指向 b 数组中的各个元素,如图 8.24(b)所示。函数 show 内用选择法比较两个数的大小,交换指针数组元素的指向,如图 8.24(c)所示。函数调用结束后,数组 a 中各元素的值保持原值,如图 8.24(d)所示。

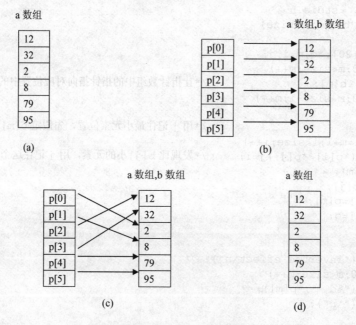

图 8.24 例 8.22 示意图

8.6 本章小结

本章共有三个知识点:指针的概念、指针变量的分类和应用、指针变量作函数参数。
本章的重点是:指针变量的分类和应用、指针变量作函数参数。

1. 指针和指针变量的概念

指针是存储特定类型数据的地址。指针变量是存储指针的变量,指针变量的类型就是指针变量所指向的数据的类型。

2. 指针变量的分类和应用

指针依据其指向的对象不同，可分为指向简单数据的指针、指向数组的指针，指向字符串的指针和指向指针的指针等。

指针变量的运算。

1) 赋值运算

指针变量的赋值运算有以下几种形式。

(1) 指向变量的指针变量赋值。例如：

```
int a,*pa=&a;
```

(2) 指向一维数组的指针变量。例如：

```
int a[10],*p;
p=a;    /* p指向a[0]元素 */
```

也可以写为：

```
p=&a[0];
```

(3) 指向二维数组的指针变量。

指向数组元素的指针变量，例如：

```
int a[3][4],*p;
p=a[0];    /* p指向0行0列元素 */
```

也可以写作：

```
P=&a[0][0];
```

指向二维数组的行指针变量，例如：

```
int a[3][4],(*p)[4];
p=a;   /*p指向0行首地址 */
```

(4) 指向字符串的指针变量。例如：

```
char *pc="C Language";   /* 字符串的首地址赋予pc变量 */
```

2) 加减算术运算

对于指向数组的指针变量，可以加上或减去一个整数n。

(1) 指针变量加1，表示指针变量指向下一个数据元素的地址。

(2) 指针变量减1，表示指针变量指向上一个数据元素的地址。

指针变量的加减运算只能对指向数组的指针变量进行，加(减)1移动的字节数取决于指针变量的基类型，如基类型是int，加(减)2个字节，如基类型是float，加(减)4个字节。

3. 指针变量作为函数参数

指针变量作为函数参数，传递的是地址，数组名作为函数参数，传递的也是地址，但是数组名是常量，而指针是变量。

传递地址的操作归纳起来，有以下几种情况，见表8-4。

表 8-4　传递地址的实参与形参

实　参	形　参
数组名	数组名
数组名	指针变量
指针变量	指针变量
指针变量	数组名

4. 其他

(1) 指针函数就是返回值为指针的函数，它的返回值是地址。
(2) 指针数组中的每一个元素都是一个指针变量。

第 9 章 结 构 体

前面章节已经介绍了基本类型(或称简单类型)的变量(如整型、实型、字符型变量等),也介绍了一种构造类型数据——数组,数组中的各元素都必须属于同一个类型的。

但是只有这些数据类型是远远不够的。有时需要将不同类型的数据组合成一个有机的整体,以便于引用。这些组合在一个整体中的数据又是相互联系的。

例如,新生入学登记表,要记录每个学生的学号、姓名、性别、年龄、身份证号、家庭住址、家庭联系电话等信息项,这些项都与某一学生紧密相连,见表9-1。

表9-1 新生入学登记表

学号	姓名	性别	年龄	身份证号	家庭住址	家庭联系电话
11301	Pin.Zhang	F	19	320406861001264	qingdao	(0532)8754267
11302	Min.Li	M	20	370802850326182	jining	(0537)3870909

可以看出,性别(F)、年龄(19)、身份证号(320406861001264)、家庭住址(qingdao)、家庭联系电话((0532)8754267)都是属于学号为"11301"和姓名为"Pin.Zhang"的学生的。如果将性别、年龄、身份证号、家庭住址、家庭联系电话分别定义为相互独立的不同相应类型的变量来表示,肯定不难实现(学号定义为"长整型"的,性别定义为"字符型"的,年龄定义为"整型"的,其他几项都定义为"字符串"),但是,很难反映它们之间的内在联系、整体性。

那么,这是不是就意味着这样类似的问题就无法得到很好的解决呢? C 语言为解决该类问题提供了一个有力的工具——结构体,这正是本章要学习的问题。

本章内容

(1) 结构体的概念、类型及其变量的定义、引用和初始化。
(2) 结构体数组的定义与使用。
(3) 指向结构体类型数据的指针。
(4) 链表的建立、插入、删除、输出等操作使用。
(5) 枚举类型的定义及其变量引用。
(6) 自定义类型 typedef 的作用。

提出问题

问题 1. 毕业在即,为了方便日后同学们之间更好地联系,班长想编写一个班级同学的通讯录程序,包含编号、姓名、性别、住址、电话,想查阅时,运行程序,可以看到每个同学的通讯信息。

相关知识点

C语言中提供了一种构造数据类型(即组合数据类型),称为结构体,它是将同一个对象的不同类型属性数据组成一个有联系的整体。也就是说,可以定义一种结构体类型将属于同一个对象的不同类型的属性数据组合在一起,以便于引用。新生入学登记表就可以将属于同一个学生的各种不同类型的属性数据组合在一起,形成整体的结构体类型数据。然后用结构体类型变量来存储、处理每个学生的信息。

9.1 定义结构体类型

结构体是一种自定义类型,除了结构体变量需要定义后才能使用外,结构体的类型本身也需要定义。

定义结构体类型的格式:

```
struct 结构体名
{  数据类型1  成员1;
   数据类型2  成员2;
   ……
   数据类型n  成员n;
};
```

说明:(1) struct 是结构体的关键字,不能少。

(2) 结构体名即结构体类型的名称,遵循标识符命名规则。

(3) 结构体有若干数据成员,用{}括起来,分别属于各自的数据类型,结构体成员名同样遵循标识符命名规则,属于特定的结构体变量(对象),可以与程序中其他变量或标识符同名。

(4) 定义结构体类型,就是定义了一种数据类型,与先前所学的 int、char 是一样的,只不过结构体类型是一种复杂的数据类型,是基本数据类型的组合。

(5) 使用结构体类型时,"struct 结构体名"作为一个整体,表示名字为"结构体名"的结构体类型。

(6) 定义结构体类型后,C 系统并不分配存储空间,只有定义了该结构体类型的变量,系统才为变量分配存储空间。

例如:定义一个反映学生信息的结构体类型。

```
struct student
{ long num;
  char name[20];
  char sex;
  int age;
```

```
    float score;
    char addr[40];
};
```

说明：(1) "struct student"是结构体类型名，struct 是关键词，在定义和使用时均不能省略。

(2) 该结构体类型由 6 个成员组成，分别属于不同的数据类型，分号";"不能省略。

在定义了结构体类型后，可以定义结构体变量，就像使用 int 整型类型，可以定义 int 整型变量。

9.2 定义结构体类型变量的方法

1. 先声明结构体类型再定义变量名

例如：

```
struct student    /*类型定义，定义结构体类型 struct student*/
{   long num;
    char name[20];
    char sex;
    int age;
    float score;
    char addr[40];
};  ◄———— 这个分号一定不能少！
struct student student1,student2 ;
/*变量定义，定义 2 个类型为 struct student 的结构体变量 student1、student2*/
```

2. 定义结构体类型的同时定义结构体变量

例如：

```
struct student
    {  long num;
       char name[20];
       char sex;
       int age;
       float score;
       char addr[30];
    } student1,student2;  ◄———— 定义完变量再加分号
```

说明：(1) 这是一种紧凑的格式，既定义类型，也定义变量。

(2) 如果需要，在程序中还可以使用所定义的结构体类型，定义其他同类型变量。

3. 直接定义结构体变量

不给出结构体类型名，匿名的结构体类型。

例如：

```
struct{...}student1,student2;
```

说明：(1) 结构体类型和结构体变量是不同的概念，不要混同。在定义时一般先定义一个结构体类型，然后定义变量为该类型。而且，只能对结构体变量赋值、运算、输出，

而不能对一个结构体类型赋值、运算、输出。

(2) 在编译时，对结构体类型不分配空间，只对变量分配空间。

(3) 一个结构体变量所占存储空间是各个成员所占存储空间的和。

例如，上面定义的 student1,student2 所占存储空间的大小=2+20+1+2+4+30，共计69字节。

(4) 结构体中的成员，也可以是另一个结构体类型的变量。

例如：

```
struct date
{ int year;
  int month;
  int day;
};
struct student
 {long num ;
 char name[20];
 char sex;
 int age;
 struct date birthday; /*birthday 是 struct date 结构体类型的一个变量*/
 char addr[30];
 } student1,student2 ;
```

注意：结构体成员的类型不能是正在定义的结构体类型(递归定义，结构体类型大小不能确定)，但可以是正在定义的结构体类型的指针。

9.3 结构体变量的引用

在定义结构体变量以后，不能直接引用变量，而是引用该变量的成员，格式如下：

结构体变量名．成员名
　　　　　　　↑

称为成员运算符，它在所有运算符中优先级最高，与()是一个级别。

说明：(1) 不允许将结构体变量整体输入和输出，只能对结构体变量中的各个成员分别进行输入和输出。

例如：

```
scanf("%ld%s%c%d%f%s",&student1.num,student1.name,&student1.sex,
&student1.age,&student1.score,student1.addr);
printf("%ld,%s,%c,%d,%f,%s\n",student1.num,student1.name,student1.sex,
student1.age,student1.score,student1.addr);
```

可以把结构体变量的成员看作简单变量来使用。

例如：

student1.num　等价于一个int型变量的使用。

(2) 只能对最低级的成员进行赋值或存取以及运算。

例如：

student1.birthday.year=1980;

(3) 对结构体变量的成员可以像普通变量一样进行各种运算。

例如：

```
student1.age++;
sum=student1.score+student2.score;
```

(4) 同一种类型的结构体变量之间可以直接赋值(整体赋值，实质上是对应成员逐个依次赋值的)。

例如：

student2=student1;

9.4 结构体变量的初始化

结构体变量的各个成员的赋值有以下几种形式。

(1) 定义结构体变量时，赋初值——称为初始化。

例如：

```
struct student
{ long num;
  char name[20];
  char sex;
  int age;
  float score;
  char addr[30];
} student1={ 20050201,"zhangqiang",'M',18,456,"Jining guanghe 13"};
```

注意：变量后面的一组数据应该用"{}"括起来，其顺序要与结构体中的成员顺序保持一致。

(2) 定义结构体变量后，直接赋值。

例如：

```
student1.num=20050201;
strcpy(student1.name,"zhangqiang");
student1.sex='M';
```

(3) 用 scanf( )函数给结构体变量的成员赋值。

例如：

scanf("%ld%s%c%d%f%s", &student1.num, student1.name, &student1.sex, &student1.age,&student1.score,student1.addr);

9.5 结构体数组

结构体数组——数组元素的类型为结构体类型的数组，与整型数组类似。
C语言允许使用结构体数组存放一类对象的数据。
定义结构体数组和定义结构体变量的方法相同，只是将"变量名"用"数组名[长度]"代替，也是对应的三种方法。
结构体数组的初始化和结构体变量的初始化方法相同，只是再加一层{}，列举结构体数组各元素，每个元素就是结构体变量，数据也用"{}"括起来。

【例9.1】 利用结构体数组来保存三个学生记录的基本信息。

```
        struct student
        { long num;
          char name[20];
          char sex;
          int age;
          float score;
          char addr[30];
        }stu[3]=
          {{ 20050201,"zhangqiang",'M',18,456, "Jining"},{20050202, "liling",
            'F',19,406, "qufu"},{20050203, "wanglei ",'F',18,503, "Jining "}};
```

注意：定义了结构体数组后，可以采用"数组元素.成员名"引用结构体数组某个元素的成员。

例如，输出第二位学生(stu[1])的性别(sex)，即

```
printf("%c", stu[1].sex);
```

9.6 指向结构体类型数据的指针

结构体指针变量是指向结构体变量的指针变量。结构体指针变量的值是结构体变量(在内存中的)的起始地址。

9.6.1 结构体指针变量

1. 定义

```
struct 结构体名 *结构体指针变量名;
```
例如：
```
struct student student1;
struct student *p= &student1;
```

2. 通过结构体指针变量访问结构体变量的成员

(1) (*结构体指针变量名).成员名。(*结构体指针变量名为所指向的结构体变量，"."

运算符优先级比"*"运算符高,所以圆括号不能少)。

(2) 结构体指针变量名−>成员名(其中"−>"是指向成员运算符)。

例如:可以使用(*p).age 或 p−>age,访问 p 指向的结构体的 age 成员。

【例 9.2】 用指针访问结构体变量及结构体数组。

数组的指针就是指向其元素的指针,访问数组元素和访问变量所需要定义的指针变量完全相同,指向数组元素和指向变量的指针变量在使用上也完全相同。

参考源代码:

```c
#include<stdio.h>
main()
{
  struct student                    /*结构体类型定义*/
  {
    long num;                       /*结构体中各成员*/
    char name[20];
    char sex;
    float score;
  };   /*结构体数组 stu,结构体变量 student1 定义和初始化*/
  struct student stu[3]={{20050101,"Wangli",'F', 483},
                         {20050102,"zhangqiang",'M',523},
                         {20050103,"Songping",'M',401.5}};
  struct student student1={20050201,"zhaomeng",'F',496.5};
  struct student *p,*q;
  int i;
  clrscr();                         /*清除屏幕*/
  p=&student1;                      /*p 指向结构体变量*/
  printf("%s,%c,%5.1f\n",student1.name,(*p).sex,p->score); /*访问结构体变量*/
  printf("\n");
  q=stu;                            /*q 指向结构体数组的元素*/
  for(i=0;i<3;i++,q++)              /*循环访问结构体数组的元素(下标变量)*/
    printf("%s,%c,%5.1f\n",q->name,q->sex,q->score);
}
```

运行结果:

9.6.2 结构体变量作为函数参数

结构体变量可以像其他数据类型一样作为函数的参数,也可以将函数定义为结构体类型或结构体指针类型(返回值为结构体、结构体指针类型)。

【例 9.3】 打印输出 3 个学生记录的基本信息。

```c
#include <stdio.h>
struct student
{
  long num;
  char name[20];
  char sex;
  int age;
  float score;
};
struct student stu[3]={{11302,"Wang",'F',20,483},
                      {11303,"Liu",'M',19,503},
                      {11304,"Song",'M',19,471.5}};
void print(struct student s)   /*打印学生姓名、年龄、成绩。形参：结构体类型*/
{
  printf("%s,%d,%5.1f\n",s.name,s.age,s.score);
}
main()
{
  int i;
  for(i=0;i<3;i++)print(stu[i]);   /*循环打印学生的记录*/
}
```

运行结果：

说明：函数 print 的形参 s 属于结构体类型，所以实参也用结构体类型 stu[i]。

解决问题

【例 9.4】 (问题 1) 毕业在即，为了方便日后同学们之间更好地联系，班长想编写一个班级同学的通讯录程序，包含编号、姓名、性别、住址、电话，想查阅时，运行程序，可以看到每个同学的通讯信息。

为便于理解，先编写一个有 3 个同学信息的通讯录程序，供参考。

算法思想：

(1) 首先需要定义一个结构体类型，包括学号(num)、姓名(name)、住址(addr)、电话(tel)、QQ 号(qq)、E-mail(email)。

(2) 定义有 3 个元素的结构体数组。

(3) 给结构体数组各元素的成员赋值。

(4) 输出结构体数组各成员的值。

参考源代码：

```
#include <stdio.h>
main()
{ int i;
  struct student
{ long num;
  char name[12];
  char addr[20];
  char tel[13];
  char qq[10];
  char email[30];
}stu[3]={{20050101,"zhangqing","jining","13623476232","1234567","zhang
         q@sina.com"},
        {20050102,"liling","qufu","13001788936","2367890","
         liling05@souhu.com"},
        {20050103,"wanglei","jinan","13853700380","3456127",
         "wang@163@sina.com"}};
for(i=0;i<3;i++)
printf("(%d) num:%ld\tname:%s\taddr:%s\ttel:%s\n\t\tqq:%s\tE-mail:
%s\n",i,stu[i].num,stu[i].name,stu[i].addr,stu[i].tel,stu[i].qq,
stu[i].email);
}
```

运行结果：

问题的深化

【例 9.5】 (问题 2) 如果一个班 30 个同学，应该怎么做通讯录？

算法思想：

(1) 首先需要定义一个结构体类型，包括学号(num)、姓名(name)、住址(addr)、电话(tel)、QQ 号(qq)、E-mail(email)。

(2) 根据同学人数定义一个结构体类型的数组，数组元素的个数由同学人数决定。

(3) 在循环控制下，用 scanf()给结构体数组的各元素的成员输入值。

(4) 在循环控制下，输出结构体数组各成员的值。

参考源代码：

```
#include <stdio.h>
main()
{ int i;
```

```
    struct  student
    {  long  num;
       char  name[12];
       char  addr[20];
       char  tel[13];
       char  qq[10];
       char  email[30];
    }stu[30];
    for(i=0;i<30;i++)
    scanf("%ld%s%s%s%s%s",
    &stu[i].num,stu[i].name,stu[i].addr,stu[i].tel,stu[i].qq,stu[i].email);
    for(i=0;i<30;i++)
      printf("(%d) num: %ld\tname:%s\taddr:%s\ttel:%s\n\t\tqq:%s\tE-mail:
      %s\n",i,stu[i].num,stu[i].name,stu[i].addr,stu[i].tel,stu[i].qq,
      stu[i].email);
    }
```

读者可以验证一下，为简化问题，可改为 5 个同学信息的输入、输出。

【**例 9.6**】(问题 3)招生办招收了 50 个学生，每个学生的数据包括学号(num)、姓名(name)、总成绩(score)，编程实现从键盘输入 50 个学生数据，按其总成绩由高到低排序，输出排序后对应的学号、姓名、总成绩(可以将总成绩定义为 int；而且在排序交换时，不能只交换总成绩变量值)。

算法思想：

(1) 定义一个结构体 struct student 包含 num、name、score 3 个成员(为了简化操作，num、score 均定义为 int 型)。

(2) 定义结构体 struct student 的数组 stu[5]。

(3) 在循环控制下，从键盘输入 50 个学生的学号、姓名、总成绩。

(4) 对结构体数组按照 stu[i].score 的大小进行排序(采用冒泡法)，注意交换时，不仅要交换总成绩，还要交换学号和姓名，尤其姓名的交换，不能直接采用赋值的方法，应使用 strcpy()函数。

(5) 在循环控制下，输出 50 个学生排序后的学号、姓名、总成绩。

现以 5 个同学的信息为例。

参考源代码：

```
#include <stdio.h>
#include <string.h>
struct  student
{int num;
char name[6];
int score;
} stu[5];
main()
{ int  i,j;
  char  s[10];
  int  t;
  printf("\n");
  for(i=0;i<5;i++)
  scanf("%d%s%d",&stu[i].num,stu[i].name,&stu[i].score);
```

```
    for(j=0;j<=3;j++)
      { for(i=0;i<=3-j;i++)
        if (stu[i].score<stu[i+1].score)
        { t=stu[i].score;stu[i].score=stu[i+1].score;stu[i+1].score=t;
          t=stu[i].num;stu[i].num=stu[i+1].num;stu[i+1].num=t;
          strcpy(s,stu[i].name);
          strcpy(stu[i].name,stu[i+1].name);
          strcpy(stu[i+1].name,s);}}
      for(i=0;i<5;i++)
        printf("%10d ,%10s,%10d\n",stu[i].num,stu[i].name,stu[i].score);
    }
```

运行结果：

问题 1. 教务处为了动态管理学生成绩(学生人数有可能变化)，快速查询、了解每个学生的成绩，想建立一个有若干名学生数据的单向动态表，方便增减数据，用 C 语言该怎么实现？

9.7 用指针处理链表

9.7.1 链表概述

链表是一种重要的数据结构，可以动态地根据需要开辟内存单元进行相应的操作(形象地讲，就是根据人数登记房间住宿)。链表就像一列火车，有车头有车尾，每节车厢里都放有一定数量的货物，而且从中增加、减掉若干节车厢后，还要保证前后的连接。

(1) 链表有一个"头指针"变量，它存放链表第一个结点的地址。

(2) 链表中每一个元素称为一个结点，每个结点都包括两部分，一个是数据域，一个是指针域。数据域用来存放用户数据，指针域用来存放下一个结点的地址。

(3) 链表的最后一个结点的指针域常常设置为 NULL (空)，表示链表到此结束。

(4) 常常用结构体变量作为链表中的结点。如图 9.1 所示。

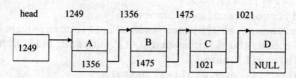

图 9.1　链表的数据结构

可以看到，这种链表的数据结构必须利用结构体变量和指向结构体变量的指针来实现，即一个结点中应包含一个指针变量，用来存放下一个结点的地址。

9.7.2　简单链表的建立

【例 9.7】　建立一个如图 9.2 所示的简单链表，该链表由 3 个学生数据的结点组成，每个结点有数据域(包含学生学号、总成绩)、指针域。

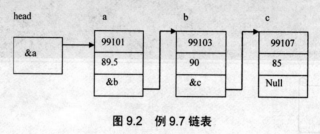

图 9.2　例 9.7 链表

参考源代码：

```
#define NULL 0
struct  student                    /*定义结构体类型*/
{ long  num;
  float  score ;
  struct  student * next;          /*指针域*/
};
main()
{ struct  student  a,b,c;          /*定义结构体变量*/
  struct  student *head , * p;     /*定义结构体指针*/
  a.num=99101; a.score = 89.5;     /*给结构体变量的成员赋值*/
  b.num=99103 ; b.score=90;
  c.num=99107 ;c.score=85;
  head =&a;                        /*将结点 a 的起始地址赋给头指针 head*/
  a.next = &b;                     /*将结点 b 的起始地址赋给 a 结点的 next 成员*/
  b.next = &c;                     /*将结点 c 的起始地址赋给 b 结点的 next 成员*/
  c.next=NULL;                     /*c 结点的 next 成员设为 NULL 表示结点到此结束*/
  p=head;                          /*使 p 指针指向第一个结点,目的是 head 指针内容不变*/
  do
  { printf("%ld , %5.1f\n",p->num,p->score);    /*循环输出每个结点的数据*/
    p=p->next;                     /*使 p 指向下一个结点*/
  } while(p!=NULL);                /*当 p 等于 NULL 时，退出循环*/
                                   /*当 p 指向 c 结点,且再执行 p=p->next;后, p=NULL*/
}
```

运行结果：

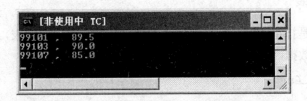

算法总结：

(1) 先定义一个结构体，包含数据域(学号、总成绩)和指针域(指向结构体变量)。

(2) 由于要存放 3 个学生的信息，所以定义 3 个结构体变量。

(3) 定义结构体类型的头指针 head，存放第一个结点的地址。

(4) 由于需要一个指针在各结点上移动，所以定义一个结构体类型的指针 p，使指针 p 指向第一个结点。

(5) 在循环控制下，输出每个结点的数据，然后指针 p 下移一个结点，关键语句 p=p->next;。

(6) 注意循环条件是 p!= NULL。

9.7.3 处理动态链表所需的函数

1. malloc 函数

格式：

```
void * malloc(unsigned int size);
```

功能：在内存的动态存储区中分配 1 个长度为 size 的连续空间。

函数的返回值：申请存储空间成功，返回申请的存储空间的起始地址；申请不成功，返回 NULL。

2. calloc 函数

格式：

```
void * calloc(unsigned n ,unsigned int size);
```

功能：在内存的动态存储区中分配 n 个长度为 size 的连续空间。

函数的返回值：申请存储空间成功，返回申请的存储空间的起始地址；申请不成功，返回 NULL。

3. free 函数

格式：

```
void free(void *p);
```

功能：释放由指针 p 指向的内存区，使这部分内存区能被其他变量使用。

free 函数无返回值。

9.7.4 建立动态链表

建立动态链表是指在程序执行过程中从无到有地建立起一个链表，即一个一个地开辟结点和输入各结点数据，并建立起前后相连的关系。

解决问题

【例9.8】 (问题1) 教务处为了动态管理学生成绩(学生人数有可能变化)，快速查询、了解每个学生的成绩，想建立一个有若干名学生数据的单向动态表，方便增减数据，用 C 语言该怎么实现(以 3 个同学数据为例)?

```
#define NULL 0
#define LEN sizeof(struct student)   /*定义宏*/
#include<stdio.h>
struct student
{ long num;
  float score;
  struct student *next;
};
int n;                              /*定义全局变量n, 用来统计结点的个数*/
struct student * creat(void)
    /*定义函数, 此函数是一个指针函数, 函数的返回值是链表的头指针的内容*/
{ struct student * head;           /*定义头指针*/
  struct student *p1,* p2;         /*定义两个结构体指针, 用于指向链表中各结点*/
  n=0;                             /*初始化n*/
  p1=p2=( struct student * ) malloc(LEN);
  /*动态申请一个结构体变量大小的存储空间, 使p1、p2均指向这个空间*/
  scanf("%ld%f",&p1->num,&p1->score);  /*对申请的存储空间输入值*/
  head=NULL;                       /*首先让头指针为空*/
  while(p1->num!=0)                /*循环的条件是申请的存储空间中输入的学号不等于0*/
  { n=n+1;                         /*统计链表中结点的个数增1*/
      if (n==1)  head=p1;          /*链表的链接*/
      else  p2->next=p1;
      p2=p1;
      /*将已经申请且输入值的结点地址存放在p2指针中, 空出p1指针为申请新的存储空间作准备*/
      p1=( struct student * ) malloc(LEN);
          /*动态申请一个结构体变量大小的存储空间, 使p1指向这个空间*/
      scanf("%ld%f",&p1->num,&p1->score);
  }                                /*对申请的存储空间输入值*/
  p2->next=NULL;                   /*循环结束, 不想再增加结点了, 设最后一个结点的*/
                                   /*指针域为NULL*/
  return(head);                    /*返回整个链表的第1个结点的起始地址*/
}
```

算法总结:

(1) 先定义一个结构体, 包含数据域(学号、总成绩)和指针域(指向结构体变量)。

(2) 动态申请一个结点, 并使 head、p1、p2 指向它, 定义全局变量 n 统计结点的个数。

(3) 输入学生数据到 p1 所指向的空间。

(4) 在循环控制下,动态再申请一个存储空间,使 p1 指向它,然后输入学生数据,结点个数增 n=n+1。

(5) 执行 p2->next=p1; 语句,实现链表的链接。

(6) 用 p2 保存当前结点地址,p2 始终指向表尾结点。

(7) 循环执行(4)~(6),实现结点的动态创建。

(8) 循环的条件是申请的存储空间中输入的学号不等于 0。

(9) 循环结束,使最后一个结点的指针域为 NULL,如图 9.3 所示。

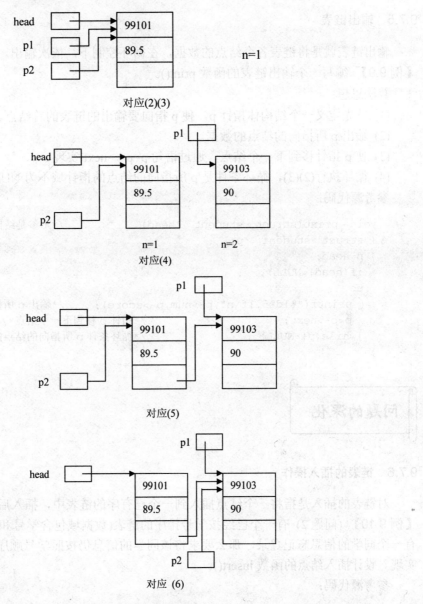

图 9.3 动态创建数据链表

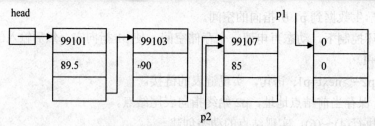

动态创建有 3 名学生数据的链表最后效果图，对应(8)(9)

图 9.3 动态创建数据链表(续)

9.7.5 输出链表

输出链表就是将链表各个结点的数据，在循环控制下，依次输出。

【例 9.9】 编写一个输出链表的函数 print()。

算法思想：

(1) 首先定义一个结构体指针 p，使 p 指向要输出的链表的首结点。
(2) 输出 p 所指向的结点的数据。
(3) 使 p 指针移到下一个结点，通过语句 p=p->next;实现。
(4) 循环执行(2)(3)，循环条件是 p 所指向的结点的指针域不为 NULL，即 p!=NULL。

参考源代码：

```
void print(struct student *head)            /*形参是结构体类型指针*/
{ struct student *p;
  p=head;
  if(head!=NULL)
  do
  { printf("%ld%5.1f\n",p->num,p->score);   /*输出p所指向的结点的数据*/
    p=p->next;                              /*指针p移到下一个结点*/
  }while(p!=NULL) ;                         /*循环条件p所指向的结点的指针域不为NULL*/
}
```

9.7.6 链表的插入操作

对链表的插入是指将一个结点插入到一个已有序的链表中，插入后链表仍保持连接。

【例 9.10】 (问题 2) 有一个已经按学号排序的链表(数据域包含学号和总成绩)，现在发现有一个同学的信息忘记登录，那么要求将该同学的信息仍按照学号顺序插入该链表，如何实现？设计插入结点的函数 insert()。

参考源代码：

```
struct student *insert(struct student *head,struct student *stud)
{ struct student *p0,*p1,*p2;
```

```
              p1=head;
              p0= stud;
              if(head==NULL)                              /*插入到空表中*/
              { head=p0; p0->next=NULL;}
              else                                         /*插入到非空表中*/
              while( (p0->num > p1->num)&&(p1->next!=NULL))  /*寻找插入位置*/
              { p2=p1;
                p1=p1->next;}
                if(p0->num<=p1->num)                      /*插在p1之前*/
                 { if(head==p1)  head=p0;
                   else p2->next =p0;
                   p0->next =p1;}
                else                                      /*插在链表的最后*/
                { p1->next =p0;
                  p0->next=NULL;}
                n=n+1;                                    /*学生结点数增1*/
                return(head);
        }
```

算法总结：

前提是链表已经按照数据域中学号(num)由小到大排序。

(1) 先用指针变量 p0 指向待插入的结点，p1 指向当前结点，初始情况为链表的第 1 个结点。

(2) 空表中插入结点，或者如果要插入结点比第 1 个结点学号还小，直接 head=p0; p0->next=p1;。

(3) 要插入结点学号与当前结点学号比较。

在循环控制下，逐个比较 if(p0->num>p1->num)，如果成立，向后查找合适位置 p2=p1; 使 p2 指向刚才检查过的那个结点，便于插入。p1 指针下移一个结点 p1=p1->next；如果不成立，插入、执行 p2->next=p0;p0->next=p1; 即将 p0 指向的结点插入到当前结点之前。

(4) 如果要插入结点学号，比最后一个结点(p1->next==NULL)学号还大，插在最后一个结点之后，p1->next=p0; p0->next=NULL;。

9.7.7 链表的删除操作

对链表的删除是指将一个结点从一个已有序的链表中分离开来，删除后链表仍保持连接。

【例 9.11】 (问题 3) 有一个已经按学号排序的链表(数据域包含学号和总成绩)，现在有一个同学中途转学，要求将该同学的信息从该链表中删除，如何实现？设计删除结点的函数 del()。

参考源代码：

```
          struct student *del(struct student * head,long num)  /*从链表中删除学号为*/
                                                               /*num 的学生结点*/
          { struct student *p1,*p2;
            if(head==null)
```

```
            {printf ("\nlist null\n"); goto end;}    /*空表退出删除*/
             p1=head;
          while( (num!=p1->num)&&(p1->next!=NULL))   /*p1指向的不是所要找的结点*/
                                                     /*并且后面还有结点*/
           { p2=p1;
             p1=p1->next;}                           /*后移一个结点*/
              if (num= =p1->num)                     /*找到了*/
              { if(p1= =head)  head= p1->next;       /*若p1指向的是头结点,把第二*/
                                                     /*个结点地址赋予head*/
                 else  p2->next = p1->next;          /*否则将下一结点地址赋给前一结点地址*/
                 printf ("delete:%ld\n",num);        /*输出该结点学号*/
                 n=n-1;                              /*学生结点数减1*/
              }
           else  printf ("%ld not been found!\n",num); /*找不到该结点*/
              end:
               return(head);
           }
```

算法总结：

(1) 设两个指针变量p1和p2，使p1指向链表的第一个结点。

(2) 如果该链表为空表，则无需做任何操作提前结束删除。

(3) 如果要删除的不是第一个结点，则在循环控制下，逐个比较检查。

while((num!=p1->num)&&(p1->next!=NULL)) 如果成立 p2=p1; 使 p2 指向刚才检查过的那个结点，便于删除；p1 指针下移一个结点 p1=p1->next; 如果不成立退出循环，表示找到了或者整个链表全部检查完都没找到。

(4) 如果要删的是第一个结点，则应将 p1->next 赋给 head，这时 head 指向原来第二个结点，原来第一个结点已与链表脱离"丢失"；如果要删的不是第一个结点，则将 p1->next 赋给 p2->next。

(5) 如果链表中找不到要删除的结点，则输出错误信息提示。

9.7.8 链表的综合操作

【例 9.12】 将以上建立、输出、插入、删除的函数组织在一个 C 语言程序中，在 main() 函数中调用。

算法思想：

在 main() 函数中调用各函数，实现想要的功能。

注意：调用各函数时，实参与形参的匹配问题！

```
#include <stdio.h>
main()
{ struct student * head ,stu;
long num;
printf("input records :\n");
head =creat();                        /*建立链表*/
print(head);                          /*输出链表*/
printf("\n input the inserted record: ");
```

```
scanf("%ld %f ",&stu.num , &stu.score);
head=insert(head, &stu);        /*向链表中插入结点*/
print(head);                    /*输出链表*/
printf("\n input the deleted record's num:");
scanf("%ld ",&stu.num);
head=del(head, stu.num);        /*从链表中删除结点*/
print(head);                    /*输出链表*/
}
```

提出问题

问题 1. 通过市场调查发现，急需一款根据今天是星期几，求指定 n 天后是星期几的软件，请读者帮助解决。

相关知识点

9.8 枚 举 类 型

(1) 枚举类型是指将变量的值一一列举出来，变量的值只限于列举出来的值的范围内。
(2) 声明枚举类型的格式：

  enum 枚举类型名{ 枚举常量1,枚举常量2,……,枚举常量n };

(3) 定义枚举类型变量。
① 定义枚举类型的同时定义变量：

  enum 枚举类型名{枚举常量1,……}枚举变量名;

② 先定义类型后定义变量：

  enum 枚举类型名 枚举变量名;

③ 匿名枚举类型：

  enum {枚举常量列表} 枚举变量列表;

例如：

```
enum weekday{sun,mon,tue,wed,thu,fri,sat};
/*定义枚举类型 enum weekday*/
enum weekday week1,week2;
/*定义 enum weekday 枚举类型的变量 week1、week2，其取值范围：sun、mon、…、sat*/
week1=wed;  week2=fri;
/*可以用枚举常量给枚举变量赋值*/
```

(4) 说明。

① enum 是标识枚举类型的关键词，定义枚举类型时用 enum 开头。

② 枚举常量是符号，由程序设计者自己指定，命名规则同标识符。使用枚举常量，可以提高程序的可读性。枚举类型在可视化编程时常使用。

③ 枚举元素在编译时，按定义时的排列顺序取值 0，1，2，…(类似整型常数)

在定义枚举类型时，可以给这些枚举常量指定整型常数值(未指定值的枚举常量的值是前一个枚举常量的值加 1)。

④ 枚举元素是常量，不是变量，可以将枚举元素赋值给枚举变量，但是不能给枚举常量赋值。

⑤ 枚举常量不是字符串。

⑥ 枚举变量、常量一般可以参与整数可以参与的运算，如算术/关系/赋值等运算。

例如：

```
enum weekday{sun=7,mon=1,tue,wed,thu,fri,sat};
```

注意：枚举常量不是字符串，为了打印可以用相应字符串代替。

例如，可以用下面语句实现输出字符串：

```
if(week1==mon)printf("mon");
```

解决问题

【**例 9.13**】 (问题 1)通过市场调查发现，急需一款根据今天是星期几，求指定 n 天后是星期几的软件，请读者帮助解决。

算法思想：

(1) 定义"星期几"用枚举类型(0～6)来表示，today 为该枚举类型变量表示"今天"。

(2) 主函数 main 中，先输入"今天"的"星期几"给 today，然后调用 FindDayOf 函数。

(3) FindDayOf 函数，根据"今天是星期几"再加上 n 来求得 n 天后是星期几(一星期是 7 天)。如果(today+n)%7<=6，说明还在本星期内，即为(today+n)%7；否则，说明已转到下星期，再从星期一开始，即为(today－7+n)%7;。

(4) 返回到主函数 main 枚举变量 findday，用 switch 多分支选择结构判断，输出其值就得结果。

参考源代码：

```
#include<stdio.h>
int  FindDayOf(enum WEEKDAY,int  n);          /*声明 FindDayOf 函数*/
enum WEEKDAY{Sun,Mon,Tue,Wed,Thu,Fri,Sat};    /*定义枚举类型 WEEKDAY*/
main()
{
enum  WEEKDAY today;                          /*定义枚举变量 today*/
int  findday , n ;
printf("\n Please input today(0~6):");
scanf("%d",&today);
printf("\n Please input day number:");
scanf("%d",&n);
```

```
      findday=FindDayOf(today,n);
      switch(findday)
        {
          case 0:printf("Sunday\n");break;
          case 1:printf("Monday\n");break;
          case 2:printf("Tuesday\n");break;
          case 3:printf("Wednesday\n");break;
          case 4:printf("Thursday\n");break;
          case 5:printf("Friday\n");break;
          case 6:printf("Saturday\n");break;
          default:printf("Parameter error\n");
        }
    }
    int   FindDayOf(enum WEEKDAY today,int  n)
    {  if((today+n)%7<=6)
         return  (today+n)%7;
       else
         return  (today-7+n)%7;
    }
```

运行结果：

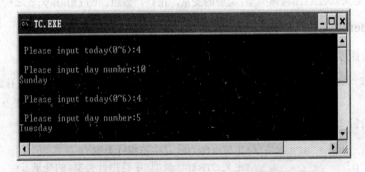

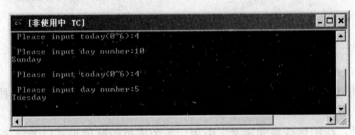

9.9　用 typedef 定义类型

用 typedef 定义类型的格式：

　　typedef 类型定义 类型名；

说明：typedef 定义了一个新的类型的名字，没有建立新的数据类型，是已有类型的别名。使用类型定义，可以增加程序可读性，简化书写。

(1) 使用 typedef 关键词可以定义一种新的类型名代替已有的类型名。

例如：

```
typedef int INTEGER;  typedef float REAL;
INTEGER i,j;   REAL a,b;
```

(2) 类型定义的典型应用。

① 定义一种新数据类型，作名字替换。

例如：

```
typedef unsigned int UINT;    /*定义UINT是无符号整型类型*/
UINT u1;                      /*定义UINT类型(无符号整型)变量u1*/
```

② 简化数据类型的书写。

```
typedef struct
    {
        int month;  int day;  int year;
    }DATE;                    /*定义DATE是一种结构体类型*/
DATE birthday,*p,d[7];
    /*定义DATA(结构体类型)类型的变量，指针，数组：birthday,p,d*/
```

注意：用typedef定义的结构体类型不需要struct关键词。

③ 定义数组类型。

```
typedef int NUM[10];  /*定义NUM是包括10个元素的整型数组类型(存放10个整数)*/
NUM n;                /*定义NUM类型(10个元素的整型数组)的变量n*/
```

④ 定义指针类型。

```
typedef char* STRING; /*定义STRING是字符指针类型*/
STRING p;             /*定义STRING类型(字符指针类型)的变量p*/
```

9.10 本章小结

本章主要讲述了结构体类型变量的定义、初始化、引用、链表的各种操作以及枚举类型。

本章重点是：结构体变量的定义、引用、各个成员的赋值形式以及链表的定义、建立、输出、插入、删除操作。

本章难点是：链表的定义、动态链表的建立、输出、插入、删除操作。

1. 结构体类型变量的各种操作

(1) 结构体类型的定义。

```
struct    结构体名
{ 数据类型1    成员1;
       数据类型2    成员2;
       ……
       数据类型n    成员n;};
```

(2) 结构体变量的定义格式。
① 先声明结构体类型再定义变量名。
② 定义结构体类型的同时定义结构体变量。
③ 直接定义结构体变量。
(3) 结构体变量的引用。

注意：只能引用结构变量的成员，而不能引用结构体变量
① 直接引用：
结构体变量名．成员名
② 通过结构体指针变量访问：
(*结构体指针变量名).成员名,结构体指针变量名—>成员名
(4) 结构体变量的各个成员的赋值形式。
① 定义结构体变量时，赋初值——称为初始化。
② 定义结构体变量后，直接赋值。
③ 用 scanf( )函数给结构体变量的成员赋值。
(5) 结构体数组。
数组元素的类型为结构体类型的数组，定义、初始化结构体数组和结构体变量的方法相同。

2. 链表的各种操作

(1) 链表的定义。
① 链表有一个"头指针"变量，它存放链表首结点的地址。
② 链表中每一个元素称为一个结点，每个结点都包括两部分，一个是数据域，一个是指针域。数据域用来存放用户数据，指针域用来存放下一个结点的地址。
③ 链表的尾结点的指针域常常设置为 NULL (空)，表示链表到此结束。
(2) 链表的建立。
① 首先定义一个结构体，包含数据域和指针域。
② 定义结构体类型的头指针 head, 存放首结点的地址。
③ 定义结构体类型的指针 p,也使其指向首结点。
④ 在循环控制下，然后使 p->next 指向下一个结点。
⑤ 最后使尾结点的指针域为 null。
(3) 链表的输出。
① 首先定义一个结构体指针 p, 使 p 指向链表的首结点。
② 输出 p 所指向结点的数据。
③ 使 p=p->next，并循环执行②③，直到 p=null。
(4) 链表的插入。
① 指针变量 p0 指向待插入的结点，p1 指向当前结点，初始状态 p1 指向首结点。
② 若是空表中插入结点，或者插入到第 1 个结点前，直接使用语句：head=p0;p0->next=p1;。
③ 比较数据域找到适合的位置。使 p2 指向 p1 的前一个结点。使用语句：p2—

>next=p0;p0—>next=p1；插入。

④ 若是插入到最后一个结点之后，则使用语句：p1—>next=p0; p0—>next=NULL;插入。

(5) 链表的删除。

① p1 指可要删除的结点，初始状态指向首结点，若删除的是首结点，则使用语句 head=p1->next;。

② 使 p2 指向 p1 的前一个结点，通过比较结点的数据域，使 p1p2 依次向后移动，找到要删除的结点，使用语句：p2->next = p1->next;就可以将 p1 所指向的结点删除。

3. 枚举类型

(1) 声明枚举类型的格式：

  enum 枚举类型名｛枚举常量1,枚举常量2,……,枚举常量n ｝;

(2) 定义枚举类型变量方法。
① 定义枚举类型的同时定义变量：

  enum 枚举类型名{枚举常量1,……}枚举变量名;

② 先定义类型后定义变量：

  enum 枚举类型名 枚举变量名;

③ 匿名枚举类型：

  enum {枚举常量列表}枚举变量列表;

4. 用 typedef 定义类型的格式：

  typedef 类型定义 类型名;

以后可以再使用 类型名 变量名;
声明变量时可以直接使用 类型定义 变量名。

第10章 位运算

C语言既有高级语言的特点，又有低级语言的功能，利用C语言，可以编写系统软件，也可以实现汇编语言对二进制位的控制与操作，在计算机控制和检测方面具有极其重要的应用。本章将学习如何编写C语言程序来实现对二进制位的操作。

本章内容
(1) 位运算符和位运算。
(2) 位运算应用。

提出问题

问题1. 在汇编语言中，有这样一种操作：在计算机的8086CPU系统中，AL寄存器中存放着03H(H表示是十六进制数)，BL寄存器中存放着04H，现在想将两个寄存器中的数合并存放到AL寄存器中，合并后AL寄存器中存放的是34H，用C语言能实现汇编语言的功能吗？(寄存器是CPU中暂时存放操作数的存储电路，AL和BL均为8位的寄存器。)

相关知识点

10.1 位运算符与位运算

位运算符是位运算使用的运算符；位运算是指针对二进制位进行的运算。
C提供6种位运算符，见表10-1。

表10-1 位运算符及其含义

运 算 符	含 义	运 算 符	含 义
&	按位与	~	按位取反
|	按位或	<<	左移位
^	按位异或	>>	右移位

说明：(1) 位运算符只对整型、字符型数据有效。
(2) ~是单目运算符，级别最高，与++、--级别相同。位运算符优先级如图10.1所示。

~
<< 、>>
&
^
|
高
低

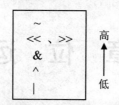

图 10.1　位运算符优先级

运算符优先级、结合性总结见书附录Ⅲ。

10.1.1　按位与(&)

1. 运算规则

将两数据对应的二进制位按位进行“与”运算。二者全为 1 则结果为 1，否则为 0。

例如：3&5 =1，如图 10.2 所示。

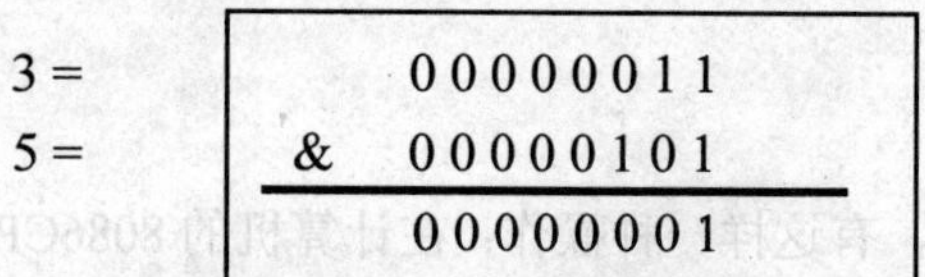

3 =
5 =
0 0 0 0 0 0 1 1
& 0 0 0 0 0 1 0 1
0 0 0 0 0 0 0 1

图 10.2　与运算规则

2. 用途

要想将数 a 某一位清 0，就与一个数 b 进行 & 运算，b 数在该位置 0;

要想将数 a 某一位保留下来，就与一个数 b 进行 & 运算，b 数在该位置 1;

要想将数 a 某些位保留下来，就与一个数 b 进行 & 运算，b 数在这些位全置为 1，而那些不想要的位就全置为 0。

例如：有一个整数 a (2 个字节)，想要保留低字节，高字节全清 0，如何实现？如图 10.3 所示。

a
0010 1100 1010 1100
b
0000 0000 1111 1111
c
0000 0000 1010 1100

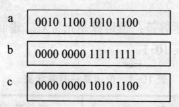

图 10.3　高字节清 0

可以让 a 与 b= 0377 进行按位与运算。

参考源代码：

```
#include  <stdio.h>
main()
{
  int  a=026254;                                /*八进制数*/
  int  b=0377;                                  /*低八位全为 1*/
```

```
        int  c=a & b ;
        printf("(o) %o\t(d) %d\n", c , c );    /*按八进制输出*/
    }
```

运行结果：

10.1.2 按位或(|)

1. 运算规则

如果两个运算量相应二进制位有一个为1，则该位结果为1，否则为0。

2. 用途

与0(各位均为0) 进行按位或运算，各位数不变；与各位均为1的数进行按位或运算，各位均变为1。

例如：3|5=7，如图10.4 所示。

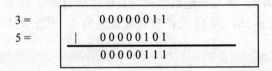

图10.4 或运算规则

10.1.3 按位异或(^)

1. 运算规则

如果两个运算量相应二进制位相异(即一位为1 ，一位为·0)，则该位为1；如果相同(即两位均为1或均为0)，则该位为0。

2. 用途

对某数据的某个二进制位来说：与1相异或，翻转；与0相异或，保留原值。

例如：3 ^ 5 = 6，如图10.5 所示。

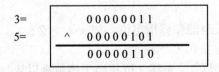

图10.5 异或运算规则

交换两个值，不借助临时变量。

例如：a=3, b=4

执行"a=a^b; b=b^a; a=a^b;"后，a、b 值交换。

分析如图 10.6 所示。

$$b=b\wedge(a\wedge b)=b\wedge a\wedge b=\underline{a\wedge b\wedge b}=a\wedge 0=a$$
$$0$$

$$a=a\wedge b=(a\wedge b)\wedge(b\wedge a\wedge b)=a\wedge b\wedge b\wedge a\wedge b=\underline{a\wedge a}\wedge\underline{b\wedge b}\wedge b=b$$

图 10.6 交换两值

10.1.4 按位取反(~)

1. 运算规则

对一个二进制数按位取反，即将 0 变 1，1 变 0。

2. 用途

~1，高位全部为 1，末位为 0，再与其他数字进行其他位运算。

~0，所有位全部为 1，再与其他数字进行其他位运算。

例如，若一个整数 a=56，为 16 位，想使最低位为 0，其余位不变，可以用

                    a = a & 0177776 ;

也可以写成   a = a & ~1 ;

分析如图 10.7 所示。

```
     1=       0000 0000 0000 0001
    ~1=       1111 111 1 1111 1110
0177776       1111 111 1 1111 1110
```

图 10.7 按位取反

两种方法效果相同，但第二种方法更优，因为，第二种不受机器位长的限制，a = a & 0177776，只适用于 16 位机；而 a = a & ~1，适用于所有位数的机器，如 32 位机。

10.1.5 左移位(<<)

1. 运算规则

将一个数的各二进制位全部左移指定位，如 a=a<<2 ;。

高位左移后舍弃，低位补 0。

左移 1 位相当于该数乘以 2，左移 2 位相当于该数乘以 4。

此结论只适用于该数左移时被溢出舍弃的高位中不包含 1 的情况。

2. 用途

常用来控制使一个数字迅速以 2 的倍数扩大。

例如：

```
#include <stdio.h>
main()
{ int a;
  scanf("%d",&a);
  printf("\na=%d\ta<<1=%d\n",a,a<<1);
  printf("\na=%d\ta<<2=%d\n",a,a<<2);
}
```

当分别输入 64,127,8000,32767 时，运行结果如下图：

注意：当输入 32767 时，该数左移时被溢出舍弃的高位中包含 1，所以，不仅没有扩大 2 倍，而且变成了负值。

10.1.6 右移位(>>)

1. 运算规则

将一个数的各二进制位全部右移指定位，如 a=a >> 2 ;。

低位右移后舍弃，高位补符号位。(即符号位为 1，补 1；符号位为 0，补 0)

右移 1 位相当于该数除以 2，右移 2 位相当于该数除以 4。

2. 用途

常用来控制使一个数字迅速以 2 的倍数缩小。

例如：

```
#include <stdio.h>
main()
{ int a;
  scanf("%d",&a);
  printf("\na=%d\ta>>1=%d\n",a,a>>1);
  printf("\na=%d\ta>>2=%d\n",a,a>>2);
}
```

当分别输入 64,127,8000,32767,−32768 时，运行结果如下图：

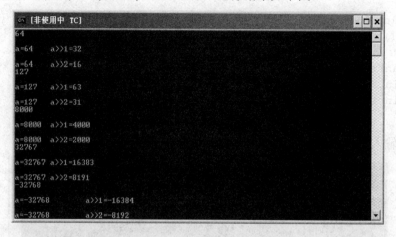

解决问题

【例 10.1】 将 AL 和 BL 寄存器中的数合并到 AL 中，如图 10.8 所示。

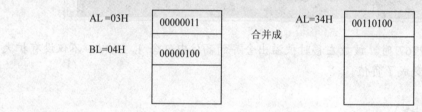

图 10.8　AL、BL 合并到 AL

算法思想：

(1) 将 AL 中的 03H 向左移 4 位。

(2) 将 AL 中左移 4 位后的数，与 BL 中的数进行按位或运算，所得结果存入 AL 寄存器中，如图 10.9 所示。

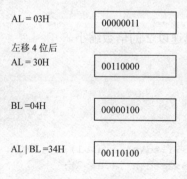

图 10.9　算法思想

参考源代码：

```
#include <stdio.h>
main()
{
  int  a1,b1;
  a1=0x3;
  b1=0x4;
  printf("\na1(H)=%x,  a1(D)=%d\n",a1,a1);
  printf("\nb1(H)=%x,  b1(D)=%d\n",b1,b1);
  a1=a1<<4;
  printf("\na1 move 4: a1(H)=%x,  a1(D)=%d\n",a1,a1);
  a1=a1|b1;
  printf("\na1|b1: a1(H)=%x,  a1(D)=%d\n",a1,a1);
}
```

运行结果：

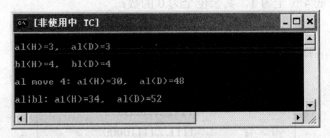

利用 C 语言的位运算，实现了汇编语言对二进制位进行的操作，这也是 C 语言功能强大的一个反映。因此，C 语言既具有高级语言的特点，又具有低级语言的特点。

【例 10.2】 取一个整数 a 从右端开始的 4～7 位。

方法 1

算法思想：

(1) 假设 a 是 16 位，先使 a 右移 4 位，a>>4;。

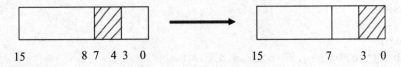

(2) 将移位后的 a 与一个低 4 位全为 1 的数进行按位与运算即可。

```
    a>>4&0177777 ;
```

参考源代码：

```
#include <stdio.h>
main()
{ unsigned a,b,c,d;
```

```
scanf("%o",&a);
b=a>>4;
c=0177777;
d=b&c ;
printf("%o,%d\n%o,%d\n",a,a,d,d);
}
```

该方法只适用于 16 位数的情况。

方法 2

算法思想：

(1) 假设 a 是 16 位，先使 a 右移 4 位，a>>4；

(2) 设置一个低 4 位全为 1，其余位全为 0 的数：

~(~0<<4)

分析如图 10.10 所示。

0:	0000…00000000
~0:	1111…11111111
~0<<4:	1111…11110000
~(~0<<4)	0000…00001111

图 10.10 ~(~0<<4)

(3) 将上面二者进行 & 运算，即可。

a>>4&~(~0<<4)

参考源代码：

```
#include  <stdio.h>
main()
{ unsigned a,b,c,d;
  scanf("%o",&a);
  b=a>>4;
  c=~(~0<<4);
  d=b&c;
  printf("%o,%d\n%o,%d\n",a,a,d,d);
}
```

该方法看似复杂，但优点是不仅适用 16 位机，还适用 32 位机，以及今后发展的 64 位机。

运行结果：

10.2 本章小结

本章共有两个知识点：C语言提供的6种位运算符和相应的运算规则，以及在实现汇编语言对二进制位操作中的应用。

本章的重点是：位运算符和位运算符的运算规则。

本章的难点是：利用位运算实现对二进制位的操作。

1. 位运算符和相应的运算规则（见表10-2）

表10-2 位运算符和相应的运算规则

运算符	含义	运算规则
&	按位与	按位进行"与"运算，对应的上下二进制位，全为1结果为1，否则为0
|	按位或	按位进行"或"运算，对应的上下二进制位，有一个为1，则该位结果为1，否则为0
^	按位异或	按位进行"异或"运算，对应的上下二进制位，相异(即一位为1，一位为0)为1，相同(即两位均为1或0)为0
~	按位取反	对一个二进制数按位取反，即将0变1，1变0
<<	左移位	将一个数的各二进制位全部左移指定位，高位左移后舍弃，低位补0
>>	右移位	将一个数的各二进制位全部右移指定位，如 a=a>>2；。低位右移后舍弃，高位补符号位(即符号位为1，补1；符号位为0，补0)

注意：位运算符只对整型、字符型数据有效，而且使用其二进制的补码形式，对各个二进制位进行相应的操作。

2. 位运算符在二进制位操作中的用途

1) 按位与(&)

(1) 要想将数a某一位清0，就与一个数b进行 & 运算，b数在该位置0；

(2) 要想将数a某一位保留下来，就与一个数b进行 & 运算，b数在该位置1；

(3) 要想将数a某些位保留下来，就与一个数b进行 & 运算，b数在这些位全置为1，而那些不想要的位就全置为0。

2) 按位或(|)

与0(各位均为0)进行按位或运算,各位数不变;与各位均为1的数进行按位或运算,各位均变为1。

3) 按位异或(^)

对某数据的某个二进制位来说:与1相异或,翻转;与0相异或,保留原值。

4) 按位取反(~)

(1) ~1,高位全部为1,末位为0,再与其他数字进行其他位运算。

(2) ~0,所有位全部为1,再与其他数字进行其他位运算。

5) 左移位(<<)

常用来控制使一个数字迅速以2的倍数扩大。

6) 右移位(>>)

常用来控制使一个数字迅速以2的倍数缩小。

注意: 位运算的使用会受到机器位长的限制。因此,在使用时应根据数据的特点和功能的需要,选择最合适的位运算来处理二进制位的问题。

第 11 章 文 件

在 Word 文档中，只要单击"保存"按钮，就可将输入文字保存到指定路径下的指定文件中；只要单击"打开"按钮，就可将指定路径下的指定文件，在 Word 文档中打开。利用 C 语言，也可以编写打开文件和保存文件的程序，本章学习如何编写程序实现文件的打开与保存。

本章内容
(1) 文件概念与文件分类。
(2) 文件类型指针。
(3) 文件的打开与关闭。
(4) 文件的读写。
(5) 文件的随机读取。

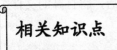

问题 1. 张强提出一个问题：如果想将 E 盘上的文件，复制到可移动盘上，做备份或带回家，用 C 语言如何实现？
问题 2. 如何将第 8 章指针中的静态迷宫变成可变的迷宫？

11.1 C 语言文件概述

1. 文件的概念

文件是指存储在外部介质上一组相关数据的集合。

一批数据是以文件的形式存放在介质(如硬盘、磁盘)上的；操作系统以文件为单位对数据进行管理，每个文件有一个名称，文件名是文件的标识，操作系统通过文件名访问文件。也就是说，如果想找存储在硬盘或移动盘上的数据，必须先按文件名找到所指定的文件，然后再从该文件中读取数据；要向硬盘或移动盘上存储数据，也必须先建立一个文件，才能向该文件输出数据。

2. C 语言中文件的分类

C 语言中，把文件看作是一个一个字符(字节)的序列，即由一个一个字符(字节)的数据顺序组成。根据数据的组织形式，将 C 语言中的文件分为两类：文本文件和二进制文件。

文本文件(ASCII 文件)：每个字节存放一个 ASCII 码，代表一个字符。

ASCII 文件可以阅读、可以打印，但是它与内存数据交换时需要转换。

二进制文件：将内存中的数据按照其在内存中的存储形式原样输出、并保存在文件中。

二进制文件占用空间少，内存数据和磁盘数据交换时无需转换，但是二进制文件不可阅读、打印。二进制文件就是由 1，0 组成的文件。

说明：(1) 在 C 语言中，文件就是一个字节流或二进制流；

(2) 在 C 语言中，对文件的保存和读取是以字符或字节为单位进行的；

(3) 在 C 语言中，没有输入/输出语句，对文件的读/写都是用库函数实现的。

3. C 语言的缓冲机制

缓冲机制是指系统自动地在内存中为每个正在使用的文件开辟一个缓冲区。

在从磁盘读取数据时，一次从磁盘文件将一些数据输入到内存缓冲区(充满缓冲区)，然后再从缓冲区逐个将数据送给程序数据区(给程序中的变量)；向磁盘文件输出数据时，先将数据送到内存缓冲区，装满缓冲区后一起输出到磁盘。

缓冲文件系统这种读/写机制的好处是减少对磁盘的实际访问(读/写)次数，提高读/写速度。缓冲区的大小由各个具体的 C 版本确定，一般为 512B。

11.2 文件的打开与关闭

在 C 语言中，要实现文件的读/写，需要先打开文件，读/写完成后，将打开的文件关闭。故对文件的操作的一般步骤是先打开，后读写，最后关闭。

11.2.1 FILE 类型

在 Turbo C 的 stdio.h 文件中，定义了 FILE 数据类型，也称为文件类型(实质上是一个结构体类型的别名)。FILE 类型的作用是用户可以定义 FILE 类型的变量，用 FILE 类型的变量可以存放要打开文件的相关信息(如文件的名字、文件的状态及文件当前位置等)；更常使用的是定义 FILE 类型的指针变量，用该指针变量存放 FILE 类型变量的地址，即存放要打开文件信息的地址。

定义 FILE 类型的指针变量：

```
FILE * fp ;
```

在此，定义一个 FILE 类型的指针变量 fp，利用 fp 指针变量，可以存放要打开文件的相关信息(包括文件名、文件当前位置、文件状态等)的地址，同时，利用 fp 指针变量中存放的文件信息地址，系统能够找到指定路径下的指定文件，并把它打开。

说明：(1) FILE 类型是 Turbo C 系统定义好的一个数据类型，可以把它近似看成与 int 相似的数据类型。

(2) 实际使用中，只需要使用 fp 就可完成文件的操作，fp 中存放的是要打开的文件信息的地址。

(3) 关闭文件后，fp 指针变量释放。

11.2.2 文件的打开

文件只有打开后才能进行读/写操作，文件打开通过调用 fopen 函数实现。

1. 打开文件格式

```
FILE *fp;
fp=fopen("文件名","打开文件方式");
```

例如：

```
FILE * fp;
fp=fopen("E:a1.txt","r");  /*表示以只读方式打开a1文件 */
```

功能：打开 E 盘根目录下文件名为 a1.txt 的文件，打开方式 "r" 表示只读。

说明：(1) fopen()函数有两个参数，每个参数均用双撇号括起来，两参数间用逗号隔开；第一个参数是"文件名"，指要打开的文件的路径和文件全名，第二个参数是"打开文件的方式"。

(2) 关于文件名要注意，文件名包含文件名.扩展名。

(3) fopen 函数返回指向 E:a1.txt 的文件地址，然后赋值给 fp，即 fp 指向该文件。

(4) fopen 函数如果"打开"文件不成功，会带回一个空地址 NULL。

常用下面的 if 语句判断文件是否打开。

```
FILE * fp;
if((fp=fopen("E:a1.txt","r"))==NULL)
{
    printf("cannot open this file\n");
    exit(0);
}
```

即先检查 fopen 函数是否返回了打开文件的地址，如果 fopen 函数返回的是 NULL，说明没有打开指定路径下的指定文件，在屏幕上显示信息"cannot open this file"，然后退出程序的运行。

2. 打开文件的方式

C 语言提供了多种打开文件的方式，见表 11-1。

表 11-1 打开文件方式

打开文件方式	适用文件类型	含 义
r(只读)	文本文件	以 r 方式打开的文件，只能从已存在的文本文件读取数据
w(只写)	文本文件	以 w 方式打开的文件，只能向已存在的(不存在的，则新建一个再打开)文本文件写数据
a(追加)	文本文件	以 a 方式打开的文件，能向已存在的文本文件末尾添加数据(原数据不会被覆盖)
rb(只读)	二进制文件	以 rb 方式打开的文件，只能从已存在的二进制文件读取数据
wb(只写)	二进制文件	以 wb 方式打开的文件，只能向已存在的(不存在的，则新建一个再打开)二进制文件写数据
ab(追加)	二进制文件	以 ab 方式打开的文件，能向已存在的二进制文件末尾添加数据(原数据不会被覆盖)
r+(读写)	文本文件	以 r+方式打开的文件，能从已存在的文本文件读/写数据
w+(读写)	文本文件	以 w+方式打开的文件，能向已存在的(不存在的，则新建一个再打开)文本文件读/写数据
a+(读写)	文本文件	以 a+方式打开的文件，能向已存在的文本文件末尾添加数据(原数据不会被覆盖)，或读取数据
rb+(读写)	二进制文件	以 rb+方式打开的文件，能从已存在的二进制文件读/写数据
wb+(读写)	二进制文件	以 wb+方式打开的文件，能向已存在的(不存在的，则新建一个再打开)二进制文件读/写数据
ab+(读写)	二进制文件	以 ab+方式打开的文件，能向已存在的二进制文件末尾添加数据(原数据不会被覆盖)，或读取数据

说明：(1) r，w，a 与 rb，wb，ab 都是只读、只写和追加，但适用文件不同，r，w，a 适用于文本文件，而 rb，wb，ab 适用于二进制文件。

(2) r，w，a 与 r+，w+，a+ 都适用于文本文件，但功能不同，r 只读，w 只写，a 追加，而 r+，w+，a+均是可读、可写方式打开。

(3) rb，wb，ab 与 rb+，wb+，ab+都适用于二进制文件，功能不同，rb 只读，wb 只写，ab 追加，而 rb+，wb+，ab+均是可读、可写方式打开。

wb+具有打开/新建一个二进制文件的功能，且打开的文件是可读、可写。

注意：w+具有打开/新建一个文本文件的功能，且打开的文件是可读、可写。

11.2.3 文件的关闭

文件使用完毕后必须关闭，以防止再被误操作。"关闭"就是删除文件指针变量(如前面定义的 fp 指针变量)中存放的文件地址，也就是文件指针变量与文件"脱钩"，此后不能再通过该指针变量对文件进行读/写操作。

关闭文件格式与上面打开文件格式一致

```
fclose(文件指针变量);
```

例如：

```
fclose(fp);
```

说明：(1) 养成在程序终止之前关闭所有文件的习惯，如果不关闭文件，有可能丢失数据；

(2) fclose 函数的返回值，当顺利执行了关闭操作时，则返回 0；否则返回 EOF(-1)。

11.3 文件的读/写

文件打开后，就可以进行读/写操作了，本节学习 C 语言中常用的读写函数。

11.3.1 fputc 函数和 fgetc 函数

1. fputc 函数

格式：

```
fputc(ch, fp);
```

作用：将字符变量 ch 中的一个字符写到 fp 文件指针所指向的文件中去。

说明：(1) fputc 函数有两个参数，一个是字符型变量(已经存储字符)，另一个是文件指针变量(该指针变量已经指向一个已打开的文件)；

(2) fputc 函数返回值，如果写字符成功，则返回写的字符；如果写字符失败，则返回一个 EOF(-1)。

例如：

```
  FILE * fp;
char  ch ;
if((fp=fopen("E: a1.txt","w"))==NULL)
{
  printf("cannot  open  this  file\n");
  exit(0);
}
  ch=getchar();
  fputc(ch, fp) ;
/*该函数执行一次，只能将一个字符写到指定文件中，要想写多个字符，需用循环控制*/
  fclose(fp);
```

2. fgetc 函数

格式：

```
ch= fgetc(fp) ;
```

作用：从 fp 文件指针所指向的文件(前提是该文件已经以只读或读/写方式打开)中读出一个字符，存放到 ch 字符变量中。

说明：(1) fgetc 函数只有一个参数，是文件指针变量(该指针变量已经指向一个以只读或读/写方式打开的文件)；

(2) fgetc 函数返回值，如果读字符成功，则返回读出的字符；如果读字符时遇到文件结束符，fgetc 函数返回一个 EOF(-1)。

例如：
```
 FILE  * fp;
 char ch ;
if((fp=fopen("E: a1.txt","r"))==NULL)
{
  printf("cannot  open this file\n");
  exit(0);
}
  ch=fgetc(fp);
/*该函数执行一次，只能从指定文件中读出一个字符，要想读出多个字符，需用循环控制*/
  putchar(ch) ;        /*将 ch 中的字符显示在屏幕上*/

  fclose(fp) ;
```

由于 fgetc 函数读字符时，遇到文件结束符(EOF)，返回 EOF(-1)，所以，常常通过判断读出的字符是否 EOF 来决定是否继续读取。

例如：
```
FILE  * fp;
char ch ;
if((fp=fopen("E: a1.txt","r"))==NULL)
{
printf("cannot  open this file\n");
exit(0);
}
ch=fgetc(fp);
while(ch!=EOF)
{
   putchar(ch) ;       /*将 ch 中的字符显示在屏幕上*/
   ch=fgetc(fp);
}
fclose(fp) ;
```

3. fputc 和 fgetc 函数应用举例

【例 11.1】 从键盘输入一些字符，逐个写到磁盘上，直到输入一个#为止。

算法思想：

(1) 以只写方式打开指定文件；

(2) 如果文件打开成功，输入一个字符到字符变量 ch 中；

(3) 使用 fputc(ch , fp) 函数，将 ch 中字符写入 fp 指针所指向文件；

(4) 再读入一个字符到 ch；

(5) 循环执行(3)(4)，直到输入字符为#时，停止循环；

(6) 关闭打开的文件。

参考源代码：

```
#include    <stdio.h>
main()
{ FILE  *fp;
 char  ch ;
 char   filename[10];
printf("\nEnter  the  filename:");
scanf("%s",filename);               /* 实现从键盘输入路径和文件名*/
if((fp=fopen(filename,"w"))==NULL)
{
printf("cannot  open  this  file\n");
exit(0);
   }
ch=getchar();                       /*读字符到字符变量 ch 中*/
while(ch!='#')
 { fputc(ch,fp);                    /* 将 ch 中字符写入 fp 指针所指向的文件*/
  putchar(ch);                      /*将输入字符显示在屏幕上*/
  ch=getchar();
  }
fclose(fp);                         /*关闭文件*/
}
```

运行结果：

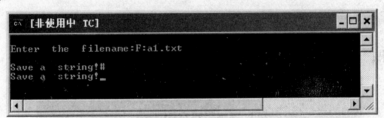

查看 F 盘，是否创建了 a1.txt 文件，如图 11.1 所示。

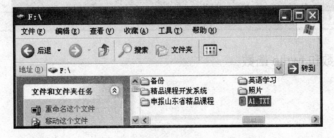

图 11.1　创建了 a1.txt 文件

【例 11.2】 将存在 F:\a1.txt 文件中的字符逐个显示在屏幕上。

算法思想：

(1) 以只读方式，打开指定文件。

(2) 如果文件打开成功，使用 fgetc(fp)函数，从指定文件读取一个字符到字符变量 ch 中。

(3) 如果读取字符不是文件结束符 EOF，将这个字符显示在屏幕上。
(4) 再读取一个字符到 ch。
(5) 循环执行(3)(4)，直到读取字符为 EOF 时，停止循环。
(6) 关闭打开的文件。

参考源代码：

```
#include  <stdio.h>
main()
{ FILE *fp;
  char  ch ;
  char  filename[10];
  printf("\nEnter the filename:");
  scanf("%s",filename);
  if((fp=fopen(filename,"r"))==NULL)
  {
    printf("cannot open this file\n");
    exit(0);
  }
   ch=fgetc(fp);
   while(ch!=EOF)
    {
     putchar(ch);
     ch=fgetc(fp);
    }
  fclose(fp);
}
```

运行结果：

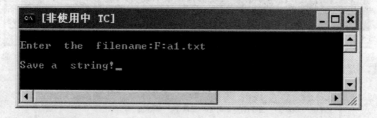

11.3.2 fread 函数和 fwrite 函数

1. fread 函数

格式：

fread(buffer,size,count,fp);

作用：从 fp 指针所指向的文件中读入 size 个字节，读 count 次，读入数据存入 buffer 的地址中。

说明：(1) buffer 是一个地址，如数组名，对 fread 函数来说，buffer 是读取数据存放的地址。

(2) size 为一次要读取的字节数。

(3) count 为要读取 count 个 size 字节的数据。
(4) fp 为文件指针变量，指向要读取数据的文件。
(5) 如果文件以二进制形式打开，用 fread 函数可以读取任何类型的信息。

例如：

```
FILE * fp ;
float f[10];
if((fp=fopen("F: file1.txt","rb"))==NULL)
  { printf("cannot open this file\n");
   exit(0);
   }
fread(f , 4,2,fp) ;
/*从 fp 所指向的文件中，一次读取 4 字节数据，读 2 次，存入 f 数组中*/
```

2. fwrite 函数

格式：

fwrite(buffer, size, count,fp) ;

作用：将 buffer 地址存放的数据，写入 fp 指针所指向的文件中，每次写 size 个字节，写 count 次。

说明：(1) buffer 是一个地址，如数组名，对 fwrite 函数来说，buffer 是写数据的地址。
(2) size 为一次要写数据的字节数。
(3) count 为要写 count 个 size 字节的数据。
(4) fp 为文件指针变量，指向要写数据的文件。
(5) 如果文件以二进制形式打开，用 fwrite 函数可以写任何类型的信息。

例如：

```
FILE * fp ;
float f[10];
if((fp=fopen("F: file1.txt","wb"))==NULL)
  { printf("cannot open this file\n");
   exit(0);
   }
f[0]=985;
f[1]=76.0;
fwrite (f, 4,2,fp) ;
/*将 f 数组中数据，写入 fp 所指向的文件中，一次写 4 字节数据，写 2 次*/
```

解决问题

【例 11.3】(问题 1)如果将 E 盘上的文件，复制到可移动盘上做备份，用 C 语言如何实现？
算法思想：

(1) 从键盘输入要复制的源文件名及路径，还要输入可移动盘的路径和目标文件名。

(2) 以只读方式(假设要复制的源文件是文本文件，r 方式)打开源文件，判断打开是否成功。

(3) 以只写方式(假设目标文件是文本文件，w 方式)打开目标文件，判断打开是否成功。

(4) 使用 fgetc()函数，读入一个字符，然后使用 fputc()函数，将该字符写入目标文件中。

(5) 循环执行(4)，循环条件是复制源文件未到文件尾，使用 feof()函数，判断源文件是否到文件尾，到文件尾，feof()函数返回 true；不到文件尾，返回 false。

(6) 依次关闭两个文件。

参考源代码：

```c
#include <stdio.h>
main()
{ FILE * in  ,* out ;                    /*定义文件指针变量 in,out */
  char ch ;
  char infile[10],outfile[10];           /*定义字符数组 infile 和 outfile */
  printf("\nEnter the  infile name:\n");
  scanf("%s",infile);                    /*输入源文件的路径和文件名*/
  printf("\nEnter the  outfile name:\n");
  scanf("%s",outfile);                   /*输入目标文件的路径和文件名*/

  if((in=fopen( infile,"r"))==NULL)  /*以只读方式打开源文件*/
   {
     printf("cannot  open this  file\n");
     exit(0);
   }
  if((out=fopen( outfile ,"w"))==NULL)  /*以只写方式打开目标文件*/
   {
     printf("cannot  open this  file\n");
     exit(0);
   }

  while(!feof(in))                       /*源文件，只要没到文件尾*/
    fputc(fgetc(in),out);                /*从 in 指向的文件读取字符，写入 out*/
                                         /*指向的文件*/
   fclose(in);                           /*依次关闭两个文件*/
   fclose(out);
 }
```

运行结果：

输入完该程序，编辑调试后，按 Ctrl+F9 组合键，出现输入界面，依次输入源文件的路径和文件名，目标文件的路径和文件名，效果如下。

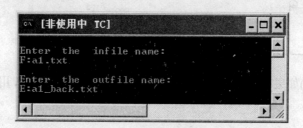

显然，已将 F 盘上的 a1.txt 文件复制到 E 盘根目录下，文件名为：A1_BACK.TXT，如图 11.2 所示。

图 11.2 复制到 E 盘

【例11.4】 (问题 2) 如何将第 8 章指针中的静态迷宫变成可变的迷宫？

分析：第 8 章中的迷宫是在程序中定义的一个二维数组，是静态迷宫。若想修改或添加迷宫就必须修改程序，另外迷宫也会占用大量的内存空间，为了解决这两个问题，可以这样设计：不把迷宫写在程序中，而是存放到文件中，如存放到"c:\myc\maze.txt"中，执行程序时从该文件中读取数据就可以了。

算法思想：

(1) 以只读方式(源文件是文本文件，r 方式)打开迷宫文件，其文件路径为"c:\myc\maze.txt"，判断打开是否成功。

(2) 使用 fgetc()函数，读入一个字符，存入变量 ch 中。

(3) 当 ch 不是文件尾，使用 fgetc()函数从文件中读入一个字符，存入变量 ch，将 ch 输出到显示器上。

(4) 关闭文件。

参考源代码：

```
#include <stdio.h>
void main()
{ FILE *fp;                              /* 定义文件指针变量*fp  */
  char ch;
  int c=0;
  clrscr();                              /* 清屏 */
  fp=fopen("c:\\myc\\maze.txt","r");     /* 以只读方式打开文件 */
  if (fp==NULL)                          /* 判断文件打开是否成功 */
  { printf("Can\'t open c:\\myc\\maze.txt");
    return;
  }
  ch=fgetc(fp);      /* 从文件中读入一个字符，存入变量 ch 中 */
  while(ch!=EOF)     /* 从文件中依次读入字符，利用 putchar 输出到屏幕上 */
  { putchar(ch);
    if (ch=='\n')
      if (++c==24)
      { printf("Press any key to continue..."); getch();
        putchar(ch);
        c=0;
      }
    ch=fgetc(fp);
```

```
        }
        fclose(fp);    /* 关闭文件 */
}
```

执行这个程序之前，要先建立迷宫文件 maze.txt，将其存放在 C 盘 myc 目录下。迷宫文件如图 11.3 所示，存放在 C 盘上，示意图如图 11.4 所示：

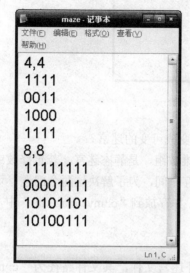

图 11.3 maze.txt 文件内容

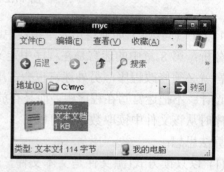

图 11.4 文件存放路径

运行结果：

【例11.5】 利用 C 语言，如何将包含学生学号、姓名、年龄、地址的结构体类型数据，保存到指定路径下的指定文件中？

算法思想：(以 3 个学生为例)

(1) 首先定义结构体类型 struct student，包含学生学号、姓名、年龄、地址 4 个成员，然后定义该结构体数组 stu[3]，用来存放 3 个学生的相关信息。
(2) 给结构体数组 stu 的每个元素赋值。
(3) 以 wb 方式新建并打开一个文件，使 fp 文件指针变量指向打开的该文件。
(4) 在循环控制下，利用 fwrite 函数，将结构体数组 stu[i]中数据存入打开的文件中。
(5) 关闭打开的文件。

参考源代码：

```
#include<stdio.h>
struct  student
  { int  Num;
    char Name[8];
    int  Age;
    char Add[20];
  }stu[3]={{001,"Andy",19,"Jining"},{002,"Jerk",20,"Qufu"},
         {003,"Peter",18,"Jinan"}};
main()
{ FILE *  fp;
  int i;
  if((fp=fopen("F:stu_inf.txt","wb"))==NULL)
    {printf("\n Cannot Open!\n");
     exit(0);
    }
  for(i=0;i<3;i++)
    fwrite(&stu[i],sizeof(struct student),1,fp);
  for(i=0;i<3;i++)
   printf("\n%d %s %d %s\n",stu[i].Num,stu[i].Name,stu[i].Age,stu[i].Add);
   fclose(fp);
 }
```

运行结果：

到指定路径搜索，看是否确实创建了指定文件，打开 F 盘，效果如图 11.5 所示。

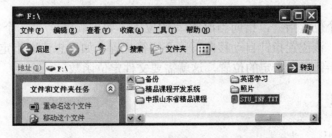

图 11.5 创建指定文件

提出问题

问题1. 在例11.4中,虽然可以从文件"c:\myc\maze.txt"中读出迷宫数据(迷宫尺寸和迷宫的墙壁与通道的数据),但是并非游戏者面前的迷宫图,怎么设计呢?

相关知识点

11.4 其他的文件读/写函数

在C语言中,除了已经介绍的fputc,fgetc,fread,fwrite读写函数之外,还有一些其他的读/写函数也能够实现数据的读/写操作,把这些函数放在自主学习栏目中,供读者选择学习。

其他的文件读写函数见表11-2。

表11-2 文件读/写函数

函 数	函数格式	作 用
fprintf()	fprintf(fp , "%d,%f" , t , k);	将t,k变量中的值按指定格式,写入fp指针所指向的文件中
fscanf()	fscanf(fp , "%d,%f" , &t ,& k) ;	从fp所指向的文件中,按指定格式读入数据,存入t, k变量中
fgets()	fgets(str , n ,fp);	从fp文件指针所指向的文件中读入n−1个字符组成的字符串,再加上'\0',存入str字符数组中
fputs()	fputs(str , fp) ;	把字符数组str中的一个字符串(不包括'\0'),写到文件指针fp所指向的磁盘文件中去

11.5 文件的定位

文件中有一个位置指针,指向当前读/写的位置。如果顺序读/写一个文件,则每次读/写完一个字符后,该位置指针自动移向下一个字符位置。如果想读取指定位置的数据,则需要强制使位置指针指向指定的位置,这就需要文件定位函数。

11.5.1 feof函数

feof函数格式:

```
feof(fp) ;
```

作用：判断 fp 指针所指向的文件是否到文件尾，如果到文件尾，函数返回 1；如果没到文件尾，函数返回 0。

例如：

```
while(!feof(fp))  putchar(getc(fp));   /* 如果fp所指向的文件未到文件尾,从fp*/
                                       /*所指向的文件中读取字符,输出到屏幕。*/
```

11.5.2 rewind 函数

rewind 函数格式：

```
rewind(fp);
```

作用：使 fp 指针所指向的文件的位置指针重新返回文件的开头。函数没有返回值。

【例11.6】 编写一个程序，将文件中的内容读出来，先显示在屏幕上，然后再将文件内容复制到另一个文件中。

算法思想：

(1) 定义 2 个文件指针。

(2) 以只读方式(r 方式)打开要读取内容的文件，以只写方式(w 方式)打开要写入文字的文件。

(3) 如果未到文件尾，使用 fgetc()函数，读入一个字符，然后使用 putchar()函数，将该字符显示在屏幕上，循环执行(3)，循环条件是未到文件尾。

(4) 使用 rewind()函数，将文件指针重新定位于文件头。

(5) 如果未到文件尾，使用 fgetc()函数，读入一个字符，然后使用 fputc()函数，将该字符写入另一个文件中，循环执行(5)，循环条件是未到文件尾。

(6) 依次关闭两个文件。

参考源代码：

```
#include   <stdio.h>
 main()
 { FILE *fp1,*fp2;
  fp1=fopen("a11.txt","r");
  fp2=fopen("a12.txt","w");

  while(! feof(fp1))  putchar(getc(fp1));
  rewind(fp1);
  while(! feof(fp1))  fputc(getc(fp1),fp2);
  fclose(fp1);
  fclose(fp2);
  }
```

11.5.3 fseek 函数

fseek 函数格式：

```
fseek(fp, Len , P);              /* len—位移量，p—起始点*/
```

作用：将 fp 所指向文件，从起始点 p 移动 len 大小的字节。

说明：(1) 起始点 p 有 3 个值，分别是 0——文件头，1——当前位置，2——文件尾；
(2) 位移量 len 是指以起始点为基点，向前移动的字节数，要求使用 long 型，因此在数据末尾加上 L；
(3) fseek 函数一般用于二进制文件；
(4) 使用 fseek 函数，能实现对二进制文件的随机读/写。

例如：

```
fseek(fp,100L, 0);    /* 将位置指针移动到离文件头 100 个字节处 */
fseek(fp,50L, 1);     /* 将位置指针移动到离当前位置 50 个字节处 */
fseek(fp,-10L, 2);    /* 将位置指针从文件尾向后退 10 个字节 */
```

解决问题

【例11.7】（问题 1）在例 11.4 中，虽然可以从文件"c:\myc\maze.txt"中读出迷宫数据(迷宫尺寸和迷宫的墙壁与通道的数据)，但是并非游戏者面前的迷宫图，怎么设计呢？

算法思想：
(1) 从文件中读出迷宫的高和宽；
(2) 读出高*宽个数据，并将字符转换成数值后保存到迷宫数组中；
(3) 输出迷宫时，若是 1 输出墙壁字符，若是 0 输出通道字符。

参考源代码：

```
#include<conio.h>
#include<stdio.h>
void showmazeat(int *pm,int left,int top,int height,int width)
{ int r,c;
  for(r=0;r<height;r++)  /* 扫描迷宫数组，输出由墙壁和通道构成的迷宫*/
  { gotoxy(left,top+r);
    for (c=0; c<width;c++)
       if (*pm++) putch(0xDB);   /* 当前元素值是 1，输出墙壁字符*/
       else putch(0x20);         /* 元素值是 0，输出通道字符*/
  }
}
int readmaze(FILE *f,int *pm,int *h,int *w)/*从文件中读出数据*/
{ int r,c;
  char ch;
  if (feof(f)) return 0;         /* 文件末尾，返回*/
  fscanf(f,"%d,%d",h,w);         /*从文件中读出迷宫的高度和宽度 */
  if (feof(f)) return 0;         /* 高宽数据错则返回 */
  for (r=0; r<*h; r++)           /* 读出 h*w 个数据 */
    for (c=0; c<*w; c++)
    { do
      { if ((ch=fgetc(f))==EOF) return 0;  /*数据未读完就到了文件尾，返回*/
```

```
            }while(ch<'0'||ch>'1');           /*丢掉不是0和1的字符*/
            ch=ch-0x30;                /* 字符转换成数值 */
            *pm++=ch;                  /* 保存到迷宫数组中*/
        }
        return 1;                      /* 数据无误返回真 */
    }
    void main()
    {int top,left,height,width;
     int maze[10][10];
     FILE *fp;
     fp=fopen("c:\\myc\\maze.txt","r");
     if (fp==NULL)
     { printf("File c:\\myc\\maze.txt not found.");
       return;
     }
     if (!readmaze(fp,maze[0],&height,&width)) exit(0);
     textmode(C40);
     textcolor(WHITE);
     textbackground(BLUE); clrscr();
     top=(25-height)/2;   left=(40-width)/2;
     showmazeat(maze[0],left,top,height,width);
    }
```

运行结果：

11.6 本章小结

本章主要讲了三个知识点：文件的概念、文件的分类和文件的基本操作。
重点是文件的基本操作。

1. 文件概述

1) 文件的概念

文件是指存储在外部介质上数据的集合。

2) 文件的分类

根据数据的组织形式，C 中将文件分为 ASCII 文件和二进制文件。

2. 文件的基本操作

1) 文件的打开

```
        FILE * fp ;
        fp= fopen("文件名","打开文件的方式");
```

其中文件的打开方式见表 11-3。

表 11-3　文件的打开方式

文件打开方式	使用文件类型
r(只读), w(只写), a(追加)	文本文件
rb(只读), wb(只写), ab(追加)	二进制文件
r+ (读/写), w+(读/写), a+(读/写)	文本文件
rb+ (读/写), wb+(读/写), ab+(读/写)	二进制文件

2) 文件的关闭

```
fclose(fp);
```

3) 文件读/写函数

文件读/写函数见表 11-4。

表 11-4　文件的读/写函数表

函　　数	函　数　格　式	作　　用
fputc()	fputc(ch , fp);	把一个字符写到文件指针所指向的磁盘文件中去
fgetc()	ch=fgetc(fp);	从文件指针所指向的文件中读入一个字符, 赋给字符变量 ch
fread()	fread(buffer ,size ,count ,fp);	从 fp 指针所指向的文件中读入 size 个字节, 读 count 次, 读入数据存入 buffer 的地址中
fwrite()	fwrite(buffer , size , count ,fp) ;	将 buffer 地址存放的数据, 写入 fp 指针所指向的文件中, 每次写 size 个字节, 写 count 次

附录 A 常用字符与 ASCII 代码对照表

ASCII 值	字 符	ASCII 值	字 符	ASCII 值	字 符
032	(space)	064	@	096	'
033	!	065	A	097	a
034	"	066	B	098	b
035	#	067	C	099	c
036	$	068	D	100	d
037	%	069	E	101	e
038	&	070	F	102	f
039	'	071	G	103	g
040	(	072	H	104	h
041	)	073	I	105	i
042	*	074	J	106	j
043	+	075	K	107	k
044	,	076	L	108	l
045	-	077	M	109	m
046	。	078	N	110	n
047	/	079	O	111	o
048	0	080	P	112	p
049	1	081	Q	113	q
050	2	082	R	114	r
051	3	083	S	115	s
052	4	084	T	116	t
053	5	085	U	117	u
054	6	086	V	118	v
055	7	087	W	119	w
056	8	088	X	120	x
057	9	089	Y	121	y
058	:	090	Z	122	z
059	;	091	[	123	{
060	<	092	\	124	|
061	=	093	]	125	}
062	>	094	^	126	~
063	?	095	_	127	⌂

附录 B 关键字及其用途

关 键 字	说　　明	用　途
char	一个字节长的字符值	数据类型
short	短整数	
int	整数	
unsigned	无符号类型，最高位不作符号位	
long	长整数	
float	单精度实数	
double	双精度实数	
struct	用于定义结构体的关键字	
union	用于定义共用体的关键字	
void	空类型，用它定义的对象不具有任何值	
enum	定义枚举类型的关键字	
signed	有符号类型，最高位作符号位	
const	表明这个量在程序执行过程中不可变	
volatile	表明这个量在程序执行过程中可被隐含地改变	
typedef	用于定义同义数据类型	
auto	自动变量	存储类别
register	寄存器类型	
static	静态变量	
extern	外部变量声明	
break	退出最内层的循环或 switch 语句	流程控制
case	switch 语句中的情况选择	
continue	跳到下一轮循环	
default	switch 语句中其余情况标号	
do	在 do…while 循环中的循环起始标记	
else	if 语句中的另一种选择	
for	带有初值、测试和增量的一种循环	
goto	转移到标号指定的地方	
if	语句的条件执行	
return	返回到调用函数	
switch	从所有列出的动作中做出选择	
while	在 while 和 do…while 循环中语句的条件执行	
sizeof	计算表达式和类型的字节数	运算符

附录 C 运算符的优先级和结合性

优先级	运 算 符	运算符功能	运算类型	结合方向
最高 15	( ) [ ] -> .	圆括号、函数参数表 数组元素下标 指向结构体成员 结构体成员		自左至右
14	! ~ ++、－－ ＋ － * & (类型名) sizeof	逻辑非 按位取反 自增1、自减1 正号运算符 负号运算符 间接运算符 取地址运算符 强制类型转换 长度运算符	单目运算	自右至左
13	*、/、%	乘、除、整数求余	双目运算	自左至右
12	＋、－	加、减	双目运算	自左至右
11	<<、>>	左移、右移	移位运算	自左至右
10	<、<= >、>=	小于、小于或等于 大于、大于或等于	关系运算	自左至右
9	==、!=	等于、不等于	关系运算	自左至右
8	&	按位与	位运算	自左至右
7	^	按位异或	位运算	自左至右
6	|	按位或	位运算	自左至右
5	&&	逻辑与	逻辑运算	自左至右
4	||	逻辑或	逻辑运算	自左至右
3	?:	条件运算	三目运算	自右至左
2	=、+=、－=、 *=、/=、%=、 &=、^=、|=、 <<=、>>=	赋值、 运算且赋值	双目运算	自右至左
最低 1	,	顺序求值	顺序运算	自左至右

说明：(1) 同一优先级的运算符优先级别相同，运算次序由结合方向决定。例如，*与/具有相同的级别，其结合方向为自左至右，因此，5*6/2的运算次序是先乘后除。——和++为同一优先级，结合方向为自右至左，因此，++i――相当于++(i――)。

(2) 不同的运算符要求有不同的运算对象个数，如*和/为双目运算符，要求在运算符两侧各有一个运算对象(如5*6，8/2等)。而++运算符是一个单目运算符，只能在运算符的一侧出现一个运算对象(如i++，――i，sizeof(int)，*p等)。条件运算符是C语言中唯一的一个三目运算符，如x?a:b。

(3) 从上述表中可以大致归纳出各类运算符的优先级如下。

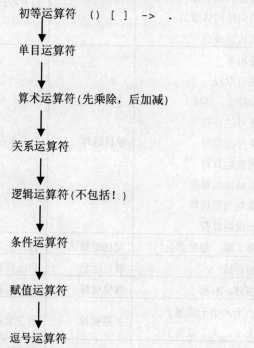

初等运算符 () [ ] -> .
↓
单目运算符
↓
算术运算符(先乘除，后加减)
↓
关系运算符
↓
逻辑运算符(不包括!)
↓
条件运算符
↓
赋值运算符
↓
逗号运算符

以上的优先级别由上到下递减。初等运算符优先级最高，逗号运算符优先级最低。

附录D Turbo C 2.0常用库函数

Turbo C 2.0 提供了 400 多个库函数，本附录仅列出了最基本的一些函数，如有需要，请查阅有关手册。

1. 数学函数

调用数学函数时，要求在源文件中包含头文件 "math.h"。

函数名	函数原型说明	功　能	返回值	说　明
abs	Int abs (int x);	求整数 x 的绝对值	计算结果	
acos	double acos (double x);	计算 arccos(x)的值	计算结果	x 在 −1~1 范围内
asin	double asin (double x);	计算 arcsin(x)的值	计算结果	x 在 −1~1 范围内
atan	double atan (double x);	计算 arctan(x)的值	计算结果	
atan2	double atan2 (double x);	计算 arctan(x/y)的值	计算结果	
cos	double cos (double x);	计算 cos (x)的值	计算结果	x的单位为弧度
cosh	double cosh (double x);	计算双曲余弦 cosh(x)的值	计算结果	
exp	double exp (double x);	计算 e^x 的值	计算结果	
fabs	double fabs(double x);	求 x 的绝对值	计算结果	
floor	double floor (double x);	求不大于 x 的双精度最大整数		
finod	double finod (double x, double y);	求 x/y 整除后的双精度余数		
frcxp	double frcxp (double val, int*exp);	把双精度数 val 分解为尾数 x 和以 2 为底的指数 n，即 val=x*2^n,n 存放在 exp 所指的变量中	返回尾数 x $0.5 \leqslant x<1$	
log	double log (double x);	求 ln x	计算结果	
log10	double log10 (double x);	求 $\log_{10} x$	计算结果	
modf	double modf (double val, double *ip);	把双精度数 val 分解成整数部分和小数部分，整数部分存放在 ip 所指的变量中	返回小数部分	
pow	double pow(double x, double y);	计算 x^y 的值	计算结果	
rand	int rand(void)	产生 −90~32767 之间的随即数	随即整数	

(续表)

函数名	函数原型说明	功　　能	返回值	说　　明
sin	double sin (double x);	计算 sin (x)的值	计算结果	
sinh	double sinh (double x);	计算 x 的双曲正弦函数 sinh(x)的值	计算结果	
sqrt	double sqrt (double x);	计算 x 的平方根	计算结果	
tan	double tan (double x);	计算 tan (x)	计算结果	
tanh	double tanh	计算 x 的双曲正切函数 tanh(x)的值	计算结果	

2. 字符函数和字符串函数

　　调用字符函数时，要求在源文件中包含头文件"ctype.h"；调用字符串函数时，要求在源文件中包含头文件"string.h"。

函数名	函数原型说明	功　　能	返　回　值
isalnum	int isalnum(int ch);	检查 ch 是否为字母或数字	是，返回 1；否则返回 0
isalpha	int isalpha(int ch);	检查 ch 是否为字母	是，返回 1；否则返回 0
iscntrl	int iscntrl(int ch);	检查 ch 是否为控制字符	是，返回 1；否则返回 0
isdigit	int isdigit(int ch);	检查 ch 是否为数字	是，返回 1；否则返回 0
isgraph	int isgraph(int ch);	检查 ch 是否为(ASCII 码值在 ox21 到 ox7e)的可打印字符(即不包含空格字符)	是，返回 1；否则返回 0
islower	int islower(int ch);	检查 ch 是否为小写字母	是，返回 1；否则返回 0
isprint	int isprint(int ch);	检查 ch 是否为字母或数字	是，返回 1；否则返回 0
ispunct	int ispunct(int ch);	检查 ch 是否为(ASCII 码值在 ox21 到 ox7e)的可打印字符(即包含空格字符)	是，返回 1；否则返回 0
isspace	int isspace(int ch);	检查 ch 是否为空格、制表或换行字符	是，返回 1；否则返回 0
isupper	int isupper(int ch);	检查 ch 是否为大写字母	是，返回 1；否则返回 0
isxdigit	int isxdigit(int ch);	检查 ch 是否为十六进制数字	是，返回 1；否则返回 0
strcat	char *strcat(char *s1, char *s2);	把字符串 s2 接到 s1 后面	s1 所指地址
strchr	char *strchr(char *s, int ch);	在 s 所指字符串中，找出第一次出现字符 ch 的位置	返回找到的字符的地址，找不到返回 NULL
strcmp	char *strcmp(char *s1, char *s2);	对 s1 和 s2 所指字符串进行比较	s1<s2,返回负数；s1=s2,返回 0；s1>s2,返回正数
strcpy	char *strcpy(char *s1, char *s2);	把 s2 指向的串复制到 s1 指向的空间	s1 所指地址
strlen	unsigned strlen (char *s);	求字符串 s 的长度	返回串中字符(不计最后的'\0')个数

(续表)

函数名	函数原型说明	功　能	返　回　值
strstr	char *strstr (char *s1,char *s2);	在 s1 所指字符串中，找到字符串 s2 第一次出现的位置	返回找到的字符串的地址，找不到返回 NULL
tolower	int tolower(int ch);	把 ch 中的字母转换成小写字母	返回对应的小写字母
toupper	int toupper(int ch);	把 ch 中的字母转换成大写字母	返回对应的大写字母

3. 输入输出函数

调用输入/输出函数时，要求在源文件中包含头文件"stdio.h"。

函数名	函数原型说明	功　能	返　回　值
clearerr	void clearer(FILE * fp);	清除与文件指针 fp 有关的所有出错信息	无
fclose	int fclose(FILE * fp);	关闭 fp 所指的文件，释放文件缓冲区	出错返回非 0，否则返回 0
feof	int feof(FILE * fp);	检查文件是否结束	遇文件结束返回非 0，否则返回 0
fgetc	int fgetc(FILE * fp);	从 fp 所指的文件中取得下一个字符	出错返回 EOF，否则返回所读字符
fgets	char * fgets(char * buf, int n, file * fp);	从 fp 所指的文件中读取一个长度为 n−1 的字符串，将其存入 buf 所指存储区	返回 buf 所指地址，若遇文件结束或出错返回 NULL
fopen	FILE * fopen(char * filename, char * mode);	以 mode 指定的方式打开名为 filename 的文件	成功，返回文件指针(文件信息区的起始地址)，否则返回 NULL
fprintf	int fprintf(FILE * fp, char * format,args,…);	把 arg 的值以 format 指定的格式输出到 fp 所指定的文件中	实际输出的字符数
fputc	int fputc(char ch,FILE * fp);	把 ch 中字符输出到 fp 所指文件	成功返回该字符，否则返回 EOF
fputs	int fputs(char * str, FILE * fp);	把 str 所指字符串输出到 fp 所指文件中	成功返回非 0，否则返回 0
fread	int fread(char * pt,unsigned size,unsigned n,FILE * fp);	从 fg 所指文件中读取长度为 size 的 n 个数据项存到 pt 所指文件中	读取的数据项个数
fscanf	int fscanf(FILE * fp, char * format,args,…);	从 fg 所指定的文件中按 format 指定的格式把输入数据存入到 args 所指的内存中	已输入的数据个数，遇文件结束或出错返回 0
fseek	int fseek(FILE * fp, long offer,int base);	移动 fp 所指文件的位置指针	成功返回当前位置，否则返回 −1
ftell	int ftell(FILE * fp);	求出 fp 所指文件当前的读/写位置	读/写位置

(续表)

函数名	函数原型说明	功能	返回值
fwrite	int fwrite(char * pt,unsigned size,unsigned n,FILE * fp);	把 pt 所指向的 n * size 个字节输出到 fp 所指文件中	输出的数据项个数
getc	int getc(FILE * fp);	从 fp 所指文件中读取一个字符	返回所读字符,若出错或文件结束返回 EOF
getchar	int getchar(void);	从标准输入设备读取下一个字符	返回所读字符,若出错或文件结束返回-1
printf	int printf(char * format, args,…);	把 args 的值以 format 指定的格式输出到标准输出设备	输出字符个数
putc	int putc(int ch,FILE * fp);	同 fputc	同 fputc
putcahr	int putcahr(char ch);	把 ch 输出到标准输出设备	返回输出的字符,若出错,返回 EOF
puts	int puts(char * str);	把 str 所指字符串输出到标准输出设备,将'\0'转换成回车换行符	返回换行符,若出错,返回 EOF
rename	int rename(char * oldname, char * newname);	把 oldname 所指文件名改为 newname 所指文件名	成功返回 0,出错返回-1
rewind	void rewind(FILE * fg);	将文件位置指针置于文件开头	无
scanf	int scanf(char * format, args,…);	从标准输入设备按 format 指定的格式把输入数据存入到 args 所指的内存中	已输入的数据个数,出错返回 0

4. 动态分配函数和随机函数

调用动态分配函数和随机函数时,要求在源文件中包含头文件"stdlib.h"。

函数名	函数原型说明	功能	返回值
calloc	void * calloc(unsigned n, unsigned size);	分配 n 个数据项的内存空间,每个数据项的大小为 size 个字节	分配内存单元的起始地址,如不成功,返回 0
free	void free(void p);	释放 p 所指的内存区	无
malloc	void * malloc(unsigned size);	分配 size 个字节的存储空间	分配内存空间的地址,如不成功,返回 0
realloc	void * realloc(void * p, unsigned size);	把 p 所指内存区的大小改为 size 个字节	新分配内存空间的地址;如不成功,返回 0
rand	int rand(void);	产生 0 到 32767 的随机数	返回一个随机整数

5. 控制台输入输出函数

调用控制台输入输出函数时,要求在源文件中包含头文件"conio.h"。

函数名	函数原型说明	功能	返回值
clrscr	void clrscr(void);	清屏,即清除文本模式窗口	无返回值

(续表)

函数名	函数原型说明	功　能	返　回　值
getch	int getch(void);	从键盘上无回显的读取一个字符	读取的字符
gotoxy	void gotoxy(int x,int y);	定位光标在当前窗口中的位置，x,y 是坐标，若 x,y 超出了窗口的大小该函数就不起作用	无返回值
putch	int putch(int ch);	函数输出一个字符到显示器上	返回输出的字符
textattr	void textattr(int attr);	同时设置输出的字符和文本窗口的背景的颜色。字位从右向左数，第 0 到第 3 位设置字符颜色，第 4 到第 6 位设置背景颜色，第 7 位设置字符是否闪烁	无返回值
textbackground	void textbackground(int color);	设置文本窗口的背景颜色，参数值从 0 到 7	无返回值
textcolor	void textcolor(int color);	设置输出字符的颜色，参数值从 0 到 15，或 128	无返回值
textmode	void textmode(int mode);	将屏幕设置成文本模式，参数取值可为 0、1、2、3、7、-1	无返回值
window	void window(int left,int top,int right,int bottom);	定义文本窗口，定义后有关输入输出只在此窗口内进行操作，参数 left,top 是窗口左上角的坐标，right,bottom 是右下角坐标	无返回值

参 考 文 献

[1] 谭浩强. C 程序设计试题汇编[M]. 北京：清华大学出版社，1998.
[2] 谭浩强. C 程序设计[M]2 版. 北京：清华大学出版社，1999.
[3] 张高煜等. C 语言程序设计实训[M]. 北京：中国水利出版社，2001.
[4] 焦华. 标准 C 程序设计技能百练[M]. 北京：中国铁道出版社，2004.
[5] 曹衍龙等. C 语言实例解析精粹[M]. 北京：人民邮电出版社，2005.
[6] 黄迄中等. C 语言实例教程[M]. 北京：中国电力出版社，2004.

全国高职高专计算机、电子商务系列教材推荐书目

【语言编程与算法类】

序号	书号	书名	作者	定价	出版日期	配套情况
1	978-7-301-13632-4	单片机C语言程序设计教程与实训	张秀国	25	2012	课件
2	978-7-301-15476-2	C语言程序设计(第2版)(2010年度高职高专计算机类专业优秀教材)	刘迎春	32	2013年第3次印刷	课件、代码
3	978-7-301-14463-3	C语言程序设计案例教程	徐翠霞	28	2008	课件、代码、答案
4	978-7-301-16878-3	C语言程序设计上机指导与同步训练(第2版)	刘迎春	30	2010	课件、代码
5	978-7-301-17337-4	C语言程序设计经典案例教程	韦良芬	28	2010	课件、代码、答案
6	978-7-301-20879-3	Java程序设计教程与实训(第2版)	许文宪	28	2013	课件、代码、答案
7	978-7-301-13570-9	Java程序设计案例教程	徐翠霞	33	2008	课件、代码、习题答案
8	978-7-301-13997-4	Java程序设计与应用开发案例教程	汪志达	28	2008	课件、代码、答案
9	978-7-301-10440-8	Visual Basic程序设计教程与实训	康丽军	28	2010	课件、代码、答案
10	978-7-301-15618-6	Visual Basic 2005程序设计案例教程	靳广斌	33	2009	课件、代码、答案
11	978-7-301-17437-1	Visual Basic程序设计案例教程	严学道	27	2010	课件、代码、答案
12	978-7-301-09698-7	Visual C++ 6.0程序设计教程与实训(第2版)	王丰	23	2009	课件、代码、答案
13	978-7-301-15669-8	Visual C++程序设计技能教程与实训——OOP、GUI与Web开发	聂明	36	2009	课件
14	978-7-301-13319-4	C#程序设计基础教程与实训	陈广	36	2012年第7次印刷	课件、代码、视频、答案
15	978-7-301-14672-9	C#面向对象程序设计案例教程	陈向东	28	2012年第3次印刷	课件、代码、答案
16	978-7-301-16935-3	C#程序设计项目教程	宋桂岭	26	2010	课件
17	978-7-301-15519-6	软件工程与项目管理案例教程	刘新航	28	2011	课件、答案
18	978-7-301-12409-3	数据结构(C语言版)	夏燕	28	2011	课件、代码、答案
19	978-7-301-14475-6	数据结构(C#语言描述)	陈广	28	2012年第3次印刷	课件、代码、答案
20	978-7-301-14463-3	数据结构案例教程(C语言版)	徐翠霞	28	2009	课件、代码、答案
21	978-7-301-18800-2	Java面向对象项目化教程	张雪松	33	2011	课件、代码、答案
22	978-7-301-18947-4	JSP应用项目化教程	王志勃	26	2011	课件、代码、答案
23	978-7-301-19821-6	运用JSP开发Web系统	涂刚	34	2012	课件、代码、答案
24	978-7-301-19890-2	嵌入式C程序设计	冯刚	29	2012	课件、代码、答案
25	978-7-301-19801-8	数据结构及应用	朱珍	28	2012	课件、代码、答案
26	978-7-301-19940-4	C#项目开发教程	徐超	34	2012	课件
27	978-7-301-15232-4	Java基础案例教程	陈文兰	26	2009	课件、代码、答案
28	978-7-301-20542-6	基于项目开发的C#程序设计	李娟	32	2012	课件、代码、答案

【网络技术与硬件及操作系统类】

序号	书号	书名	作者	定价	出版日期	配套情况
1	978-7-301-14084-0	计算机网络安全案例教程	陈昶	30	2008	课件
2	978-7-301-16877-6	网络安全基础教程与实训(第2版)	尹少平	30	2012年第4次印刷	课件、素材、答案
3	978-7-301-13641-6	计算机网络技术案例教程	赵艳玲	28	2008	课件
4	978-7-301-18564-3	计算机网络技术案例教程	宁芳露	35	2011	课件、习题答案
5	978-7-301-10226-8	计算机网络技术基础	杨瑞良	28	2011	课件
6	978-7-301-10290-9	计算机网络技术基础教程与实训	桂海进	28	2010	课件、答案
7	978-7-301-10887-1	计算机网络安全技术	王其良	28	2011	课件、答案
8	978-7-301-12325-6	网络维护与安全技术教程与实训	韩最蛟	32	2010	课件、习题答案
9	978-7-301-09635-2	网络互联及路由器技术教程与实训(第2版)	宁芳露	27	2012	课件、答案
10	978-7-301-15466-3	综合布线技术教程与实训(第2版)	刘省贤	36	2012	课件、习题答案
11	978-7-301-15432-8	计算机组装与维护(第2版)	肖玉朝	26	2009	课件、习题答案
12	978-7-301-14673-6	计算机组装与维护案例教程	谭宁	33	2012年第3次印刷	课件、习题答案
13	978-7-301-13320-0	计算机硬件组装和评测及数码产品评测教程	周奇	36	2008	课件
14	978-7-301-12345-4	微型计算机组成原理教程与实训	刘辉珞	22	2010	课件、习题答案
15	978-7-301-16736-6	Linux系统管理与维护(江苏省省级精品课程)	王秀平	29	2013年第3次印刷	课件、习题答案
16	978-7-301-10175-9	计算机操作系统原理教程与实训	周峰	22	2010	课件、答案
17	978-7-301-16047-3	Windows服务器维护与管理教程与实训(第2版)	鞠光明	33	2010	课件、答案
18	978-7-301-14476-3	Windows2003维护与管理技能教程	王伟	29	2009	课件、习题答案
19	978-7-301-18472-1	Windows Server 2003服务器配置与管理情境教程	顾红燕	24	2012年第2次印刷	课件、习题答案

【网页设计与网站建设类】

序号	书号	书名	作者	定价	出版日期	配套情况
1	978-7-301-15725-1	网页设计与制作案例教程	杨森香	34	2011	课件、素材、答案
2	978-7-301-15086-3	网页设计与制作教程与实训(第2版)	于巧娥	30	2011	课件、素材、答案

序号	书号	书名	作者	定价	出版日期	配套情况
3	978-7-301-13472-0	网页设计案例教程	张兴科	30	2009	课件
4	978-7-301-17091-5	网页设计与制作综合实例教程	姜春莲	38	2010	课件、素材、答案
5	978-7-301-16854-7	Dreamweaver 网页设计与制作案例教程(2010年度高职高专计算机类专业优秀教材)	吴 鹏	41	2012	课件、素材、答案
6	978-7-301-11522-0	ASP.NET 程序设计教程与实训(C#版)	方明清	29	2009	课件、素材、答案
7	978-7-301-13679-9	ASP.NET 动态网页设计案例教程(C#版)	冯 涛	30	2010	课件、素材、答案
8	978-7-301-10226-8	ASP 程序设计教程与实训	吴 鹏	27	2011	课件、素材、答案
9	978-7-301-13571-6	网站色彩与构图案例教程	唐一鹏	40	2008	课件、素材、答案
10	978-7-301-16706-9	网站规划建设与管理维护教程与实训(第2版)	王春红	32	2011	课件、答案
11	978-7-301-17175-2	网站建设与管理案例教程(山东省精品课程)	徐洪祥	28	2010	课件、素材、答案
12	978-7-301-17736-5	.NET 桌面应用程序开发教程	黄 河	30	2010	课件、素材、答案
13	978-7-301-19846-9	ASP.NET Web 应用案例教程	于 洋	26	2012	课件、素材
14	978-7-301-20565-5	ASP.NET 动态网站开发	崔 宁	30	2012	课件、素材、答案
15	978-7-301-20634-8	网页设计与制作基础	徐文平	28	2012	课件、素材、答案
16	978-7-301-20659-1	人机界面设计	张 丽	25	2012	课件、素材、答案

【图形图像与多媒体类】

序号	书号	书名	作者	定价	出版日期	配套情况
1	978-7-301-09592-8	图像处理技术教程与实训(Photoshop 版)	夏 燕	28	2010	课件、素材、答案
2	978-7-301-14670-5	Photoshop CS3 图形图像处理案例教程	洪 光	32	2010	课件、素材、答案
3	978-7-301-12589-2	Flash 8.0 动画设计案例教程	伍福军	29	2009	课件
4	978-7-301-13119-0	Flash CS 3 平面动画案例教程与实训	田启明	36	2008	课件
5	978-7-301-13568-6	Flash CS3 动画制作案例教程	俞 欣	25	2012年第4次印刷	课件、素材、答案
6	978-7-301-15368-0	3ds max 三维动画设计技能教程	王艳芳	28	2009	课件
7	978-7-301-18946-7	多媒体技术与应用教程与实训(第2版)	钱 民	33	2012	课件、素材、答案
8	978-7-301-17136-3	Photoshop 案例教程	沈道云	25	2011	课件、素材、视频
9	978-7-301-19304-4	多媒体技术与应用案例教程	刘辉珞	34	2011	课件、素材、答案
10	978-7-301-20685-0	Photoshop CS5 项目教程	高晓黎	36	2012	课件、素材

【数据库类】

序号	书号	书名	作者	定价	出版日期	配套情况
1	978-7-301-10289-3	数据库原理与应用教程(Visual FoxPro 版)	罗 毅	30	2010	课件
2	978-7-301-13321-7	数据库原理及应用 SQL Server 版	武洪萍	30	2010	课件、素材、答案
3	978-7-301-13663-8	数据库原理及应用案例教程(SQL Server 版)	胡锦丽	40	2010	课件、素材、答案
4	978-7-301-16900-1	数据库原理及应用(SQL Server 2008 版)	马桂婷	31	2011	课件、素材、答案
5	978-7-301-15533-2	SQL Server 数据库管理与开发教程与实训(第2版)	杜兆将	32	2012	课件、素材、答案
6	978-7-301-13315-6	SQL Server 2005 数据库基础及应用技术教程与实训	周 奇	34	2013年第7次印刷	课件
7	978-7-301-15588-2	SQL Server 2005 数据库原理与应用案例教程	李 军	27	2009	课件
8	978-7-301-16901-8	SQL Server 2005 数据库系统应用开发技能教程	王 伟	28	2010	课件
9	978-7-301-17174-5	SQL Server 数据库实例教程	汤承林	38	2010	课件、习题答案
10	978-7-301-17196-7	SQL Server 数据库基础与应用	贾艳宇	39	2010	课件、习题答案
11	978-7-301-17605-4	SQL Server 2005 应用教程	梁庆枫	25	2012年第2次印刷	课件、习题答案

【电子商务类】

序号	书号	书名	作者	定价	出版日期	配套情况
1	978-7-301-10880-2	电子商务网站设计与管理	沈凤池	32	2011	课件
2	978-7-301-12344-7	电子商务物流基础与实务	邓之宏	38	2010	课件、习题答案
3	978-7-301-12474-1	电子商务原理	王 震	34	2008	课件
4	978-7-301-12346-1	电子商务案例教程	龚 民	24	2010	课件、习题答案
5	978-7-301-12320-1	网络营销基础与应用	张冠凤	28	2008	课件、习题答案
6	978-7-301-18604-6	电子商务概论（第2版）	于巧娥	33	2012	课件、习题答案

【专业基础课与应用技术类】

序号	书号	书名	作者	定价	出版日期	配套情况
1	978-7-301-13569-3	新编计算机应用基础案例教程	郭丽春	30	2009	课件、习题答案
2	978-7-301-18511-7	计算机应用基础案例教程(第2版)	孙文力	32	2012年第2次印刷	课件、习题答案
3	978-7-301-16046-6	计算机专业英语教程(第2版)	李 莉	26	2010	课件、答案
4	978-7-301-19803-2	计算机专业英语	徐 娜	30	2012	课件、素材、答案
5	978-7-301-21004-8	常用工具软件实例教程	石朝晖	37	2012	课件

电子书(PDF 版)、电子课件和相关教学资源下载地址：http://www.pup6.cn，欢迎下载。
联系方式：010-62750667，liyanhong1999@126.com，linzhangbo@126.com，欢迎来电来信。